上海市质量技术监督事中事后监管的实践与成效

黄小路　主编

中国标准出版社

北　京

图书在版编目（CIP）数据

上海市质量技术监督事中事后监管的实践与成效/黄小路主编．—北京：中国标准出版社，2018.10
ISBN 978－7－5066－9114－7

Ⅰ.①上… Ⅱ.①黄… Ⅲ.①质量技术监督—研究—上海 Ⅳ.①F203

中国版本图书馆 CIP 数据核字（2018）第 227623 号

中国标准出版社 出版发行
北京市朝阳区和平里西街甲 2 号（100029）
北京市西城区三里河北街 16 号（100045）
网址：www. spc. net. cn
总编室：（010）68533533 发行中心：（010）51780238
读者服务部：（010）68523946
中国标准出版社秦皇岛印刷厂印刷
各地新华书店经销
*
开本 787×1092 1/16 印张 18 字数 362 千字
2018 年 10 月第一版 2018 年 10 月第一次印刷
*
定价 60.00 元

编委会

主　编　黄小路

副主编　沈伟民

编　委　郭亦鹿　周　超　何云福
顾晨曦　徐　雷　牛　钢
朱文君　蒋志洲　张雨婷

序　言

全面深化商事制度改革，加强事中事后监管，把改善市场准入环境、市场竞争环境和市场消费环境作为市场监管重点是国务院“十三五”市场监管规划确立的目标，也是贯彻落实“简政放权、放管结合、优化服务”改革总体部署的重要一步。上海市质量技术监督局以新时期高质量发展为要求，高度重视事中事后监管，并将之纳入《上海市质量技术监督事业发展“十三五”规划》，两年多来一直勇于探索创新、主动统筹推进，使事中事后监管成为政府简政放权、转变职能、推进供给侧结构性改革的有力举措。

我们认真研究《中共中央关于深化党和国家机构改革的决定》中关于“改变重审批轻监管的行政管理方式，把更多行政资源从事前审批转到加强事中事后监管上来”的论述，从自身梳理向市场列明一张事中事后监管事项清单，到全面落实各项质量技术监督业务的事中事后监管工作方案；从探索试行“双随机、一公开”监督检查实施细则，到研究制定标准适时推出《事中事后监管通则》，上海质监人在探索中总结，从总结中创新，着眼质量安全，创新监管方式，加快推进质量监管、质量信用信息共享，配合推进上海市事中事后综合监管平台建设，充分运用大数据、云计算等现代技术推动跨部门联合监督检查，提高市场监管效率，逐步建立企业信用监管长效机制，推动形成公平公正竞争环境，努力构建“企业自治、行业自律、社会监督、政府监管”的社会共治格局。

本书是上海市质量技术监督局事中事后监管实践与成效的阶段性总结，也是全国统一大市场大监管体制改革进程中的重要标志。书中梳理了涉及质量技术监督领域的事中事后监管事项，罗列了一些自上而下推进监管事项制度化建设的成果文件，包括制定事中事后监管总体方案、制定“双随机、一公开”抽查事项实施细则等，既是为了给关心事中事后监管工作的读者朋友提供理论研究、制度索引之便，也向社会各界展现了上海质监人持续探索推进事中事后监管的初心和心路历程。两年多来，市区两级监管部门自下而上地涌现出许多探索加强事中事后监管的优秀实践案例，本书按照“诚信管理、风险管理、分类管理、联合惩戒、社会监督”等五位一体的事中事后监管要求，对众多案例进行择优选录，希望能给各位读者朋友带来一定的启发思考，也真诚冀望听到大家对我们监管工作的宝贵建议。

当前上海正以建设成为卓越的全球城市、具有世界影响力的社会主义现代化国际大都市为目标，加快推进国际经济、金融、贸易、航运、科技创新“五个中心”建设。2018 年 4 月底，上海市委市政府发布了《关于全力打响上海“四大品牌”率先推动高质量发展的若干意见》，突出“四大优势”，着力构建新时代上海发展战略优势，努力推动高质量发展、创造高品质生活。以此为契机，上海市质量技术监督局在市场监管体制改革的浪潮中，定会坚持把事中事后监管体系建设作为质监事业和市场监管事业创新发展的突破口，不断加强产品质量、特种设备、计量、检测认证、企业产品标准自我声明公开、地理标志保护产品、食品相关产品的事中事后监管工作，坚决当好新时代市场监管事业改革开放的排头兵、创新发展的先行者！

谨以此书献给在上海质量技术监督事业事中事后监管工作中奋斗的工作者们！

黄小路

2018 年 8 月 3 日

前　言

为进一步推进上海事中事后监管宣传工作，贯彻落实《中共中央　国务院关于开展质量提升行动的指导意见》《国务院关于印发“十三五”市场监管规划的通知》等重要指示，营造宣传氛围、推广标杆引领，上海市质量技术监督局立足于质监系统事中事后监管的现状和潜在的需求，策划出版本书。特邀相关政府主管部门、权威技术机构、市区执法单位等专家，历经素材征集、选题策划、专家评审会等环节，确定了本书框架内容。

全书共分为顶层要论、制度汇编、创新实践三个部分，累计收录了包括事中事后监管通则、随机抽查工作细则等相关文件24份，事中事后监管创新实践案例、执法先进事迹等22个，覆盖标准、计量、认证、执法、特种设备等业务领域。鉴于本书出版处于机构改革过渡时期，所收录的文件保留原文，不作修改。

本书的出版有助于持续推进“放管服”决策部署，进一步营造转变监管理念、创新监管方式、强化监管手段、规范监管行为的氛围，更好地构建市场主体自律、业界自治、社会监督、政府监管互为支撑的监管格局，切实提高事中事后监管的针对性和有效性，加强事中事后监管工作。

由于时间仓促，书中错漏疏误之处在所难免，恳请广大读者批评指正，以便更好地改进。

编写组

2018年8月1日

目　录

第一部分

顶层要论

习近平同志关于事中事后监管工作重要论述摘编

要深化行政审批制度改革，推进简政放权，深化权力清单、责任清单管理，同时要强化事中事后监管。要结合供给侧结构性改革，发挥好国有资产流动平台作用，着力降成本、提质量、增效益，真正使企业成为市场主体。

（2016 年 3 月 5 日，在参加十二届全国人大四次会议上海代表团审议时强调）

李克强总理关于事中事后监管工作重要论述摘编

1. 持续推进政府职能转变。使市场在资源配置中起决定性作用和更好发挥政府作用，必须深化简政放权、放管结合、优化服务改革。这是政府自身的一场深刻革命，要继续以壮士断腕的勇气，坚决披荆斩棘向前推进。全面实行清单管理制度，制定国务院部门权力和责任清单，加快扩大市场准入负面清单试点，减少政府的自由裁量权，增加市场的自主选择权。清理取消一批生产和服务许可证。深化商事制度改革，实行多证合一，扩大“证照分离”改革试点。完善事中事后监管制度，实现“双随机、一公开”监管全覆盖，推进综合行政执法。加快国务院部门和地方政府信息系统互联互通，形成全国统一政务服务平台。我们一定要让企业和群众更多感受到“放管服”改革成效，着力打通“最后一公里”，坚决除烦苛之弊、施公平之策、开便利之门。

全面提升质量水平。广泛开展质量提升行动，加强全面质量管理，夯实质量技术基础，强化质量监督，健全优胜劣汰质量竞争机制。质量之魂，存于匠心。要大力弘扬工匠精神，厚植工匠文化，恪尽职业操守，崇尚精益求精，完善激励机制，培育众多“中国工匠”，打造更多享誉世界的“中国品牌”，推动中国经济发展进入质量时代。

（2017 年 3 月 5 日在第十二届全国人民代表大会第五次会议作政府工作报告）

2. 要认真落实近平总书记批示精神，放管结合，注重加强事中事后监管。尤其是全面质量监管要到位，请质检总局会同有关方面对此事彻查，严肃处理，不良信息应予公开。

（2017 年 5 月就西安地铁问题电缆实践作批示）

3. “放管服”改革是供给侧结构性改革的重要内容，有利于激发供给侧活力，提高供给侧质量，更好适应需求，这件事做好了，可以有力地促进经济运行保持在合理区间，实现今年主要目标任务，并长期保持经济中高速增长、迈向中高端水平。

除涉及安全、环保事项外，凡是技术工艺成熟、通过市场机制和事中事后监管能保证质量安全的产品，一律取消生产许可；对与消费者生活密切相关、通过认证能保障产品质量安全的，一律转为认证。

需要强调的是，产品认证管理是市场经济条件下加强质量管理、提高市场效率的基础性制度安排，也是国际通行管理办法。

要大力提升与群众生活密切相关的公用事业服务质量和效率。……加快推进公用事业领域改革，打破不合理垄断，鼓励社会资本进入，形成“鲶鱼效应”，以竞争推动服务质量提升。

（2017 年 6 月 13 日在全国深化简政放权放管结合优化服务改革电视电话会议上的讲话）

4. 制造业是实体经济的关键支撑。按照深化简政放权、放管结合、优化服务改革的要求，简化工业产品生产许可和审批程序，并强化部门监管责任和企业产品质量安全主体责任，有利于放宽市场准入、激发社会投资活力、促进“中国制造”品质升级。经过多轮改革特别是 2015 年以来持续加大改革力度，工业产品生产许可已从最初的 487 类缩减到目前的 60 类，许可前置条件大幅取消。

按照今年（2017 年）政府工作报告部署，一是进一步压减生产许可。对能通过加强事中事后监管保障质量安全的输水管、蓄电池等 19 类产品取消事前生产许可；对产品质量较稳定，但与大众消费密切相关、直接涉及人体健康安全的电热毯、摩托车乘员头盔等产品，按照国际通行规则实行强制性认证，不再实施生产许可证管理。经上述调整后，实施生产许可证管理的产品将减至 38 类。同时，对仍需实施生产许可，且量大面广、由地方管理更有效的化肥等 8 类产品，将许可权限下放给地方质检部门。二是授权质检总局在部分地区和行业试点简化生产许可证审批程序。取消发证前产品检验环节，改由企业提交有资质的检验检测机构出具的产品检验合格报告。将前置审查改为后置，企业提交申请并作出保证产品质量安全的承诺后，可以先领取生产许可证再接受现场审查，实行“先证后核”。后续监管如发现不符合要求，即依法撤销许可证。三是加强事中事后监管。按照“双随机”方式加大抽查力度，增加抽查频次和品种，扩大覆盖面，尤其对此次取消许可管理的产品要实现抽查全覆盖。

（2017 年 6 月 14 日，国务院常务会议确定取消和下放一批工业产品生产许可简化审批程序，促进制造业创新和提质）

5. 制造业是实体经济的重要基础。近年来随着中国制造发展和消费升级，工业产品种类更新加快，但企业市场准入制度性交易成本较高的问题凸显，与此同时，打击假冒伪劣产品、规范市场秩序的任务也十分迫切。要认真贯彻党中央、国务院决策部署，深入推进供给侧结构性改革，持续推动政府职能转变，把改革工业产品生产许可证制度作为深化简政放权、放管结合、优化服务改革的重要内容，适应市场需求，简化工业产品市场准入前置审批，促进新技术、新工艺发展，使产品更为丰富、品质不断提升、市场更加繁荣。同时，坚持放管结合，将许可管理更多聚焦在安全风险高的产品上，政府集中更大力量加强事中事后监管，让假冒伪劣产品无藏身之地，进一步营造公平公正的市场环境，为促进中国制造品质升级、迈向中高端作出更大贡献。

（2017 年 8 月 22 日对推进工业产品生产许可证制度改革现场交流会作重要批示）

6. 按照推进供给侧结构性改革的要求，推行和强化质量认证这一市场经济基础性制度，有利于加强质量监管，营造公平竞争市场环境，促进中国制造提质升级、迈向中高端。会议确定，一要大力推广质量管理先进标准和方法，以航空、铁路、汽车、信息等产业为重点，利用信息化、智能化手段，加快完善和提升适合行业特点的质量管理体系。2018 年全面完成质量管理体系认证升级，并逐步扩大认证覆盖面，引导各类企业尤其是服务型、中小微企业获得质量认证。二要引导和强制相结合。对涉及安全、健康、环保等产品实施强制性认证。采取激励措施，鼓励企业参与自愿性认证，推进企业承诺制，以接受社会监督。大力开展绿色有机、机器人、物联网等高端产品和健康、教育、电商等领域服务认证，打造质量品牌。三要探索创新质量标准管理方式，对新技术、新产品、新业态实施审慎监管。四要强化监管，严格资质认定标准，加快推动检验检测认证机构与政府部门脱钩，培育发展检验检测认证服务业。清理整合现有认证事项，取消不合理收费。建立质量认证全过程追溯机制，严厉打击假认证、买证卖证等行为。五要深化质量认证国际合作互认，加快建设质量强国。

（2017 年 9 月 7 日，国务院常务会议部署在更大范围推进“证照分离”改革试点并再取消一批行政许可事项，使营商环境更加公平公正确定推进质量认证体系建设的措施；加强事中事后监管提升中国制造品质）

中共中央 国务院关于开展质量提升行动的指导意见

（2017 年 9 月 5 日）

>>>>>>

提高供给质量是供给侧结构性改革的主攻方向，全面提高产品和服务质量是提升供给体系的中心任务。经过长期不懈努力，我国质量总体水平稳步提升，质量安全形势稳定向好，有力支撑了经济社会发展。但也要看到，我国经济发展的传统优势正在减弱，实体经济结构性供需失衡矛盾和问题突出，特别是中高端产品和服务有效供给不足，迫切需要下最大气力抓全面提高质量，推动我国经济发展进入质量时代。现就开展质量提升行动提出如下意见。

一、总体要求

（一）指导思想

全面贯彻党的十八大和十八届三中、四中、五中、六中全会精神，深入贯彻习近平总书记系列重要讲话精神和治国理政新理念新思想新战略，牢固树立和贯彻落实新发展理念，紧紧围绕统筹推进“五位一体”总体布局和协调推进“四个全面”战略布局，认真落实党中央、国务院决策部署，以提高发展质量和效益为中心，将质量强国战略放在更加突出的位置，开展质量提升行动，加强全面质量监管，全面提升质量水平，加快培育国际竞争新优势，为实现“两个一百年”奋斗目标奠定质量基础。

（二）基本原则

——坚持以质量第一为价值导向。牢固树立质量第一的强烈意识，坚持优质发展、以质取胜，更加注重以质量提升减轻经济下行和安全监管压力，真正形成各级党委和政府重视质量、企业追求质量、社会崇尚质量、人人关心质量的良好氛围。

——坚持以满足人民群众需求和增强国家综合实力为根本目的。把增进民生福祉、满足人民群众质量需求作为提高供给质量的出发点和落脚点，促进质量发展成果全民共享，增强人民群众的质量获得感。持续提高产品、工程、服务的质量水平、质量层次和品牌影响力，推动我国产业价值链从低端向中高端延伸，更深更广融入全球供给体系。

——坚持以企业为质量提升主体。加强全面质量管理，推广应用先进质量管理方法，提高全员全过程全方位质量控制水平。弘扬企业家精神和工匠精神，提高决策者、经营者、管理者、生产者质量意识和质量素养，打造质量标杆企业，加强品牌建设，推动企业质量管理水平和核心竞争力提高。

——坚持以改革创新为根本途径。深入实施创新驱动发展战略，发挥市场在资源配置中的决定性作用，积极引导推动各种创新要素向产品和服务的供给端集聚，提升质量创新能力，以新技术新业态改造提升产业质量和发展水平。推动创新群体从以科技人员的小众为主向小众与大众创新创业互动转变，推动技术创新、标准研制和产业化协调发展，用先进标准引领产品、工程和服务质量提升。

（三）主要目标

到2020年，供给质量明显改善，供给体系更有效率，建设质量强国取得明显成效，质量总体水平显著提升，质量对提高全要素生产率和促进经济发展的贡献进一步增强，更好满足人民群众不断升级的消费需求。

——产品、工程和服务质量明显提升。质量突出问题得到有效治理，智能化、消费友好的中高端产品供给大幅增加，高附加值和优质服务供给比重进一步提升，中国制造、中国建造、中国服务、中国品牌国际竞争力显著增强。

——产业发展质量稳步提高。企业质量管理水平大幅提升，传统优势产业实现价值链升级，战略性新兴产业的质量效益特征更加明显，服务业提质增效进一步加快，以技术、技能、知识等为要素的质量竞争型产业规模显著扩大，形成一批质量效益一流的世界级产业集群。

——区域质量水平整体跃升。区域主体功能定位和产业布局更加合理，区域特色资源、环境容量和产业基础等资源优势充分利用，产业梯度转移和质量升级同步推进，区域经济呈现互联互通和差异化发展格局，涌现出一批特色小镇和区域质量品牌。

——国家质量基础设施效能充分释放。计量、标准、检验检测、认证认可等国家质量基础设施系统完整、高效运行，技术水平和服务能力进一步增强，国际竞争力明显提升，对科技进步、产业升级、社会治理、对外交往的支撑更加有力。

二、全面提升产品、工程和服务质量

（四）增加农产品、食品药品优质供给

健全农产品质量标准体系，实施农业标准化生产和良好农业规范。加快高标准农田建设，加大耕地质量保护和土壤修复力度。推行种养殖清洁生产，强化农业投入品监管，严格规范农药、抗生素、激素类药物和化肥使用。完善进口食品安全治理体系，推进出口食品农产品质量安全示范区建设。开展出口农产品品牌建设专项推进行动，提升出口农产品质量，带动提升内销农产品质量。引进优质农产品和种质资源。大力发展农产品初加工和精深加工，提高绿色产品供给比重，提升农产品附加值。

完善食品药品安全监管体制，增强统一性、专业性、权威性，为食品药品安全提供组织和制度保障。继续推动食品安全标准与国际标准对接，加快提升营养健康标准

水平。推进传统主食工业化、标准化生产。促进奶业优质安全发展。发展方便食品、速冻食品等现代食品产业。实施药品、医疗器械标准提高行动计划，全面提升药物质量水平，提高中药质量稳定性和可控性。推进仿制药质量和疗效一致性评价。

（五）促进消费品提质升级

加快消费品标准和质量提升，推动消费品工业增品种、提品质、创品牌，支撑民众消费升级需求。推动企业发展个性定制、规模定制、高端定制，推动产品供给向“产品＋服务”转变、向中高端迈进。推动家用电器高端化、绿色化、智能化发展，改善空气净化器等新兴家电产品的功能和消费体验，优化电饭锅等小家电产品的外观和功能设计。强化智能手机、可穿戴设备、新型视听产品的信息安全、隐私保护，提高关键元器件制造能力。巩固纺织服装鞋帽、皮革箱包等传统产业的优势地位。培育壮大民族日化产业。提高儿童用品安全性、趣味性，加大“银发经济”群体和失能群体产品供给。大力发展民族传统文化产品，推动文教体育休闲用品多样化发展。

（六）提升装备制造竞争力

加快装备制造业标准化和质量提升，提高关键领域核心竞争力。实施工业强基工程，提高核心基础零部件（元器件）、关键基础材料产品性能，推广应用先进制造工艺，加强计量测试技术研究和应用。发展智能制造，提高工业机器人、高档数控机床的加工精度和精度保持能力，提升自动化生产线、数字化车间的生产过程智能化水平。推行绿色制造，推广清洁高效生产工艺，降低产品制造能耗、物耗和水耗，提升终端用能产品能效、水效。加快提升国产大飞机、高铁、核电、工程机械、特种设备等中国装备的质量竞争力。

（七）提升原材料供给水平

鼓励矿产资源综合勘查、评价、开发和利用，推进绿色矿山和绿色矿业发展示范区建设。提高煤炭洗选加工比例。提升油品供给质量。加快高端材料创新，提高质量稳定性，形成高性能、功能化、差别化的先进基础材料供给能力。加快钢铁、水泥、电解铝、平板玻璃、焦炭等传统产业转型升级。推动稀土、石墨等特色资源高质化利用，促进高强轻合金、高性能纤维等关键战略材料性能和品质提升，加强石墨烯、智能仿生材料等前沿新材料布局，逐步进入全球高端制造业采购体系。

（八）提升建设工程质量水平

确保重大工程建设质量和运行管理质量，建设百年工程。高质量建设和改造城乡道路交通设施、供热供水设施、排水与污水处理设施。加快海绵城市建设和地下综合管廊建设。规范重大项目基本建设程序，坚持科学论证、科学决策，加强重大工程的投资咨询、建设监理、设备监理，保障工程项目投资效益和重大设备质量。全面落实工程参建各方主体质量责任，强化建设单位首要责任和勘察、设计、施工单位主体责任。加快推进工程质量管理标准化，提高工程项目管理水平。加强工程质量检测管理，严厉打击出具虚假报告等行为。健全工程质量监督管理机制，强化工程建设全过程质量监管。因地制宜提高建筑节能标准。完善绿色建材标准，促进绿色建材生产和应用。大力发展装配式建筑，提高建筑装修部品部件的质量和安全性能。推进绿色生态小区建设。

（九）推动服务业提质增效

提高生活性服务业品质。完善以居家为基础、社区为依托、机构为补充、医养相结合的多层次、智能化养老服务体系。鼓励家政企业创建服务品牌。发展大众化餐饮，引导餐饮企业建立集中采购、统一配送、规范化生产、连锁化经营的生产模式。实施旅游服务质量提升计划，显著改善旅游市场秩序。推广实施优质服务承诺标识和管理制度，培育知名服务品牌。

促进生产性服务业专业化发展。加强运输安全保障能力建设，推进铁路、公路、水路、民航等多式联运发展，提升服务质量。提高物流全链条服务质量，增强物流服务时效，加强物流标准化建设，提升冷链物流水平。推进电子商务规制创新，加强电子商务产业载体、物流体系、人才体系建设，不断提升电子商务服务质量。支持发展工业设计、计量测试、标准试验验证、检验检测认证等高技术服务业。提升银行服务、保险服务的标准化程度和服务质量。加快知识产权服务体系建设。提高律师、公证、法律援助、司法鉴定、基层法律服务等法律服务水平。开展国家新型优质服务业集群建设试点，支撑引领三次产业向中高端迈进。

（十）提升社会治理和公共服务水平

推广“互联网＋政务服务”，加快推进行政审批标准化建设，优化服务流程，简化办事环节，提高行政效能。提升城市治理水平，推进城市精细化、规范化管理。促进义务教育优质均衡发展，扩大普惠性学前教育和优质职业教育供给，促进和规范民办教育。健全覆盖城乡的公共就业创业服务体系。加强职业技能培训，推动实现比较充分和更高质量就业。提升社会救助、社会福利、优抚安置等保障水平。

提升优质公共服务供给能力。稳步推进进一步改善医疗服务行动计划。建立健全医疗纠纷预防调解机制，构建和谐医患关系。鼓励创造优秀文化服务产品，推动文化服务产品数字化、网络化。提高供电、供气、供热、供水服务质量和安全保障水平，创新人民群众满意的服务供给。开展公共服务质量监测和结果通报，引导提升公共服务质量水平。

（十一）加快对外贸易优化升级

加快外贸发展方式转变，培育以技术、标准、品牌、质量、服务为核心的对外经济新优势。鼓励高技术含量和高附加值项目维修、咨询、检验检测等服务出口，促进服务贸易与货物贸易紧密结合、联动发展。推动出口商品质量安全示范区建设。完善进出口商品质量安全风险预警和快速反应监管体系。促进“一带一路”沿线国家和地区、主要贸易国家和地区质量国际合作。

三、破除质量提升瓶颈

（十二）实施质量攻关工程

围绕重点产品、重点行业开展质量状况调查，组织质量比对和会商会诊，找准比较优势、行业通病和质量短板，研究制定质量问题解决方案。加强与国际优质产品的质量比对，支持企业瞄准先进标杆实施技术改造。开展重点行业工艺优化行动，组织质量提升关键技术攻关，推动企业积极应用新技术、新工艺、新材料。加强可靠性设计、试验与验证技术开发应用，推广采用先进成型方法和加工方法、在线检测控制装置、智能化生产和物流系统及检测设备。实施国防科技工业质量可靠性专项行动计划，重点解决关键系统、关键产品质量难点问题，支撑重点武器装备质量水平提升。

（十三）加快标准提档升级

改革标准供给体系，推动消费品标准由生产型向消费型、服务型转变，加快培育发展团体标准。推动军民标准通用化建设，建立标准化军民融合长效机制。推进地方标准化综合改革。开展重点行业国内外标准比对，加快转化先进适用的国际标准，提升国内外标准一致性程度，推动我国优势、特色技术标准成为国际标准。建立健全技术、专利、标准协同机制，开展对标达标活动，鼓励、引领企业主动制定和实施先进标准。全面实施企业标准自我声明公开和监督制度，实施企业标准领跑者制度。大力推进内外销产品“同线同标同质”工程，逐步消除国内外市场产品质量差距。

（十四）激发质量创新活力

建立质量分级制度，倡导优质优价，引导、保护企业质量创新和质量提升的积极性。开展新产业、新动能标准领航工程，促进新旧动能转换。完善第三方质量评价体系，开展高端品质认证，推动质量评价由追求“合格率”向追求“满意度”跃升。鼓励企业开展质量提升小组活动，促进质量管理、质量技术、质量工作法创新。鼓励企业优化功能设计、模块化设计、外观设计、人体工效学设计，推行个性化定制、柔性化生产，提高产品扩展性、耐久性、舒适性等质量特性，满足绿色环保、可持续发展、消费友好等需求。鼓励以用户为中心的微创新，改善用户体验，激发消费潜能。

（十五）推进全面质量管理

发挥质量标杆企业和中央企业示范引领作用，加强全员、全方位、全过程质量管理，提质降本增效。推广现代企业管理制度，广泛开展质量风险分析与控制、质量成本管理、质量管理体系升级等活动，提高质量在线监测、在线控制和产品全生命周期质量追溯能力，推行精益生产、清洁生产等高效生产方式。鼓励各类市场主体整合生产组织全过程要素资源，纳入共同的质量管理、标准管理、供应链管理、合作研发管理等，促进协同制造和协同创新，实现质量水平整体提升。

（十六）加强全面质量监管

深化“放管服”改革，强化事中事后监管，严格按照法律法规从各个领域、各个环节加强对质量的全方位监管。做好新形势下加强打击侵犯知识产权和制售假冒伪劣商品工作，健全打击侵权假冒长效机制。促进行政执法与刑事司法衔接。加强跨区域和跨境执法协作。加强进口商品质量安全监管，严守国门质量安全底线。开展质量问题产品专项整治和区域集中整治，严厉查处质量违法行为。健全质量违法行为记录及公布制度，加大行政处罚等政府信息公开力度。严格落实汽车等产品的修理更换退货责任规定，探索建立第三方质量担保争议处理机制。完善产品伤害监测体系，提高产品安全、环保、可靠性等要求和标准。加大缺陷产品召回力度，扩大召回范围，健全缺陷产品召回行政监管和技术支撑体系，建立缺陷产品召回管理信息共享和部门协作机制。实施服务质量监测基础建设工程。建立责任明确、反应及时、处置高效的旅游市场综合监管机制，严厉打击扰乱旅游市场秩序的违法违规行为，规范旅游市场秩序，净化旅游消费环境。

（十七）着力打造中国品牌

培育壮大民族企业和知名品牌，引导企业提升产品和服务附加值，形成自己独有的比较优势。以产业集聚区、国家自主创新示范区、高新技术产业园区、国家新型工业化产业示范基地等为重点，开展区域品牌培育，创建质量提升示范区、知名品牌示范区。实施中国精品培育工程，加强对中华老字号、地理标志等品牌培育和保护，培育更多百年老店和民族品牌。建立和完善品牌建设、培育标准体系和评价体系，开展中国品牌价值评价活动，推动品牌评价国际标准化工作。开展“中国品牌日”活动，不断凝聚社会共识、营造良好氛围、搭建交流平台，提升中国品牌的知名度和美誉度。

（十八）推进质量全民共治

创新质量治理模式，注重社会各方参与，健全社会监督机制，推进以法治为基础的社会多元治理，构建市场主体自治、行业自律、社会监督、政府监管的质量共治格局。强化质量社会监督和舆论监督。建立完善质量信号传递反馈机制，鼓励消费者组织、行业协会、第三方机构等开展产品质量比较试验、综合评价、体验式调查，引导理性消费选择。

四、夯实国家质量基础设施

（十九）加快国家质量基础设施体系建设

构建国家现代先进测量体系。紧扣国家发展重大战略和经济建设重点领域的需求，建立、改造、提升一批国家计量基准，加快建立新一代高准确度、高稳定性量子计量基准，加强军民共用计量基础设施建设。完善国家量值传递溯源体系。加快制定一批计量技术规范，研制一批新型标准物质，推进社会公用计量标准升级换代。科学规划建设计量科技基础服务、产业计量测试体系、区域计量支撑体系。

加快国家标准体系建设。大力实施标准化战略，深化标准化工作改革，建立政府主导制定的标准与市场自主制定的标准协同发展、协调配套的新型标准体系。简化国家标准制定修订程序，加强标准化技术委员会管理，免费向社会公开强制性国家标准文本，推动免费向社会公开推荐性标准文本。建立标准实施信息反馈和评估机制，及时开展标准复审和维护更新。

完善国家合格评定体系。完善检验检测认证机构资质管理和能力认可制度，加强检验检测认证公共服务平台示范区、国家检验检测高技术服务业集聚区建设。提升战略性新兴产业检验检测认证支撑能力。建立全国统一的合格评定制度和监管体系，建立政府、行业、社会等多层次采信机制。健全进出口食品企业注册备案制度。加快建立统一的绿色产品标准、认证、标识体系。

（二十）深化国家质量基础设施融合发展

加强国家质量基础设施的统一建设、统一管理，推进信息共享和业务协同，保持中央、省、市、县四级国家质量基础设施的系统完整，加快形成国家质量基础设施体系。开展国家质量基础设施协同服务及应用示范基地建设，助推中小企业和产业集聚区全面加强质量提升。构建统筹协调、协同高效、系统完备的国家质量基础设施军民融合发展体系，增强对经济建设和国防建设的整体支撑能力。深度参与质量基础设施国际治理，积极参加国际规则制定和国际组织活动，推动计量、标准、合格评定等国际互认和境外推广应用，加快我国质量基础设施国际化步伐。

（二十一）提升公共技术服务能力

加快国家质检中心、国家产业计量测试中心、国家技术标准创新基地、国家检测重点实验室等公共技术服务平台建设，创新“互联网＋质量服务”模式，推进质量技术资源、信息资源、人才资源、设备设施向社会共享开放，开展一站式服务，为产业发展提供全生命周期的技术支持。加快培育产业计量测试、标准化服务、检验检测认证服务、品牌咨询等新兴质量服务业态，为大众创业、万众创新提供优质公共技术服务。加快与“一带一路”沿线国家和地区共建共享质量基础设施，推动互联互通。

（二十二）健全完善技术性贸易措施体系

加强对国外重大技术性贸易措施的跟踪、研判、预警、评议和应对，妥善化解贸易摩擦，帮助企业规避风险，切实维护企业合法权益。加强技术性贸易措施信息服务，建设一批研究评议基地，建立统一的国家技术性贸易措施公共信息和技术服务平台。利用技术性贸易措施，倒逼企业按照更高技术标准提升产品质量和产业层次，不断提高国际市场竞争力。建立贸易争端预警机制，积极主导、参与技术性贸易措施相关国际规则和标准的制定。

五、改革完善质量发展政策和制度

（二十三）加强质量制度建设

坚持促发展和保底线并重，加强质量促进的立法研究，强化对质量创新的鼓励、引导、保护。研究修订产品质量法，建立商品质量惩罚性赔偿制度。研究服务业质量管理、产品质量担保、缺陷产品召回等领域立法工作。改革工业产品生产许可证制度，全面清理工业产品生产许可证，加快向国际通行的产品认证制度转变。建立完善产品质量安全事故强制报告制度、产品质量安全风险监控及风险调查制度。建立健全产品损害赔偿、产品质量安全责任保险和社会帮扶并行发展的多元救济机制。加快推进质量诚信体系建设，完善质量守信联合激励和失信联合惩戒制度。

（二十四）加大财政金融扶持力度

完善质量发展经费多元筹集和保障机制，鼓励和引导更多资金投向质量攻关、质量创新、质量治理、质量基础设施建设。国家科技计划持续支持国家质量基础的共性技术研究和应用重点研发任务。实施好首台（套）重大技术装备保险补偿机制。构建质量增信融资体系，探索以质量综合竞争力为核心的质量增信融资制度，将质量水平、标准水平、品牌价值等纳入企业信用评价指标和贷款发放参考因素。加大产品质量保险推广力度，支持企业运用保险手段促进产品质量提升和新产品推广应用。

推动形成优质优价的政府采购机制。鼓励政府部门向社会力量购买优质服务。加强政府采购需求确定和采购活动组织管理，将质量、服务、安全等要求贯彻到采购文件制定、评审活动、采购合同签订全过程，形成保障质量和安全的政府采购机制。严格采购项目履约验收，切实把好产品和服务质量关。加强联合惩戒，依法限制严重质量违法失信企业参与政府采购活动。建立军民融合采购制度，吸纳扶持优质民口企业进入军事供应链体系，拓宽企业质量发展空间。

（二十五）健全质量人才教育培养体系

将质量教育纳入全民教育体系。加强中小学质量教育，开展质量主题实践活动。推进高等教育人才培养质量，加强质量相关学科、专业和课程建设。加强职业教育技术技能人才培养质量，推动企业和职业院校成为质量人才培养的主体，推广现代学徒制和企业新型学徒制。推动建立高等学校、科研院所、行业协会和企业共同参与的质量教育网络。实施企业质量素质提升工程，研究建立质量工程技术人员评价制度，全面提高企业经营管理者、一线员工的质量意识和水平。加强人才梯队建设，实施青年职业能力提升计划，完善技术技能人才培养培训工作体系，培育众多“中国工匠”。发挥各级工会组织和共青团组织作用，开展劳动和技能竞赛、青年质量提升示范岗创建、青年质量控制小组实践等活动。

（二十六）健全质量激励制度

完善国家质量激励政策，继续开展国家质量奖评选表彰，树立质量标杆，弘扬质量先进。加大对政府质量奖获奖企业在金融、信贷、项目投资等方面的支持力度。建立政府质量奖获奖企业和个人先进质量管理经验的长效宣传推广机制，形成中国特色质量管理模式和体系。研究制定技术技能人才激励办法，探索建立企业首席技师制度，降低职业技能型人才落户门槛。

六、切实加强组织领导

（二十七）实施质量强国战略

坚持以提高发展质量和效益为中心，加快建设质量强国。研究编制质量强国战略纲要，明确质量发展目标任务，统筹各方资源，推动中国制造向中国创造转变、中国速度向中国质量转变、中国产品向中国品牌转变。持续开展质量强省、质量强市、质量强县示范活动，走出一条中国特色质量发展道路。

（二十八）加强党对质量工作领导

健全质量工作体制机制，完善研究质量强国战略、分析质量发展形势、决定质量方针政策的工作机制，建立“党委领导、政府主导、部门联合、企业主责、社会参与”的质量工作格局。加强对质量发展的统筹规划和组织领导，建立健全领导体制和协调机制，统筹质量发展规划制定、质量强国建设、质量品牌发展、质量基础建设。地方各级党委和政府要将质量工作摆到重要议事日程，加强质量管理和队伍能力建设，认真落实质量工作责任制。强化市、县政府质量监管职责，构建统一权威的质量工作体制机制。

（二十九）狠抓督察考核

探索建立中央质量督察工作机制，强化政府质量工作考核，将质量工作考核结果作为各级党委和政府领导班子及有关领导干部综合考核评价的重要内容。以全要素生产率、质量竞争力指数、公共服务质量满意度等为重点，探索构建符合创新、协调、绿色、开放、共享发展理念的新型质量统计评价体系。健全质量统计分析制度，定期发布质量状况分析报告。

（三十）加强宣传动员

大力宣传党和国家质量工作方针政策，深入报道我国提升质量的丰富实践、重大成就、先进典型，讲好中国质量故事，推介中国质量品牌，塑造中国质量形象。将质量文化作为社会主义核心价值观教育的重要内容，加强质量公益宣传，提高全社会质量、诚信、责任意识，丰富质量文化内涵，促进质量文化传承发展。把质量发展纳入党校、行政学院和各类干部培训院校教学计划，让质量第一成为各级党委和政府的根本理念，成为领导干部工作责任，成为全社会、全民族的价值追求和时代精神。

各地区各部门要认真落实本意见精神，结合实际研究制定实施方案，抓紧出台推动质量提升的具体政策措施，明确责任分工和时间进度要求，确保各项工作举措和要求落实到位。要组织相关行业和领域，持续深入开展质量提升行动，切实提升质量总体水平。

国务院关于印发“十三五”市场监管规划的通知

（国发〔2017〕6号）

各省、自治区、直辖市人民政府，国务院各部委、各直属机构：

现将《“十三五”市场监管规划》印发给你们，请认真贯彻执行。

国务院

2017年1月12日

“十三五”市场监管规划

“十三五”时期，是全面建成小康社会决胜阶段，是我国经济转型和体制完善的关键时期。加强和改善市场监管，是政府职能转变的重要方向，是维护市场公平竞争、充分激发市场活力和创造力的重要保障，是国家治理体系和治理能力现代化的重要任务。本规划是市场监管的综合性、基础性和战略性规划，强调从维护全国统一大市场出发，从维护市场公平竞争出发，从维护广大消费者权益出发，对市场秩序、市场环境进行综合监管，为市场监管提供一个明确的框架，给广大市场主体一个清晰的信号和稳定的预期，形成综合监管与行业领域专业监管、社会协同监管分工协作、优势互补、相互促进的市场监管格局。

第一章　规划编制背景

一、市场监管的成效与问题

“十二五”时期特别是党的十八大以来，党中央、国务院高度重视市场监管工作，明确把市场监管作为政府的重要职能。各地区、各部门按照简政放权、放管结合、优化服务改革部署，以商事制度改革为突破口，市场监管改革创新取得显著成效，促进了大众创业、万众创新。

商事制度改革取得突破性进展。针对百姓投资创业面临的难点问题，转变政府职能，减少行政审批，大力推进“先照后证”和工商登记制度改革。将注册资本实缴制改为认缴登记制，降低创办企业的资金门槛。将企业年检制改为年报公示制，增强了企业责任意识、信用意识。简化市场主体住所（经营场所）登记，释放住所存量资源。开展名称登记改革，推进电子营业执照和全程电子化登记管理，提高服务效率。实施“五证合一、一照一码”改革，推动相关证照整合。市场主体数量快速增长，我国成为世界上拥有市场主体数量最多的国家。

市场监管新机制逐步建立。精简事前审批，加强事中事后监管，探索市场监管新模式。建立以信用为核心的新型监管机制，强化企业自我约束功能。建立企业信息公示制度、经营异常名录制度和严重违法失信企业名单制度，实施“双随机、一公开”监管，依托全国信用信息共享平台建立政府部门之间信息共享与联合惩戒机制，建设国家企业信用信息公示系统和“信用中国”网站。通过信用监管机制，提高信息透明度，降低市场交易风险，减少政府监管成本，提高经济运行效率。

市场监管体制改革取得初步成效。针对权责交叉、多头执法等问题，推进行政执法体制改革，整合执法主体，相对集中执法权，推进综合执法。各地积极探索综合执法改革，优化执法资源，形成监管合力，提高基层监管效率。同时，确定了“谁审批、谁监管，谁主管、谁监管”的原则，明确了行业主管部门的监管职责。

市场监管法律法规体系逐步完善。按照全面依法治国、建设法治政府的要求，加强市场监管法治建设。制修订《中华人民共和国公司法》《中华人民共和国消费者权益保护法》《中华人民共和国特种设备安全法》《中华人民共和国商标法》《中华人民共和国广告法》等，基本形成比较完备的市场监管法律法规体系，运用法治思维和法治方式加强市场监管的能力不断提升。

市场秩序和市场环境不断改善。强化生产经营者主体责任，依法规范生产、经营、交易行为，加强质量标准管理，产品质量监督抽查合格率不断提高。加强消费品、食品药品质量安全监管，对消费品实现从生产到流通的全过程管理。消费环境不断改善，消费者权益保护迈上新台阶。中国消费者协会和各类消协组织不断发展，成为维护消费者权益的重要力量。改进和加强竞争执法，加大反垄断和反不正当竞争执法力度，加强市场价格行为监管，加强网络市场、电子商务等新领域监管，积极开展监督检查，打击传销和规范直销，打击侵犯知识产权、制售假冒伪劣商品的行为，产品和服务质量不断提升，市场经济秩序进一步好转。

当前我国正处于经济转型和体制完善的过程中，虽然市场监管取得突出成效，但市场秩序、市场环境还存在一些矛盾和问题。主要是，假冒伪劣、虚假宣传、盗版侵权、价格违法行为和食品药品安全等问题多发，企业的主体责任意识不强，消费者维权难；市场竞争不充分与过度竞争并存，垄断现象与不正当竞争行为时有发生，尤其是行业垄断、地方保护、市场分割等问题比较突出；市场信用体系不健全，信用意识淡薄，各种失信行为比较普遍；行业协会、中介组织监督和约束作用发挥不够，公众监督比较缺乏，推进社会共治不足；行政审批仍较多，百姓投资创业的环节多、程序复杂，市场准入门槛较高；政府职能转变不到位，市场监管体制机制不适应经济发展的需要等。这些问题，影响着市场机制作用的发挥，影响着资源的优化配置，影响着我国经济的健康发展。

二、加强和改善市场监管的重要意义

在全球经济格局调整和竞争优势重塑的重要时期，在我国经济转型和体制完善的关键时期，加强和改善市场监管具有重要意义。

加强和改善市场监管，是完善社会主义市场经济体制的迫切需要。我国社会主义市场经济体制已经初步建立，但仍存在不少问题。主要是，市场秩序不规范，以不正当手段谋取经济利益的现象广泛存在；生产要素市场发展滞后，要素闲置和大量有效需求得不到满足并存；市场规则不统一，部门和地方保护主义大量存在；市场竞争不充分，阻碍优胜劣汰和结构调整；等等。这些问题不解决，完善的社会主义市场经济体制难以形成，迫切需要加强和改善市场监管，破除制约体制完善的各种障碍。

加强和改善市场监管，是加快政府职能转变的迫切需要。发挥市场配置资源的决定性作用和更好发挥政府作用，关键要按照市场化改革方向，深化行政体制改革，转变政府职能，创新政府管理。政府要从发展的主体转为推动发展的主体，加强市场监管，营造公平竞争的市场环境。目前，市场监管的任务越来越重，要通过科学高效的市场监管，维护市场经济的繁荣发展，这是国家治理体系和治理能力现代化的客观要求，是市场经济条件下履行好政府职能的重要方向。

加强和改善市场监管，是推进供给侧结构性改革的迫切需要。落实好化解过剩产能、淘汰“僵尸企业”、培育新产业新动能等一系列任务，迫切需要加强和改善市场监管，充分发挥市场的力量。只有打击各种假冒伪劣、侵害企业权益行为，才能为诚信企业的发展腾出市场空间。只有促进优胜劣汰，形成“僵尸企业”退出机制，才能减少社会资源消耗，促进产业转型升级。只有鼓励竞争，形成有利于大众创业、万众创新的市场环境，才能为经济发展提供新活力。只有改革扭曲市场竞争的政策和制度安排，消除地方保护和行政垄断，才能充分发挥我国统一大市场的优势和潜力。

加强和改善市场监管，是适应科技革命和产业变革新趋势的迫切需要。以大数据、云计算等为代表的新一轮科技革命和产业变革，促进了技术、资源、产业和市场的跨时空、跨领域融合，网络经济、分享经济、众创空间、线上线下互动等新产业、新业态、新模式不断涌现，颠覆了许多传统的生产经营模式和消费模式，对市场监管提出了新要求、新挑战。市场经济在繁荣发展，市场监管也要与时俱进、开拓创新，不断探索市场监管新机制，才能更好地适应发展变化的需要。

总之，要深刻认识“十三五”时期我国市场监管面临的新形势新任务新挑战，强化改革意识，增强创新精神，扩大开放视野，用现代理念引领市场监管，用现代科技武装市场监管，用现代监管方式推进市场监管，积极探索具有中国特色、符合时代要求的市场监管新模式，为各类市场主体营造公平竞争的发展环境。

第二章　总体思路

按照国家“十三五”时期的总体部署，准确把握经济发展规律和市场监管趋势，立足当前，着眼长远，统筹谋划，有序推进，充分发挥市场监管在改革发展大局中的重要作用，为市场经济的高效运行提供保障。

一、指导思想

全面贯彻党的十八大和十八届三中、四中、五中、六中全会精神，深入贯彻习近平总书记系列重要讲话精神和治国理政新理念新思想新战略，认真落实党中央、国务院决策部署，统筹推进"五位一体"总体布局和协调推进"四个全面"战略布局，牢固树立和贯彻落实创新、协调、绿色、开放、共享的发展理念，以深化商事制度改革为突破口，围绕营造良好的市场准入环境、市场竞争环境和市场消费环境，树立现代市场监管理念，改革市场监管体制，创新市场监管机制，强化市场综合监管，提升市场监管的科学性和有效性，促进经济社会持续健康发展。

——激发市场活力。市场经济的内在活力是经济持续增长的重要动力，是经济走向繁荣的重要基础。要改变传统"管"的观念，把激发市场活力和创造力作为市场监管的重要方向，深化商事制度改革，破除各种体制障碍，营造有利于大众创业、万众创新的市场环境，服务市场主体，服务改革发展大局。

——规范市场秩序。完善的市场经济是有活力、有秩序的。没有活力，市场经济就失去了生机；没有秩序，市场经济就失去了保障。要把规范市场秩序、维护公平竞争作为市场监管的重要着力点，坚持放活和管好相结合，做到放而不乱、活而有序，为企业优胜劣汰和产业转型升级提供保障。

——维护消费者权益。保护好消费者权益，保护好人民群众利益，是实现共享发展的本质要求。要树立消费者至上的理念，把维护消费者权益放在市场监管的核心位置，提高人民群众幸福感和获得感。把强化消费维权、改善消费环境，作为推进供给侧结构性改革、实现供给与需求两端发力的重要举措。

——提高监管效率。提高市场运行效率，必须提高市场监管效率。要强化成本意识，增强效能观念，把提高监管效率作为市场监管的基本要求，改变传统的无限监管理念，改革传统的人盯人、普遍撒网的烦苛监管方式，推动市场监管的改革创新。

——强化全球视野。在经济全球化进程中，市场监管理念、监管模式已经成为影响国家竞争力和国际影响力的重要因素。要与我国经济发展全球化趋势相适应，按照提高我国在全球治理中制度性话语权的要求，用国际视野审视市场监管规则的制定和市场监管执法效应，不断提升市场监管的国际化水平。

二、主要目标

到 2020 年，按照全面建成小康社会和完善社会主义市场经济体制的要求，围绕建设统一开放、竞争有序、诚信守法、监管有力的现代市场体系，完善商事制度框架，健全竞争政策体系，初步形成科学高效的市场监管体系，构建以法治为基础、企业自律和社会共治为支撑的市场监管新格局，形成有利于创业创新、诚信守法、公平竞争的市场环境，形成便利化、国际化、法治化的营商环境。具体目标是：

——**宽松便捷的市场准入环境基本形成。**市场准入制度进一步完善，公平统一、开放透明的市场准入规则基本形成。各种行政审批大幅削减，商事登记前置、后置审批事项大幅减少，各类不必要的证照基本取消。百姓投资办企业时间缩减，新增市场主体持续增长、活跃发展，新设企业生命周期延长，千人企业数量显著提高。

——**公平有序的市场竞争环境基本形成。**全国统一的市场监管规则基本形成，多头监管、重复执法基本消除，全国统一大市场进一步完善。反垄断和反不正当竞争执法成效显著，侵权假冒、地方保护、行业垄断得到有效治理，公平竞争、优胜劣汰机制基本建立，市场秩序明显改善，商标品牌作用充分发挥，市场主体质量显著提升。

——**安全放心的市场消费环境基本形成。**消费维权的法律体系进一步完善，消费维权机制进一步健全。全国统一的消费投诉举报网络平台基本形成，消费维权的便利程度大幅度提高。消费者协会和其他消费者组织发展壮大，消费维权社会化水平明显提高。商品和服务消费的质量安全水平全面提升，消费满意度持续提高。

——**权威高效的市场监管体制机制基本建立。**市场监管综合执法体制改革全面完成，市场监管格局进一步完善，形成统一规范、权责明确、公正高效、法治保障的市场监管和反垄断执法体系。信用监管、大数据监管以及多元共治等新型监管机制进一步完善。

三、主要原则

——**坚持依法依规监管。**对各类市场主体一视同仁，依法依规实施公平公正监管，平等保护各类市场主体合法权益。要运用法治思维和法治方式履行市场监管职责，全面实施清单管理制度，通过权力清单明确法无授权不可为，通过责任清单明确法定职责必须为，通过负面清单明确法无禁止即可为，没有法律依据不能随意检查，规范政府部门自由裁量权，推进市场监管的制度化、规范化、法治化。

——**坚持简约监管。**按照简政放权、放管结合、优化服务改革要求，坚持“简”字当头，实行简约高效的监管方式，消除不必要的管制，革除不合时宜的陈规旧制，打破不合理的条条框框，砍掉束缚创业创新的繁文缛节，减轻企业负担，减少社会成本。

——**坚持审慎监管。**适应新技术、新产业、新业态、新模式蓬勃发展的趋势，围绕鼓励创新、促进创业，探索科学高效的监管机制和方式方法，实行包容式监管，改革传统监管模式，推动创新经济繁荣发展。对潜在风险大、社会风险高的领域，要严格监管，消除风险隐患。

——**坚持综合监管。**适应科技创新、产业融合、跨界发展的大趋势，克服相互分割、多头执法、标准不一等痼疾，推进市场监管领域综合执法，建立综合监管体系，发挥各种监管资源的综合效益。加强信息共享，强化部门上下统筹，建立健全跨部门、跨区域执法联动响应和协作机制，消除监管盲点，降低执法成本。

——坚持智慧监管。适应新一轮科技革命和产业变革趋势，适应市场主体活跃发展的客观要求，充分发挥新科技在市场监管中的作用。运用大数据等推动监管创新，依托互联网、大数据技术，打造市场监管大数据平台，推动“互联网＋监管”，提高市场监管智能化水平。

——坚持协同监管。市场监管要改变政府大包大揽的传统方式，明确企业的主体责任，推动市场主体自我约束、诚信经营，改变“政府急、企业不急”“消费者无奈、经营者无惧”的弊端。充分发挥信用体系的约束作用、行业组织的自律作用以及消费者组织、社会舆论和公众的监督作用，实现社会共治。

第三章　市场监管重点任务

围绕供给侧结构性改革，供给需求两端发力，全面深化商事制度改革，加强事中事后监管，把改善市场准入环境、市场竞争环境和市场消费环境作为市场监管重点，为经济发展营造良好的市场环境和具有国际竞争力的营商环境。

一、营造宽松便捷的市场准入环境

推进行政审批制度改革，转变政府职能，减少行政审批，激发百姓创业创新热情，促进市场主体持续较快增长，为经济发展注入新活力新动力。

（一）改革市场准入制度

放宽市场准入。改革各种审批限制，建立统一公开透明的市场准入制度，为投资创业创造公平的准入环境。凡是法律法规未明确禁入的行业和领域，都允许各类市场主体进入。凡是已向外资开放或承诺开放的领域，都向国内民间资本放开。凡是影响民间资本公平进入和竞争的不合理障碍，都予以取消。破除民间投资进入电力、电信、交通、油气、市政公用、养老、医疗、教育等领域的不合理限制和隐性壁垒，取消对民间资本单独设置的附加条件和歧视性条款，保障民间资本的合法权益。建立完善市场准入负面清单制度，对关系人民群众生命财产安全、国家安全、公共安全、生态环境安全等领域，明确市场准入的质量安全、环境和技术等标准，明确市场准入领域和规则。对外商投资实行准入前国民待遇加负面清单的管理模式，逐步减少限制外资进入的领域，培育和扩大国际合作新优势。健全完善相关领域的国家安全审查制度。

深化“先照后证”改革。改革“审批经济”的传统观念，进一步削减各类生产许可证、经营许可证和资质认定，最大限度缩减政府审批范围。加大改革力度，继续削减商事登记前置、后置审批，化解“领照容易、领证难”的矛盾。除涉及人民群众生命财产安全、文化安全和国家安全等的审批事项外，一律放给市场、放给社会，充分发挥市场的调节作用和社会管理功能。完善商事登记前置、后置审批事项目录管理，适时动态调整完善。简化、整合和规范投资项目审批，实行“一站式”网上并联审批，明确标准、缩短流程、限时办结。深化上海“证照分离”改革试点，总结经验，适时向全国推广。

（二）深化商事登记制度改革

推进“多证合一”改革。改革多部门对市场主体的重复审批、重复管理，提高社会投资创业效率。全面实施“五证合一、一照一码”改革，推进“多证合一”，在更大范围、更深层次实现信息共享和业务协同，为企业开办和成长提供便利化服务。做好个体工商户营业执照和税务登记证整合，促进个体私营经济健康发展。通过改革，使营业执照成为企业唯一“身份证”，统一社会信用代码成为企业唯一身份代码。鼓励各地方、有关部门进一步整合各类证照管理，鼓励地方开展证照联办，进一步精减材料手续、精减流程时间。各部门要加强衔接配合，积极推动相关法律、法规的修改完善。建立政企合作机制，支持创业创新孵化机构丰富对企业的服务。对标国际营商环境先进水平，建立开办企业时间统计通报制度，大幅度缩减企业开办时间。研究建立新生市场主体统计调查、监测分析制度。

提高便利化服务水平。改革企业名称核准制度，赋予企业名称自主选择权。除涉及前置审批事项或企业名称核准与企业设立登记不在同一机关外，逐步实现企业名称不再实行预先核准。向社会开放企业名称数据库，完善企业名称管理规范，丰富名称资源。增强企业变更名称的便捷性，提高办理效率。建立企业名称争议处理机制，完善企业名称与驰名商标、注册商标权利冲突解决机制，维护企业合法权益。强化不适宜名称强制纠正机制，维护社会公序良俗。推进企业集团登记制度改革，取消不合理限制。加快推进企业全程电子化登记，提高信息化、便利化水平。推动电子营业执照改革试点，扩大电子营业执照应用范围。

服务创业创新大潮。推进商事登记制度改革，支持创业创新发展。对民间投资进入自然资源开发、环境保护、能源、交通、市政公用事业等领域，除法律法规有明确规定的外，取消最低注册资本、股东结构、股份比例等限制。鼓励创新型公司的发展，在一些创业创新试点地区，在符合法律法规规定的前提下，探索灵活的登记模式。顺应众创空间、创新工场等多样化创业创新孵化平台的发展，支持开展“一址多照”“一照多址”、工位注册、集群注册、商务秘书公司等多样化改革探索。总结推广自由贸易试验区以及国家自主创新示范区的改革成果，允许具备条件的电商企业实行“一城一号”。对连锁企业设立非企业法人门店和配送中心，所在地政府及有关部门不得设置障碍。

保障企业登记自主权。尊重企业自主经营的权利，允许企业根据实际需要选择组织形式和注册地。除法律法规明确规定外，不得限制企业依法注册登记，不得限制企业必须采取某种组织形式，不得限制企业依法变更其组织形式、住所和注册地，不得限制企业必须在某地登记注册，不得为企业自由迁移设置障碍。除特殊规定外，对已经在其他地方取得营业执照的企业，不得要求其在本地开展经营活动时必须设立子公司。

（三）完善企业退出机制

完善简易注销机制。简化和完善企业、个体工商户注销流程，构建便捷有序的市场退出机制。探索对资产数额不大、经营地域不广的企业实行简易破产程序。试行对个体工商户、未开业企业以及无债权债务企业实行简易注销程序。

建立强制退出机制。配合去产能、去库存，加大对“僵尸企业”清理力度，释放社会资源。对长期未履行年报义务、长期缺乏有效联系方式、长期无生产经营活动、严重侵害消费者权益等严重违法失信企业探索建立强制退出市场制度。对违反法律法规禁止性规定或达不到节能环保、安全生产、食品药品、工程质量等强制性标准的市场主体，依法予以取缔，吊销相关证照。

形成优胜劣汰长效机制。消除地方保护、行政干预和各种违规补贴，通过市场竞争形成劣势企业的正常退出机制，化解行业性、区域性市场风险。依据法律法规规定，鼓励通过兼并重组、债务重组、破产清算等方式优化资源配置。在一些创新密集区和高科技领域，探索与便捷准入相适应的灵活的企业退出机制，培育创新文化。

（四）为小微企业创造良好环境

继续研究完善支持小微企业发展的财税优惠政策和金融政策，加快构建中小企业征信体系，发挥国家中小企业发展基金作用，落实完善对小微企业的收费减免政策。

充分发挥国务院促进中小企业发展工作领导小组及其办公室的作用，强化政策协同。梳理已发布的有关支持创业创新发展的各项政策措施，推动“双创”发展，培育“双创”支撑平台，打造“双创”示范基地和城市，促进各项政策惠及更多的小微企业。

充分发挥小微企业名录的作用，拓展小微企业名录功能，完善小微企业名录系统，促进扶持政策宣传和实施。对长期拖欠小微企业货款的大中型企业，经司法认定后，依照相关规定实施联合惩戒，并通过国家企业信用信息公示系统公示。

鼓励各地结合实际制定扶持小微企业发展的政策措施，完善服务体系，创新发展措施和机制，有针对性地提供政策、信息、法律、人才、场地等全方位服务。运用大数据等手段，跟踪分析小微企业特别是新设小微企业运行情况，为完善相关政策提供支持。

二、营造公平有序的市场竞争环境

坚持放管结合，加强事中事后监管，规范企业生产经营行为，维护公平竞争，维护市场秩序，强化市场经营安全，改善市场主体经营发展环境，发挥我国统一大市场的优势和潜力，为企业优胜劣汰和产业转型升级提供保障。

（一）维护全国统一大市场

按照市场经济发展规律，完善市场监管和服务，促进企业自主经营、公平竞争，消费者自由选择、自主消费，商品和要素自由流动、平等交换，加快形成统一开放、竞争有序的全国统一大市场。

清除统一大市场障碍。按照构建全国统一大市场的要求，废除妨碍全国统一市场和公平竞争的规定和做法，清除针对特定行业的不合理补贴政策，打破制约商品要素流动和服务供给的地区分割、行业垄断和市场壁垒，保证各类市场主体依法平等使用生产要素、公平参与市场竞争。严禁对外地企业、产品和服务设置歧视性准入条件，各地区凡是对本地企业开放的市场领域，不得限制外地企业进入，严禁设置限制企业跨地区经营发展的规定。

健全统一市场监管规则。强化市场规则的统一性、市场监管执法的统一性，建立统一协调的执法体制、执法规则和执法程序，提高市场监管的公开性和透明度。地区性、行业性市场监管规则，不得分割全国统一大市场、限制其发展。

推动市场开放共享。鼓励市场创新，发挥现代科技和商业模式的改革效应，促进区域市场开放、行业资源共享，提高全国市场开放度。发挥现代流通对全国统一大市场的促进作用，通过大市场培育大产业、促进大发展。建立统一市场评价体系和发布机制，推动全国统一大市场建设。

（二）加强重点领域市场监管

把握经济发展的趋势和特点，对一些影响范围广、涉及百姓利益的市场领域，加强监管方式创新，依法规范企业生产经营行为，促进市场健康发展。

加强网络市场监管。坚持创新和规范并重，完善网络市场规制体系，促进网络市场健康发展。加强对网络售假、虚假宣传、虚假促销、刷单炒信、恶意诋毁等违法行为的治理，净化网络市场环境。加强对社交电商、手机应用软件商城等新模式，以及农村电商、跨境电商和服务电商等新业态的监管。强化网络交易平台的责任，规范网络商品和服务经营者行为，推动网络身份认证、网店实名制，保障网络经营活动的规范性和可追溯性。创新网络市场监管机制，完善网络市场监管部际联席会议制度。推进线上线下一体化监管，探索建立风险监测、网上抽查、源头追溯、属地查处、信用管理、电子商务产品质量监督机制，完善网络经营主体数据库，鼓励消费者开展网络监督评议。加强网络市场发展趋势研判，及时完善法律法规，防范网络交易风险。

打击传销、规范直销。强化各级政府责任，加强部门执法联动，通过实施平安建设考核评价、全国文明城市测评等，开展重点区域专项整治，加大打击传销力度。加强对网络传销的查处，遏制网络传销蔓延势头。加强对新形势下假借“微商”“电商”“消费投资”等名义开展新型传销的研判，加强风险预警提示和防范，强化案例宣传教育，提高公众识别和防范传销的能力。加强直销企业监管，促进企业规范经营，依法查处直销违法违规行为。

加强广告监管。在支持广告业创新发展的同时，依法强化广告市场监管。围绕食品、医疗、药品、医疗器械、保健食品等重点商品或服务，加大虚假违法广告整治力度。严格规范互联网广告，依法惩处虚假违法广告行为。坚持广告宣传正确导向，严厉打击违背社会良好风尚和造成不良影响的广告，弘扬社会主义核心价值观和中华民族优秀传统文化。创新广告监管方式，加强广告监管平台和互联网广告监测平台建设，健全广告监测制度体系。实施广告信用评价制度，建立违法广告预警机制，完善广告市场主体失信惩戒机制。充分发挥广告行业组织的作用，强化广告经营者、发布者主体责任，引导行业自律，促进行业发展。

加强相关领域规范管理。规范商品交易市场主体经营行为，推动商品质量合格、自律制度健全，深化诚信市场创建活动，积极推进市场诚信体系建设。依法依规开展成品油质量抽检，加大案件查办力度。做好旅游、野生动物保护、拍卖、文物、粮食等领域规范管理。加强合同监管，加大打击合同欺诈力度，强化经纪人监管。加强对中介服务机构的监督管理，规范收费服务行为。加强会计监管，规范市场主体会计核算和信息披露。加大注册会计师行业监管力度，优化会计师事务所执业环境，推动有效履行社会审计监督职能。强化对企业和会计师事务所的监督检查，严肃惩处会计违法违规行为。加强“扫黄打非”和打击非法集资、电信网络犯罪等社会综合治理工作。

加强特种设备安全监管。按照“谁使用、谁管理、谁负责”的原则，强化特种设备使用单位主体责任，建立以多元共治为特征、以风险管理为主线的特种设备安全治理体系。完善特种设备法规标准体系与运行保障机制，健全安全监管制度，实施重点监督检查制度。加强重点使用单位和薄弱环节的安全监察，创新企业主体责任落实机制，完善特种设备隐患排查治理和安全防控体系。根据不同设备、不同环节的安全风险和公共性程度，推进生产环节、使用环节行政许可改革。以电梯、移动式压力容器、气瓶等产品为重点，建立生产单位、使用单位、检验检测机构特种设备数据报告制度，实现特种设备质量安全信息全生命周期可追溯。推进电梯等特种设备安全监管方式改革，构建锅炉安全、节能、环保三位一体的监管体系。强化安全监管能力建设，推进特种设备技术检查机构设置，加强基层安全监察人员培训。提升特种设备风险监测和检验检测能力，建立特种设备风险预警与应急处置平台。鼓励发挥第三方专业服务机构的作用，培育新型服务市场。

（三）强化竞争执法力度

针对市场竞争中的突出问题，强化反垄断和反不正当竞争执法力度，严厉打击侵犯知识产权和制售假冒伪劣商品等违法行为，净化市场环境。

加强反垄断和反不正当竞争执法。加大反垄断法、反不正当竞争法、价格法等执法力度，严肃查处达成实施垄断协议、滥用市场支配地位行为。依法制止滥用行政权力排除、限制竞争行为，依法做好经营者集中反垄断审查工作，保障市场公平竞争、维护消费者权益。针对经济发展中的突出问题，把公用企业、依法实行专营专卖的行业作为监管重点，加强对供水、供电、供气、烟草、邮政等行业的监管，严厉打击滥收费用、强迫交易、搭售商品、附加不合理交易条件等限制竞争和垄断行为。促进医疗、养老、教育等民生领域公平竞争、健康发展。针对经济发展的新趋势，加强网络市场、分享经济以及高技术领域市场监管，制止滥用知识产权排除和限制竞争、阻碍创新行为。加强对与百姓生活密切相关的商品和服务价格垄断、价格欺诈行为的监管，全面放开竞争性领域商品和服务价格。严厉打击仿冒、虚假宣传、价格欺诈、商业贿赂、违法有奖销售、侵犯商业秘密、经营无合法来源进口货物等不正当竞争行为。对公用事业和公共基础设施领域，要引入竞争机制，放开自然垄断行业竞争性业务。

打击制售假冒伪劣商品违法行为。围绕保障和改善民生，加大对与百姓生活密切相关、涉及人身财产安全的日常消费品的打假力度，严惩不符合强制性标准、掺杂掺假、以假充真、以次充好、以不合格产品冒充合格产品等违法行为。强化对利用互联网销售假冒伪劣商品和传播制假售假违法信息的监管。加大对城乡结合部、农村假冒伪劣的打击力度，加强对食品药品、农资、家用电器、儿童用品等商品市场的整治，对列入强制性产品认证目录的产品未经认证擅自出厂、销售、进口或者在其他经营活动中使用的行为，加强执法查处。强化假冒伪劣源头治理，建立商品生产、流通、销售全链条监管机制，完善重点产品追溯制度，构建清晰可追溯的责任体系。探索惩罚性巨额赔偿制度，严厉查处制售假冒伪劣商品违法行为，增强打击侵权假冒违法行为的震慑力。明确地方政府对本地打击假冒伪劣工作的领导责任，严格责任追究和奖惩约束。

（四）推动质量监管

围绕质量强国战略，完善国家计量体系，发挥计量对质量发展的支撑和保障作用，加快质量安全标准与国际标准接轨，发挥标准的引领和规范作用，发挥认证认可检验检测传递信任的证明作用，推动产品和服务质量向国际高端水平迈进。

完善国家计量体系。紧盯国际发展前沿，建立一批高准确度、高稳定性量子计量基准；紧贴战略性新兴产业、高新技术产业等重点领域需求，突破一批关键测量技术，研制一批新型标准物质，不断完善国家计量基标准体系。推动重大测量基础设施和计量科技创新基地建设，按照“全产业链、全量传链、全寿命周期和产业前瞻性”建设思路以及“中心、平台、联盟”整体发展路径，构建国家产业计量测试体系。创新计量监管模式，完善计量法律法规体系、计量监管体系和诚信计量体系。深入推进计量技术机构改革，探索推进计量校准市场和校准机构建设的有效途径，规范计量校准市场，满足社会对量值溯源和校准服务的需求。以贸易便利化、服务外贸进出口、密切国际合作、促进装备走出去为目标，实施计量走出去的国际化发展战略，为建立和维护中国制造、中国创造、中国质量和中国品牌在海外的良好声誉保驾护航。

强化标准体系。改革创新标准制定方式，完善产品和服务质量标准体系。整合精简强制性标准，严格限定在保障人身健康和生命财产安全、国家安全、公共安全、生态环境安全和满足社会经济管理基本要求的范围内，对于强制性标准，市场主体必须严格执行，市场监管部门必须严格监管。优化完善推荐性标准，推动向政府职责范围内的公益类标准过渡。鼓励社会团体制定团体标准，并参与国家标准、行业标准制定。完善企业标准体系，鼓励企业制定高于国家标准或行业标准的企业标准，鼓励领先企业创建国际标准。鼓励组建标准联盟，参与国际标准制定，推动特色优势领域标准国际化，推动与主要贸易国之间加大标准互认力度。适应经济发展趋势，加强服务标准体系建设。加强新产业新业态标准的研究制定，发挥标准的引领规范作用。

健全认证认可检验检测体系。加强认证认可检验检测能力建设，推进检验检测认证机构市场化改革，支持第三方检验检测认证服务发展。完善政府购买检验检测认证服务制度，健全在市场准入、市场监督和行政执法中采信认证认可检验检测结果的措施和办法。加强创新，攻克关键技术，提高现场快速智能识别和定性定量分析的检测技术水平。加快提升认证认可检验检测服务市场监管能力，推进其在电商、微商等新兴领域的广泛应用。加强强制性产品认证，维护质量安全底线。加强自愿性产品、服务、管理体系认证，筑牢质量品牌提升基础。加强检验检测认证品牌建设。深化国际合作，推进国际互认。

强化产品质量和服务监管。落实《中华人民共和国产品质量法》《中华人民共和国消费者权益保护法》等法律法规，加强产品服务质量监管。严厉查处质量低劣、违反强制性标准、存在质量和安全风险的产品，坚决遏制质量安全事故。加强质量安全日常监管，对重点领域、重点区域、重点商品，加大质量抽检力度，推进线上线下一体化监管。强化全过程质量安全管理与风险监控，对食品、药品、农产品、日用消费品、特种设备、地理标志保护产品等关系人民群众生命财产安全的重要产品加强监督管理，建立健全产品质量追溯体系，形成来源可查、去向可追、责任可究的信息链条。实施质量强国战略，强化企业的主体责任，实行企业产品和服务标准自我声明公开和监督制度，建立完善缺陷产品召回制度、产品事故强制报告制度、产品质量风险监控及风险调查制度，建立商品质量惩罚性赔偿制度，对相关企业、责任人实行市场禁入，增强企业提升质量的内在动力和外部压力。健全服务质量治理与促进体系，推广优质服务承诺标志与管理制度。建立质量信用信息收集和发布制度，形成区域和行业质量安全监测预警机制，防范化解产品服务的质量安全风险。

（五）实施商标品牌战略

围绕品牌经济发展，完善商标注册和管理机制，加强商标品牌法律保护和服务能力建设，充分发挥商标对经济社会发展的促进作用。

推进商标品牌建设。实施商标品牌战略，提高产品服务的品牌价值和影响力，推动中国产品向中国品牌转变。引导企业增强商标品牌意识，发挥企业品牌建设的主体作用。加强对中小企业自主商标、战略性新兴产业商标品牌的培育，推动中华老字号改革创新发展。加强产业集群和区域品牌建设，加强对集体商标和证明商标的管理与保护，运用农产品商标和地理标志推进精准扶贫，开展全国知名品牌创建示范区建设工作，提升区域品牌价值。完善商标服务体系，推进商标注册便利化改革，委托地方受理商标注册申请，优化商标注册流程，完善审查机制，推进商标注册全程电子化。提升商标品牌服务能力，培育一批具有较强影响力的专业服务机构，加强人才培养，建立完善商标品牌评价体系，开展商标品牌评价。加强商标品牌推广和标准制定，鼓励开展国际交流合作，加强自主商标品牌海外保护，提升国际竞争力。

强化商标知识产权等保护。加大对商标、地理标志、知名商品特有名称等保护力

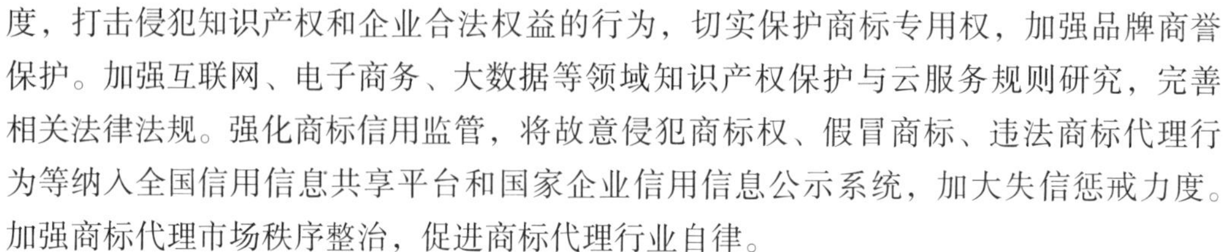

度，打击侵犯知识产权和企业合法权益的行为，切实保护商标专用权，加强品牌商誉保护。加强互联网、电子商务、大数据等领域知识产权保护与云服务规则研究，完善相关法律法规。强化商标信用监管，将故意侵犯商标权、假冒商标、违法商标代理行为等纳入全国信用信息共享平台和国家企业信用信息公示系统，加大失信惩戒力度。加强商标代理市场秩序整治，促进商标代理行业自律。

三、营造安全放心的市场消费环境

顺应百姓消费水平提升、消费结构升级趋势，建立从生产、流通到消费全过程的商品质量监管机制，强化消费者权益保护，为百姓营造安全放心的消费环境，提振百姓消费信心。发挥消费的引领作用，通过扩大新消费，带动新投资，培育新产业，形成新动能，促进经济发展良性循环。

（一）加强日常消费领域市场监管

适应百姓消费品质提升的迫切要求，加强质量标准和品牌的引导和约束功能，提高产品和服务质量，缩小国内标准和国际先进标准的差距，提高重点领域主要消费品国际标准一致性程度，逐步实现出口产品与国内销售产品同标准、同质量。

加强食品药品质量安全监管。健全统一权威的食品药品安全监管体系，落实最严谨的标准、最严格的监管、最严厉的处罚、最严肃的问责，实施好国家食品药品安全相关规划。健全食品药品安全领域消费维权机制，加强消费维权制度建设，简化消费争议处理程序，推动完善食品药品消费公益诉讼机制，充分发挥消费者组织作用，提高百姓食品药品消费维权效率。

加强日用消费品监管。强化服装、日用百货、家用电器、建材等质量监管，查处经销无商品名称、无厂名、无厂址等“三无”产品和以假充真、以次充好等损害消费者权益行为。规范家用电器、汽车销售及售后服务市场，明确电动车、老年代步车等交通工具的管理理念和监管规则，完善服务标准，清理整顿虚假售后服务网点。加强对名牌服装、手表、洁具、箱包等品牌商品的监管，规范跨境电子商务经营行为。

加强日常服务消费维权。对百姓住房等大宗消费，要结合去库存，促进房地产市场健康发展，规范购房市场和住房租赁及二手房市场，规范中介服务，加强家装建材质量监管，打击虚假信息、价格欺诈和不公平合同格式条款，保障业主权利，保护购房者和承租者的权益。加强供水、供电、供气、供暖、广播电视、通信、交通运输、银行业、医疗等公用事业领域消费监管，提高服务质量，维护消费者权益。

（二）加强新消费领域市场监管

把握百姓消费升级的发展趋势，针对新的消费领域、新的消费模式和新的消费热点，着眼关键环节和风险点，创新监管思维和监管方式，加强市场监管的前瞻性，消除消费隐患，促进新消费市场健康发展。

加强新消费领域维权。规范电商、微商等新消费领域，强化电商平台、社交平台、搜索引擎等法律责任，打击利用互联网制假售假、虚假宣传等侵害消费者权益的行为，净化网络商品市场，落实网络、电视、电话、邮购等方式销售商品的七日无理由退货制度。强化电信运营商、虚拟运营商的法律责任与社会责任，严惩不良企业利用频道、号码资源进行欺诈的行为。加强对消费者个人信息的保护，加大对违法出售、提供、获取消费者个人信息的处罚力度。

加强新消费领域监管。创新对网约车、房屋分享等新业态的监管，完善服务标准和规范，建立鼓励发展和有效规范相结合的监管机制。加强对平衡车、小型无人机等智能休闲产品的引导和规范，督促生产企业完善质量安全标准，取缔无技术资质、无规范标准的生产经营行为，防范安全风险。加强对旅游、文化、教育、快递、健身等新兴服务消费的监管，完善服务质量标准，强化服务品质保障，做好服务价格监管。加强对预付卡消费的规范，强化对预付卡企业资金管理、备案机制、退费解约等关键环节的监督检查，保障消费安全。

（三）加强重点人群消费维权

维护老年人消费权益。丰富老年人消费需求，加大对老年保健食品、健康用品、休闲旅游等领域虚假宣传、消费欺诈的整治力度，清除消费陷阱。提高老年用品设计、制造标准，确保老年用品的安全性、便捷性和适用性。规范基本生活照料、康复护理、精神慰藉、文化服务等养老服务设施，提高服务质量，满足日益增长的养老服务需求。

维护未成年人消费权益。加强对婴幼儿用品的监管，提高产品质量安全标准，加大对婴幼儿奶粉、食品、服装、玩具等的抽查检验力度，严厉打击制售假冒伪劣商品，确保婴幼儿消费安全。加强学校体育设施器材、文化用品的质量安全监管，为未成年人健康成长提供保障。加强对康复治疗、特殊教育市场监管，严格经营资质和服务标准，严厉查处无照无证经营、超范围经营等不法行为。

（四）加强农村市场监管

按照全面建成小康社会的目标要求，坚持普惠性、均等化发展方向，把加强农村、农民的消费维权作为重要任务，提高城乡消费维权的均等化水平。

加强农村消费市场监管。开展农村日常消费品质量安全检查，防止把农村作为假冒伪劣商品的倾销地。围绕重要节庆时点和春耕、夏种等重要时段，突出城乡结合部、偏远乡镇等重点区域，对农副产品市场、农业生产资料市场等商品交易市场开展综合治理，推动诚信示范市场建设，维护农村市场秩序。以日常大宗生活消费品为重点，针对假冒伪劣和侵权易发多发的商品，从生产源头、流通渠道和消费终端进行全方位整治。结合农村电商发展，在消费网点设立消费投诉点，方便农民就近投诉维权。

保障农业生产安全。围绕重点品种和相应农时，以“打假、护农、增收”为目标，加强对农机、农药、肥料、农膜、种子、兽药、饲料等涉农商品质量监管，开展农资产品抽检，严厉打击假劣农资坑农害农行为，切实保护农民权益。深入开展“合同帮农”“红盾护农”等专项执法，指导农资经营者完善进货查验、票据管理等制度，推动农资商品质量可追溯，建立维护农村市场秩序的长效机制。

（五）健全消费维权机制

针对百姓维权难、维权成本高，企业侵权成本低、赔付难等突出问题，完善消费维权机制，强化企业主体责任，加大企业违法侵权成本，提高百姓维权效率。

完善消费投诉举报平台。按照便利消费者投诉的要求，建立全国统一的消费者投诉举报互联网平台，优化提升食品药品、质量安全、价格投诉等重点领域消费投诉举报平台功能，建立消费投诉、消费维权公开公示制度。推进“12315”进商场、进超市、进市场、进企业、进景区工作向基层和新领域延伸，建立覆盖城乡的基层消费投诉举报网络。推进“12315”与相关行业、系统消费者申诉平台的衔接与联动。加强消费者权益保护指挥调度系统建设，强化统筹协调、考核督办、提示警示和应急指挥。

健全消费争议处理机制。探索建立消费纠纷多元化解机制，简化消费争议处理程序，提高消费者维权效率。鼓励经营者建立小额消费争议快速和解机制，督促指导经营者主动与消费者协商和解。鼓励社会力量建立消费仲裁机构，完善消费仲裁程序。鼓励小额消费纠纷案件通过小额诉讼程序一审终审，快速处理小额消费纠纷。推动完善消费公益诉讼机制，维护消费群体的合法权益。推动人民调解、行政调解与司法调解有机衔接，完善诉讼、仲裁与调解对接机制。完善消费领域惩罚性赔偿制度，大幅度提高消费者权益损害赔偿力度，强化以消费者为核心的社会监督机制，使消费者成为消费秩序的有力监督者和维护者。

加强消费维权制度建设。完善消费者权益保护法相关配套法规规章，推动调整现行法律法规中不利于消费者权益保护的规定，充分发挥消费者权益保护工作部际联席会议制度的作用。推动在全国范围内开展放心消费创建活动，提高消费环境安全度、经营者诚信度和消费者满意度。鼓励行业组织开展诚信自律等行业信用建设，完善银行、证券、保险及其他金融或金融相关行业，以及电信、快递、教育等领域消费者权益保护制度，建立跨行业、跨领域的消费争议处理和监管执法合作机制。加强国际和地区间消费者权益保护交流与合作，加快建立跨境消费者权益保护机制。

强化生产经营者主体责任。建立“谁生产谁负责、谁销售谁负责”的责任制，明确消费维权的责任链条，提高企业违法成本。健全消费品生产、运输、销售、消费全链条可追溯体系，实现产品可追溯、责任可追查。严格落实企业“三包”制度和缺陷产品召回制度，完善产品质量担保责任，对问题产品采取修理、更换、退货、损害赔偿等措施。严格规范生产经营者价格行为，落实明码标价和收费公示制度。建立产品质量和服务保证金制度，全面推行消费争议先行赔付。完善汽车、家电等耐用消费品举证责任倒置制度。在产品“三包”、重点消费品等领域实施产品质量安全责任保险制度，加强第三方专业监管和服务。

发挥消费者组织的作用。充分发挥消费者协会等组织在维护消费者权益方面的作用。推动扩大公益诉讼的主体范围，增加诉讼类型，针对垄断行业、公用事业、新兴领域以及涉及百姓消费利益的重大事件，加大公益诉讼力度。开展比较试验和体验式调查等消费引导，及时公布权威性调查报告，提高消费者自我保护能力。积极参与有关消费者权益的立法立标工作，反映消费者意见。加强基层消协组织建设，强化消协履职保障。发挥消费者协会专家委员会、消费者协会律师团和消费维权志愿者的作用，为消费者提供专业化消费咨询服务，加大法律援助力度，维护弱势群体利益。加强消费教育引导，提供消费指南，开展风险警示，引导科学理性消费。

第四章　健全市场监管体制机制

要与时俱进、开拓创新，不断完善市场监管体制机制，创新市场监管方式方法，适应市场经济发展变化趋势，提高市场监管的科学性和有效性。

一、强化竞争政策实施

竞争政策是推动市场经济繁荣发展的重要政策体系，具有规范市场秩序、维护公平竞争、鼓励市场创新、推动体制改革、提升市场效率和社会效益的重要作用。

（一）强化竞争政策基础性地位

要以完善社会主义市场经济体制为目标，强化竞争政策在国家政策体系中的基础性地位，健全竞争政策体系，完善竞争法律制度，明确竞争优先目标，建立政策协调机制，倡导竞争文化，推动竞争政策有效实施。发挥国务院反垄断委员会在研究拟订有关竞争政策、评估市场竞争状况、制定反垄断指南、协调反垄断行政执法等方面的职责。

发挥竞争政策的基础性作用，把竞争政策贯穿到经济发展的全过程，推动我国经济转型和体制完善。把竞争政策作为制定经济政策的重要基础，以国家中长期战略规划为导向，充分尊重市场，充分发挥市场的力量，实行竞争中立制度，避免对市场机制的扭曲，影响资源优化配置。把竞争政策作为制定改革政策的重要导向，按照全面市场化改革方向，准确把握改革方向和改革举措，推进垄断行业改革，破除传统体制、传统管理模式的束缚，避免压抑市场创新、抑制发展活力。把竞争政策作为完善法律法规的重要指引，按照全面依法治国的要求，不断完善竞争法律制度，为市场经济高效运行提供法律保障，打破固有利益格局，避免部门分割和地方保护法制化。把竞争政策作为社会文化的重要倡导，形成与社会主义市场经济发展相适应的竞争文化，改革传统计划经济思维和惯性，规范和约束政府行为，推进创业创新、诚信守法、公平竞争。

（二）完善公平竞争审查制度

把规范和约束政府行为作为实施竞争政策的重要任务。实施并完善公平竞争审查制度，研究制定公平竞争审查实施细则，指导政策制定机关开展公平竞争审查和相关政策措施清理工作，保障公平竞争审查制度有序实施。推动产业政策从选择性向功能性转型，建立产业政策与竞争政策的协调机制。开展公平竞争审查制度效应分析，对政策制定机关开展的公平竞争审查成效进行跟踪评估，及时总结经验并发现问题，推动制度不断完善。在条件成熟时适时组织开展第三方评估，提高公平竞争审查的公正性、科学性和规范性。与公平竞争审查制度的事前审查相呼应，建立公平竞争后评估制度，对已经出台的政策措施进行公平竞争评估，对不合理的政策安排进行相应调整完善。

（三）积极倡导竞争文化

倡导竞争文化，形成推动竞争政策实施的良好氛围。在各级政府部门全面普及竞争政策理论，以更好地推动市场经济建设，消除不公平竞争对经济发展的危害。加大竞争政策宣传力度，使各类企业更好地了解市场竞争规则，积极主动面向市场，改变依赖政府优惠政策支持的倾向，使企业成为真正的市场主体，强化经济发展的微观基础。发挥新闻媒体特别是网络新媒体的作用，采取多种形式宣传普及竞争政策的目标任务和政策工具，加强竞争执法案例的分析解读，推动竞争政策的有效实施。

二、健全企业信用监管机制

健全企业信用监管机制，强化企业责任意识，增强企业自我约束机制，让信用创造财富，用信用积累财富，发挥信用在经济运行中的基础性作用，促进社会信用体系建设。

（一）完善企业信息公示制度

完善企业信息公示制度，提高企业信息透明度，增强企业之间的交易安全，降低市场交易风险，提高经济运行效率。适时修改完善《企业信息公示暂行条例》，明确企业信息公示的责任和义务，提高企业年报的公示率和年报信息的准确性。指导市场主体及时公示即时信息，强化对与市场监管有关的出资、行政许可和受到行政处罚等信息的公示。政府部门要提高市场监管行政执法的公开性和透明度，及时公示对企业的行政处罚信息。支持利用新媒体等多渠道公示市场主体信用信息，为社会公众查询信息提供便捷高效的服务。

（二）强化企业信息归集机制

企业信息归集是实现企业信用监管、协同监管、联合惩戒和社会共治的基础。加强信息整合，建立涉企信用信息归集机制，整合各部门涉企信息资源，解决企业信息碎片化、分散化、区域化的问题。建立企业财务会计报表单一来源制度。依托国家企业信用信息公示系统，将企业基础信息和政府部门在履职过程中形成的行政许可、行政处罚及其他监管信息，全部归集到企业名下，形成企业的全景多维画像。建立跨部门信息交换机制，依托全国信用信息共享平台和国家企业信用信息公示系统，推动政府及相关部门及时、有效地交换共享信息，打破信息“孤岛”。健全信息归集机制，完善企业信息归集办法，定期公布涉企信息归集资源目录，制定信息归集标准规范，提升信息归集的统一调度处理能力和互联互通的协同能力。

（三）健全信用约束和失信联合惩戒机制

发挥企业信用监管的作用，推动企业诚信经营。建立市场主体准入前信用承诺制度，将信用承诺纳入市场主体信用记录。完善经营异常名录、严重违法失信企业名单制度，在各地区、各部门“黑名单”管理基础上，形成统一的“黑名单”管理规范。完善法定代表人、相关负责人及高级管理人员任职限制制度，将信用信息作为惩戒失信市场主体的重要依据。实行跨部门信用联合惩戒，加大对失信企业惩治力度，对具有不良信用记录的失信市场主体，在经营、投融资、取得政府供应土地、进出口、出入境、注册新公司、工程招投标、政府采购、获得荣誉、安全许可、生产许可、从业任职资格、资质审核等方面，依法予以限制或禁止。实行企业信用风险分类管理，依据企业信用记录，发布企业风险提示，加强分类监管和风险预防。建立企业信用修复机制，鼓励企业重塑信用。

（四）全面推行“双随机、一公开”监管

推进监管方式改革，提高政府部门对企业监管的规范性、公正性和透明度。改革传统的巡查监管方式，建立健全“双随机、一公开”监管机制，全面推行“双随机、一公开”跨部门联合检查和监管全覆盖。在一些综合执法领域，要建立部门协同、联合监管的工作机制，加强对基层工作的统筹指导，提高执法效能。鼓励地方把“双随机、一公开”扩展到相关政府部门、扩展到对市场主体的各项检查事项上，建立政府部门的“随机联查”制度，发挥跨部门联合惩戒的作用，切实减轻分散检查对企业造成的负担。

三、加强大数据监管

以市场监管信息化推动市场监管现代化，充分运用大数据等新一代信息技术，增强大数据运用能力，实现“互联网＋”背景下的监管创新，降低监管成本，提高监管效率，增强市场监管的智慧化、精准化水平。

（一）加强大数据广泛应用

加强大数据综合分析，整合工商登记、质量安全监管、食品安全、竞争执法、消费维权、企业公示和涉企信息等数据资源，研究构建大数据监管模型，加强对市场环境的监测分析、预测预警，提高市场监管的针对性、科学性和时效性。加强对市场主体经营行为和运行规律的分析，对高风险领域建立市场风险监测预警机制，防范行业性、系统性、区域性风险。在工商登记、质量安全监管、竞争执法、消费维权等领域率先开展大数据示范应用，建设市场监管大数据实验室，推进统一的市场监管综合执法平台建设。加强市场监管数据与宏观经济数据的关联应用，定期形成市场环境形势分析报告，为宏观决策提供依据。运用大数据资源科学研究制定市场监管政策和制度，对监管对象、市场和社会反应进行预测，并就可能出现的风险提出预案。加强对市场

监管政策和制度实施效果的跟踪监测，定期评估并根据需要及时调整。

（二）加强大数据基础设施建设

适应大数据监管趋势要求，推动“互联网＋监管”信息化建设，提高政府信用监管的信息化水平。加强国家企业信用信息公示系统建设，按照“全国一体、纵向贯通、横向互联、资源共享、规范统一”的要求，强化顶层设计，结合地方实际，建立完善企业信用信息汇集、共享和利用的国家级一体化信息平台。加强大数据资源体系建设，加快建设国家法人单位基础信息库、全国动物疫病监测和疫情系统，完善市场监管平台建设。依托全国信用信息共享平台和国家企业信用信息公示系统，健全部门信息共享交换机制，进一步加强“信用中国”网站建设。建立大数据标准体系，研究制定有关大数据的基础标准、技术标准、应用标准和管理标准等。加快建立政府信息采集、存储、公开、共享、使用、质量保障和安全管理的技术标准。引导建立企业间信息共享交换的标准规范。建立健全信息安全保障体系，切实保护国家信息安全以及公民、法人和其他组织信息安全。

（三）发展大数据信用服务市场

积极稳妥推动市场监管数据向社会开放，明确政府统筹利用市场主体大数据的权限及范围，构建政府和社会互动的信息应用机制。加强与企业、社会机构合作，通过政府采购、服务外包、社会众包等多种方式，依托专业企业开展市场监管大数据应用，降低市场监管成本。发展各类信用服务机构，鼓励征信机构、消费者协会、互联网企业、行业组织等社会力量依法采集企业信用信息，建立覆盖各领域、各环节的市场主体信用记录，提供更多的信用产品和服务，扩大信用报告在市场监管和公共服务领域中的应用。加强信用服务市场监管，提高信用服务行业的市场公信力和社会影响力，打击虚假评价信息，培育有公信力、有国际影响力的信用服务机构。通过政府信息公开和数据开放、社会信息资源开放共享，提高市场主体生产经营活动的透明度，为新闻媒体、行业组织、利益相关主体和消费者共同参与对市场主体的监督创造条件。

四、完善市场监管体制

按照加强和改善市场监管的要求，进一步理顺市场监管体制，完善监管机制，优化执法资源，统一执法规则，建立协调配合、运转高效的市场监管体制机制，形成大市场、大监管、大服务的新格局。

（一）推进综合执法

综合执法改革是市场监管改革的重要方向和重点任务，必须科学谋划、统筹推进。研究制定深化地方市场监管领域综合执法改革的政策思路，指导各地规范有序开展综合执法改革，大力推动市场综合监管。大力推进市、县综合行政执法，在总结县级层面经验做法基础上，积极推进地市层面综合执法，尽快完成市、县市场监管综合执法改革。按照市场统一性和执法统一性的要求，从完善政府管理架构、强化治理能力出发，加强市场监管体制改革的顶层设计，明确全国市场监管体制改革的方向。合理确定综合执法范围，探索有效的改革模式，统一执法资格和执法标准，提高综合执法效能。“十三五”期间，形成统一规范、权责明确、公正高效、法治保障的市场监管和反垄断执法体系。

（二）强化部门联动

依法充分发挥综合监管和行业监管作用，建立综合监管部门和行业监管部门联动的工作机制，形成优势互补、分工协作、沟通顺畅、齐抓共管的监管格局。按照“谁审批、谁监管，谁主管、谁监管”的原则，健全行业监管机构和队伍，充分发挥行业监管部门的作用，履行专业监管职责，进一步规范行业领域市场秩序。综合监管部门要强化市场秩序、市场环境的综合监管，维护全国统一大市场，维护公平竞争的市场机制，维护广大消费者合法权益，推动市场经济繁荣发展。建立健全行业监管部门和综合监管部门的协调配合机制，行业监管部门没有专门执法力量或执法力量不足的，应充分发挥综合监管部门市场监管骨干作用，推动跨行业、跨区域执法协作，形成促进行业发展和统一市场协同发展的格局。完善不同层级部门之间执法联动机制，科学划分不同层级的执法权限，增强纵向联动执法合力。

（三）加强基层建设

按照市场监管执法重心下移的要求，推动人财物等资源向基层倾斜，加强基层执法能力建设。充实执法力量，加强业务培训，优化基层干部年龄结构和知识结构，建设高素质、专业化的执法队伍。推行行政执法类、专业技术类公务员分类改革，完善市场监管人员激励机制。研究制定基层执法装备配备标准，合理保障基层装备投入，配备执法记录仪、检验检测设备等先进设备，提高现代科技手段在执法办案中的应用水平。应结合实际需要和财力可能，统筹安排基层执法能力建设经费，并通过优化支出结构、提高资金使用效益予以合理保障。

（四）推动社会共治

顺应现代治理趋势，努力构建“企业自治、行业自律、社会监督、政府监管”的社会共治新机制。强化生产经营者的主体责任，企业要履行好质量管理、营销宣传、售后服务、安全生产等方面的义务，引导企业成为行业秩序、市场环境的监督者和维护者，培育有社会责任的市场主体。引导非公经济组织加强党建、团建工作，自觉依法依规经营。结合行业组织改革，加强行业组织行业自治功能，鼓励参与制定行业标准和行业自律规范，建立行业诚信体系，充分发挥服务企业发展、规范行业主体行为、维护行业秩序的重要作用。充分利用认证认可检验检测等第三方技术手段，为市场监管执法提供技术支撑。积极推动社会共治立法，明晰社会共治主体的权利和义务，加强社会公众、中介机构、新闻媒体等对市场秩序的监督，发挥消费者对生产经营活动的直接监督作用，健全激励和保护消费者制度，构筑全方位市场监管新格局。

五、推动市场监管法治建设

适应市场监管工作新需要，加强市场监管法治建设，完善法律法规体系，推进依法行政，强化执法能力保障，确保市场监管有法可依、执法必严、清正廉洁、公正为民。

（一）完善法律法规

根据市场监管实际需要和行政审批制度改革情况，加快市场监管法律法规体系建设，完善商事法律制度。完善市场监管重点领域立法，研究推动市场竞争、产品质量、外国投资、电子商务等领域的立法。夯实商事制度改革法治基础，适时推动反不正当竞争法、标准化法、无证无照经营查处办法等法律、行政法规的制修订工作，加强相关配套规章的制定、修改和废止工作。

（二）规范执法行为

坚持法定职责必须为，严格依法履行职责。市场监管部门依照法定权限和程序行使权力、履行职责。建立科学监管的规则和方法，优化细化执法工作流程，解决不执法、乱执法、执法扰民等问题。完善行政执法程序和制度，全面落实行政执法责任制。建立行政执法自由裁量基准制度，严格限定和合理规范自由裁量权的行使。健全行政执法调查取证、告知、罚没收入管理等制度。严格执行重大行政执法决定法制审核制度，完善规范性文件制定程序，落实合法性审查制度。建立健全法律顾问制度。按照“谁执法谁普法”的普法要求，建立常态化的普法教育机制，开展法治宣传教育，营造良好的法治环境。

（三）强化执法监督

推行地方各级市场监管部门权力清单制度，依法公开权力运行流程。实行行政执法公示制度，公示行政审批事项目录，公开审批依据、程序、申报条件，公开监测、抽查和监管执法的依据、内容和结果。强化执法考核和行政问责，综合运用监察、审计、行政复议等方式，加强对行政机关不作为、乱作为、以罚代管等违法违规行为的监督。完善内部层级监督和专门监督，建立常态化监督制度，加强行政执法事中事后监督。开展法治建设评价工作，改进上级市场监管机关对下级机关的监督。

（四）加强行政执法与刑事司法衔接

完善案件移送标准和程序，严格执行执法协作相关规定，解决有案不移、有案难移问题。建立和加强市场监管部门、公安机关、检察机关间案情通报机制。市场监管部门发现违法行为涉嫌犯罪的，要及时依法移送公安机关并抄送同级检察机关，严禁以罚代刑、罚过放行。推进市场监管行政执法与刑事司法信息共享系统建设，实现违法犯罪案件信息互联互通。

第五章　规划组织实施

落实本规划提出的目标任务，要履行好各部门、地方各级政府的职责，充分激发各类市场主体、广大消费者、行业组织和社会媒体的积极性，形成市场监管合力。

一、加强组织协调

各部门、各地方要转变观念、提高认识，把加强和改善市场监管作为推动改革、促进发展的一项重大任务，切实抓实抓好。建立市场监管部际联席会议制度，加强组织领导，密切协调配合，健全工作机制，强化部门协同和上下联动，统筹推进规划明确的重要任务和改革部署，全面实现规划目标。加强国际交流，强化国际人才培养，积极参与国际规则制定。组织开展规划的宣传和解读工作，为规划实施营造良好的舆论氛围。

二、明确责任分工

各部门、各地方要积极探索、大胆创新、勇于改革，运用创新性思维、改革性举措，创造性地落实好规划任务。各部门要强化责任意识，树立大局观念，按照职责分工，各司其职，密切配合，把规划提出的目标任务纳入年度工作部署，明确时间表、路线图，扎实推进规划的实施。地方各级政府要切实转变观念，把加强市场监管作为改善地方经济发展环境、推动地方经济繁荣发展的重要保障，把规划目标任务纳入政府工作部署予以落实。相关社会组织和行业协会要按照规划要求，积极参与，主动作为，发挥作用。要发挥市场监管专家委员会以及有关专家学者的作用，加强竞争政策智库建设，针对规划中的重点难点问题，加强理论研究和对策研究，促进重大决策的科学化和民主化。

三、强化督查考核

建立规划实施跟踪评估和绩效考核机制，推动规划有效落实。加强对规划实施情况的动态监测与总结，每年向国务院报送规划实施情况报告，总结规划实施进展，提出推进规划实施建议。各部门和各地方相应做好本领域、本地方的规划落实情况报告。在规划实施中期组织开展评估工作，并将评估结果纳入政府综合评价和绩效考核范畴，建立规划实施长效机制。

第二部分

制度汇编

质检总局关于印发《质量监督检验检疫随机抽查事项清单（2018版）》及其相关实施细则的通知

（国质检法〔2018〕31号）

各直属检验检疫局，各省、自治区、直辖市及新疆生产建设兵团质量技术监督局（市场监督管理部门），认监委，质检总局各相关司局，中国纤维检验局：

为进一步落实简政放权、放管结合、优化服务的部署和要求，规范事中事后监管，按照国务院关于2017年年底实现行政检查事项“双随机、一公开”监管全覆盖的要求，质检总局各业务部门对质检系统行政检查事项作了全面梳理，根据风险可控、科学监管的原则，对原有随机抽查事项清单和实施细则进行了调整，现将新版《质量监督检验检疫随机抽查事项清单（2018版）》和新增加随机抽查事项的实施细则印发给你们。质检总局之前发布的实施细则未作调整的继续有效，请遵照执行。有关事项通知如下：

一、要全面推进随机抽查工作

凡是列入清单的随机抽查事项，必须全面铺开，实现“双随机、一公开”监管，不折不扣地完成国务院提出的目标和要求，保证责任落实到位。

二、要科学推进随机抽查工作

质检部门工作点多、线长、面广、专业性强，各单位在推进随机抽查的工作中要考虑专业、分工、地域等因素，兼顾各地发展水平、执法效率和执法成本，随机抽查要与现行有效的工作方法如风险管理、信用管理等结合，加强部门间的协调配合，确保随机抽查工作顺利开展。

三、要规范完善“两库”建设

在总结随机抽查工作开展以来的经验基础上，规范完善“两库”建设，在“市场主体名录库”和“执法检查人员名录库”中分别增加“统一社会信用代码”和“执法证号”，作为“两库”的唯一识别码，确保监管有效、过程可溯。

四、要注重抽查结果和查处情况的公开

按照《质检总局办公厅关于做好政务公开基本目录发布等工作的通知》（质检办

〔2017〕1544 号）要求，对列入新版清单的 26 项随机抽查事项的公开内容包括：**一是**公开事项名称。**二是**公开内容为抽查结果和查处情况。**三是**公开时限，在抽查结束（有查处的自查处结束）之日起 20 个工作日内公开，涉及行政处罚的，7 个工作日内公开（另有特殊规定的依特殊规定）。**四是**公开方式为本单位官网展示。**五是**责任主体，按照“谁执行谁公开”的原则，执行主体为质检总局的，由质检总局各相关单位在质检总局“双随机、一公开”专栏公开；执行主体为地方质检两局的，由两局各相关单位在各自“双随机、一公开”专栏公开，未设立专栏的，应当设立。

五、要注重抽查结果的运用

根据抽查结果进一步加强对行政相对人的管理，运用风险管理和分类管理的方式，不断提升管理的效率和效益。联合其他部门进一步完善信用管理机制，根据抽查监管情况，依照法律法规的规定向国家和地方公共信用信息服务平台提供信用信息，建立守信联合激励和失信联合惩戒机制，打造良好营商环境。

六、要大力宣传随机抽查工作

随机抽查工作是一项新事物，要采取多种形式加强宣传的广度和深度，充分认识开展这项工作的重要意义，利用典型引路，宣传好经验好做法，并及时形成文字材料上报质检总局。

质检总局

2017 年 12 月 22 日

质量监督检验检疫随机抽查事项清单（2018 版）

序号	随机抽查事项名称	依据
1	管理体系和服务认证专项监督检查	《中华人民共和国认证认可条例》
2	CCC 获证产品市场抽查	《中华人民共和国认证认可条例》《强制性产品认证管理规定》（质检总局令第 117 号）
3	食品农产品获认证产品监督抽查	《中华人民共和国认证认可条例》
4	检验检测机构资质认定监督检查	《检验检测机构资质认定管理办法》（质检总局令第 163 号）
5	定量包装商品净含量计量监督专项抽查项目	《定量包装商品计量监督管理办法》（质检总局令第 75 号）

续表

序号	随机抽查事项名称	依据
6	能效标识计量专项监督检查	《中华人民共和国节约能源法》《能源效率标识管理办法》（质检总局令第35号）
7	法定计量检定机构（全国质检系统省级以上、专业计量站）专项监督检查	《中华人民共和国计量法》《专业计量站管理办法》（国家技术监督局第24号令）、《法定计量检定机构监督管理办法》（国家质量技术监督局第15号令）
8	国境口岸公共场所卫生监督	《国际卫生条例（2005）》《中华人民共和国国境卫生检疫法》及其实施细则、《公共场所卫生管理条例》
9	国境口岸储存场地卫生监督	《国际卫生条例（2005）》《中华人民共和国国境卫生检疫法》及其实施细则
10	进境非食用动物产品指定企业日常监管	《中华人民共和国进出境动植物检疫法》及其实施条例、《中华人民共和国进出口商品检验法》及其实施条例、《进出境非食用动物产品检验检疫监督管理办法》（质检总局令第159号）
11	进境粮食加工存放企业日常监管	《中华人民共和国进出境动植物检疫法》及其实施条例、《中华人民共和国进出口商品检验法》及其实施条例、《进出境粮食检验检疫监督管理办法》（质检总局令第177号）
12	出境饲料和饲料添加剂注册登记企业日常监管	《中华人民共和国进出境动植物检疫法》及其实施条例、《中华人民共和国进出口商品检验法》及其实施条例、《进出口饲料和饲料添加剂检验检疫监督管理办法》（质检总局令第118号）
13	出境竹木草制品注册企业日常监管	《中华人民共和国进出境动植物检疫法》及其实施条例、《中华人民共和国进出口商品检验法》及其实施条例、《出境竹木草制品检疫管理办法》（质检总局令第45号）
14	出口非食用动物产品注册登记企业日常监管	《中华人民共和国进出境动植物检疫法》及其实施条例、《中华人民共和国进出口商品检验法》及其实施条例、《进出境非食用动物产品检验检疫监督管理办法》（质检总局令第159号）
15	出口水生动物注册养殖场日常监管	《中华人民共和国进出境动植物检疫法》及其实施条例、《中华人民共和国进出口商品检验法》及其实施条例、《出境水生动物检验检疫监督管理办法》（质检总局令第99号）
16	出境货物木质包装除害处理标识加施企业日常监管	《中华人民共和国进出境动植物检疫法》及其实施条例、《中华人民共和国进出口商品检验法》及其实施条例、《出境货物木质包装检疫处理管理办法》（质检总局令第69号）

续表

序号	随机抽查事项名称	依据
17	出境种苗、花卉生产注册企业日常监管	《中华人民共和国进出境动植物检疫法》及其实施条例、《植物繁殖材料系统管理措施》（国际植物检疫措施标准第36号）
18	法定检验以外进出口商品的抽查检验	《中华人民共和国进出口商品检验法》及其实施条例、《进出口商品抽查检验管理办法》（质检总局令第39号）
19	备案出口食品原料种植场现场审核和监督检查	《中华人民共和国食品安全法》《进出口食品安全管理办法》（质检总局令第144号）
20	备案出口食品原料养殖场现场审核和监督检查	《中华人民共和国食品安全法》《进出口食品安全管理办法》（质检总局令第144号）
21	备案出口食品生产企业质量安全管理体系运行情况监督检查	《中华人民共和国食品安全法》《进出口食品安全管理办法》（质检总局令第144号）
22	已获得备案的进口食品进口商监督抽查（备案信息、进口和销售记录）	《中华人民共和国食品安全法》《进出口食品安全管理办法》（质检总局令第144号）
23	特种设备生产单位监督抽查（质检总局发证）	《中华人民共和国特种设备安全法》
24	特种设备检验检测机构监督抽查（质检总局发证）	《中华人民共和国特种设备安全法》
25	产品质量国家监督抽查（生产许可证发证企业）	《中华人民共和国产品质量法》《产品质量监督抽查管理办法》（质检总局令第133号）
26	食品相关产品安全监管（监督抽查、生产许可证后监管、风险监测）	《中华人民共和国食品安全法》

关于印发《上海市区质量技术监督部门抽查事项目录（2016年版）》有关事宜的通知

（沪审改办发〔2016〕143号）

上海市质量技术监督局：

按照《国务院办公厅关于推广随机抽查规范事中事后监管的通知》（国办发〔2015〕58号）的要求，根据《上海市行政审批目录管理办法》（沪府〔2010〕30号）的规定，经市人民政府授权，现将《上海市区质量技术监督部门抽查事项目录（2016年版）》（以下简称《目录》）印发给你局，请按照9月21日全国推行“双随机、一公开”监管工作电视电话会议的部署，组织各区质量技术监督部门，严格履行主体责任，狠抓政策配套和督促落实。

一、市质量技术监督局应在收到本通知后10个工作日内，将《目录》下发至各区质量技术监督部门。市质量技术监督局应按照《关于做好抽查事项增加、取消和调整工作的通知》（沪审改办发〔2016〕117号）的要求，做好区、乡镇街道质量技术监督部门抽查事项的增加、取消和调整工作。区、乡镇街道质量技术监督部门拟增加、取消或调整抽查事项的，由市质量技术监督局统一向市审改办提出。

二、市质量技术监督局要参照《关于做好市质量技术监督局“双随机、一公开”工作有关事宜的通知》（沪审改办发〔2016〕125号）的规定，组织各区质量技术监督部门，对照《目录》，制定上报检查对象名录库、执法检查人员名录库、随机抽查工作细则，及时依法开展抽查工作，及时公布和报送抽查情况及查处结果，加强抽查结果运用等。

各区质量技术监督部门的抽查公告，应参照沪审改办发〔2016〕125号的规定，在向社会公布之日起5个工作日内，通过审改工作报送系统报送至市审改办。各区质量技术监督部门应指定专人负责抽查公告的报送工作，市质量技术监督局应将各区质量技术监督部门的报送人员姓名、联系电话报市审改办备案。不在备案名单中的人员，将无法通过审改工作报送系统进行报送。

三、市质量技术监督局要加强对区质量技术监督部门“双随机、一公开”监管工作的监督检查，特别是要根据区质量技术监督部门抽查事项的抽查比例和频次规定，定期或不定期地对区质量技术监督部门的抽查工作开展明查暗访。同时，要加强对《目录》贯彻执行情况的监督检查，对于未进入《目录》擅自实施的，或对《目录》

上的抽查事项擅自取消或调整的，要及时予以教育帮助、通报批评，并责令限期改正；贻误工作、造成不良后果的，根据情节轻重，由任免机关或行政监察机关对责任部门及其责任人依照法纪追究责任。

四、各区质量技术监督部门的检查对象名录库、执法检查人员名录库、随机抽查工作细则，以及报送人员姓名、联系电话，连同电子文档，请市质量技术监督局于11 月18 日（星期五）前上报市审改办。

特此通知。

附件：上海市区质量技术监督部门抽查事项目录（2016 年版）

上海市行政审批制度改革工作领导小组办公室

2016 年 10 月 11 日

附件

上海市区质量技术监督部门抽查事项目录

（2016 年版）

序号	事项名称	事项代码	抽查内容	抽查方式	抽查比例和频次
1	对获得资质认定检验检测机构的监督检查	310000000 – CC – 500055	检验检测机构的从业规范情况	日常检查	由各区根据区内实际确定比例和频次
2	对机动车安检机构的监督检查	310000000 – CC – 500056	机动车安检机构行为规范情况	日常检查	由各区根据区内实际确定比例和频次
3	获得重要工业产品生产许可证的食品相关产品生产企业监督检查	310000000 – CC – 500057	食品相关产品生产活动及其产品符合法律、法规和食品安全国家标准的情况	根据监管需要对食品相关产品生产企业进行现场检查	每年 A 级企业不少于 1 次，B 级企业不少于 2 次，C 级企业不少于 3 次
4	产品质量监督抽查	310000000 – CC – 500058	按照不同产品，编制抽检计划和方案，依据有关规定对上海市企业生产的产品进行抽样检验	抽样人员抽取方案中确定的抽查产品	各区自定抽查项目，每个抽查项目每年组织实施 1 次 ~ 2 次
5	认证活动监督检查	310000000 – CC – 500059	认证机构从事认证活动的规范性；获证组织生产经营活动及其产品符合相关法律法规、规范性文件和国家标准的情况	对认证活动、获证组织开展专项检查	由各区根据区内实际确定比例和频次
6	特种设备生产单位监督检查	310000000 – CC – 500060	按《特种设备现场安全监督检查规则》要求实施	现场检查	根据工作计划安排开展

关于在“证照分离”改革试点中开展加强事中事后监管有效方式和措施探索创新工作的通知

（沪审改办发〔2016〕106号）

>>>>>>

浦东新区人民政府，市政府有关委、办、局，各有关单位：

根据《国务院关于上海市开展“证照分离”改革试点总体方案的批复》（国函〔2015〕222号）精神，以及2016年1月15日市委全面深化改革领导小组第十二次会议和1月14日、2月15日市政府研究“证照分离”改革试点工作专题会议精神，现就围绕“证照分离”改革试点116项具体事项所涉及的104个行业、领域、市场（具体见附件1），探索创新加强事中事后监管有效方式和措施有关事宜通知如下：

一、各有关单位要对“证照分离”改革试点116项具体事项所涉及104个行业、领域、市场，按照“多种监管手段整合运用、多个政府部门联手治理、多方社会力量参与监督”的工作思路，实施诚信管理、分类监管、风险监管、联合惩戒、社会监督“五位一体”为基础的事中事后监管。

二、各有关单位要根据《上海市贯彻实施〈上海市开展“证照分离”改革试点总体方案〉工作方案》（沪审改办发〔2016〕11号，以下简称《工作方案》）有关要求，对涉及本部门的行业、领域、市场，逐项明确具体的监管内容，逐项研究制定诚信管理、分类监管和风险监管管理办法，梳理和明确联合惩戒事项，明确可以行业自律的具体内容，以及可由专业服务机构提供的技术性、专业性、服务性等内容，制定社会性约束和惩戒有关工作机制和处理机制（如，确定依法公开曝光情节严重或者典型的案件的工作机制，以及社会反映问题的处理机制等）。

三、对104个行业、领域、市场中，涉及国家部委的，上述探索创新加强事中事后监管有效方式和措施的要求，请上海市相关职能部门负责协调落实，并由上海市相关职能部门于规定时间内上报市审改办。

四、各有关单位落实《工作方案》，探索加强事中事后监管所明确的具体监管内容（包括设定依据）、联合惩戒事项清单（包括惩戒事项名称、设定依据、提请部门和惩戒部门），请于6月17日（星期五）前上报市审改办。所制定的各行业、领域、市场的诚信档案管理办法、分类监管管理办法、风险监管管理办法、实施联合惩戒中提请部门和惩戒部门的相关实施细则、行业自律内容、专业服务机构提供的技术性专业性服务性内容、社会性约束和惩戒有关工作机制和处理机制等，连同制定和上报的材料清单（具体见附件2），请于7月15日（星期五）前上报市审改办。

五、上海市“证照分离”改革试点中加强事中事后监管的有效方式和措施，自2016年8月1日起正式实施。各有关单位要按照制定的管理办法、工作机制、改革举措等，对“证照分离”改革试点涉及的每个监管对象建立诚信档案，开展分级分类，排摸监管风险点等，建立联合惩戒机制。对已明确可以行业自律的具体内容，推动纳入行规行约和行业内争议处理规则，实施自律管理。同时，开展发挥专业服务机构在技术性、专业性、服务性等方面的沟通、鉴证、监督等作用的试点，实施社会性约束和惩戒。

特此通知。

附件：1. 上海市“证照分离”改革试点具体事项所涉行业、领域、市场清单

2. 探索和创新“证照分离”改革试点中加强事中事后监管的有效方式和措施制定和上报的材料清单

上海市行政审批制度改革工作领导小组办公室

2016年5月10日

附件1

上海市“证照分离”改革试点具体事项所涉行业、领域、市场清单

序号	事项名称	实施机关	改革方式	所属行业、领域、市场	
				序号	名称
1	石油成品油批发经营资格审批（初审）	上海市经济信息化委	提高透明度和可预期性	1	石油成品油批发经营
2	石油成品油零售经营资格审批	上海市经济信息化委	提高透明度和可预期性	2	石油成品油零售经营
3	食盐定点生产、碘盐加工企业许可	上海市经济信息化委	提高透明度和可预期性	3	食盐生产加工
4	民用爆炸物品销售企业设立许可	上海市经济信息化委	强化准入监管	4	民用爆炸物品销售
5	民用爆炸物品生产许可	上海市经济信息化委	强化准入监管	5	民用爆炸物品生产
6	设立旧机动车鉴定评估机构审批	上海市商务委	完全取消审批	6	旧机动车鉴定评估
7	加工贸易合同审批	上海市商务委、浦东新区商务委	审批改为备案	7	加工贸易

续表

序号	事项名称	实施机关	改革方式	所属行业、领域、市场	
				序号	名称
8	拍卖业务许可	上海市商务委	提高透明度和可预期性	8	拍卖
9	设立典当行及其分支机构审核	上海市商务委	强化准入监管	9	典当
10	直销企业及其分支机构的设立和变更审批	商务部	强化准入监管	10	直销
11	因私出入境中介机构资格认定（境外就业、留学除外）	上海市公安局	完全取消审批	11	因私出入境中介
12	保安培训许可证核发	上海市公安局	全面实行告知承诺	12	保安培训
13	公章刻制业特种行业许可证核发	上海市公安局、浦东新区公安分局	全面实行告知承诺	13	公章刻制业特种行业
14	典当业特种行业许可证核发	上海市公安局、浦东新区公安分局	全面实行告知承诺	14	典当业特种行业
15	旅馆业特种行业许可证核发	上海市公安局、浦东新区公安分局	全面实行告知承诺	15	旅馆业特种行业
16	保安服务许可证核发	上海市公安局	提高透明度和可预期性	16	保安服务
17	爆破作业单位许可证核发	上海市公安局	强化准入监管	17	爆破作业
18	制造、销售弩或营业性射击场开设弩射项目审批	上海市公安局	强化准入监管	18	制造、销售弩或营业性射击场开设弩射项目
19	烟花爆竹批发许可	上海市消防局	强化准入监管	19	烟花爆竹批发
20	烟花爆竹零售许可	浦东新区公安消防支队、南汇公安消防支队	强化准入监管	20	烟花爆竹零售
21	假肢和矫形器（辅助器具）生产装配企业资格认定	上海市民政局	全面实行告知承诺	21	假肢和矫形器（辅助器具）生产装配

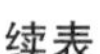

续表

序号	事项名称	实施机关	改革方式	所属行业、领域、市场	
				序号	名称
22	养老机构设立许可	浦东新区民政局	提高透明度和可预期性	22	养老服务
23	会计师事务所及其分支机构设立审批	上海市财政局	提高透明度和可预期性	23	会计师事务所
24	中介机构从事会计代理记账业务审批	上海市财政局、浦东新区财政局	提高透明度和可预期性	24	会计代理记账业务
25	中外合作职业技能培训机构设立审批	上海市人力资源社会保障局、浦东新区人力资源社会保障局	全面实行告知承诺	25	职业技能培训
26	建筑智能化工程等四个设计与施工一体化资质新设、增项、延续等资质类项	上海市住房城乡建设事管理委	完全取消审批	26	建筑企业
27	建筑企业资质申请、升级、增项、变更许可	上海市住房城乡建设管理委、浦东新区建设交通委	全面实行告知承诺		
28	房地产开发企业资质核定	上海市住房城乡建设管理委、浦东新区建设交通委	全面实行告知承诺	27	房地产开发经营
29	物业管理企业资质许可（一二三级新设和变更、注销审核）	上海市住房城乡建设管理委、浦东新区建设交通委	全面实行告知承诺	28	物业服务
30	燃气经营许可证核发	上海市住房城乡建设管理委、浦东新区环保市容局	提高透明度和可预期性	29	燃气经营
31	公共汽车和电车客运车辆营运证核发（区县许可事项）	浦东新区建设交通委	完全取消审批	30	公共汽车和电车客运
32	道路运输站（场）经营许可证核发	浦东新区建设交通委	全面实行告知承诺	31	道路旅客运输站经营
				32	道路货物运输站（场）经营

续表

序号	事项名称	实施机关	改革方式	所属行业、领域、市场	
				序号	名称
33	机动车维修经营许可	上海市交通委	全面实行告知承诺	33	机动车维修经营
34	道路普通货运经营许可（货运出租、搬场运输除外）	上海市交通委	全面实行告知承诺	34	道路普通货物运输经营
35	道路货运经营许可证核发	上海市交通委、浦东新区建设交通委	提高透明度和可预期性		
36	道路普通货运经营许可（货运出租、搬场运输）	上海市交通委	提高透明度和可预期性		
37	道路客运经营许可证核发	上海市交通委、浦东新区建设交通委	提高透明度和可预期性	35	道路旅客运输经营
38	道路旅客运输经营许可	上海市交通委	提高透明度和可预期性		
39	国际船舶管理业务经营审批	上海市交通委	提高透明度和可预期性	36	国际船舶管理业务
40	国内水路运输业务经营许可	交通运输部、上海市交通委	提高透明度和可预期性	37	国内水路运输业务
41	港口经营许可	上海市交通委	提高透明度和可预期性	38	港口经营
42	经营港口理货业务许可	上海市交通委	提高透明度和可预期性	39	港口理货业务
43	机动车驾驶员培训业务许可证核发	上海市交通委、浦东新区建设交通委	提高透明度和可预期性	40	机动车驾驶员培训
44	道路危险货物运输经营许可	上海市交通委	强化准入监管	41	道路危险货物运输经营
45	设立饲料添加剂、添加剂预混合饲料生产企业审批	上海市农委	提高透明度和可预期性	42	饲料生产

续表

序号	事项名称	实施机关	改革方式	所属行业、领域、市场	
				序号	名称
46	农作物种子、草种、食用菌菌种生产经营许可证核发	农业部、上海市农委、浦东新区农委	强化准入监管	43	农作物种子生产
				44	草种生产
				45	食用菌菌种生产
				46	农作物种子经营
				47	草种经营
				48	食用菌菌种经营
47	微生物菌剂环境安全许可证核发	上海市环保局	完全取消审批	49	微生物菌剂应用
48	从事测绘活动单位资质许可	国家测绘地信局、上海市规划国土资源局	提高透明度和可预期性	50	测绘
49	营业性棋牌室设立许可	浦东新区文广影视局	审批改为备案	51	营业性棋牌室
50	营业性棋牌包房设立许可	浦东新区文广影视局	审批改为备案		
51	电影放映单位设立、变更业务范围或者兼并、合并、分立审批	浦东新区文广影视局	全面实行告知承诺	52	电影放映
52	设立外商投资电影院许可	上海市文广影视局	全面实行告知承诺		
53	歌舞娱乐场所设立审批	浦东新区文广影视局	提高透明度和可预期性	53	歌舞娱乐
54	游艺娱乐场所设立审批	浦东新区文广影视局	提高透明度和可预期性	54	游艺娱乐
55	电影制片单位设立审批	上海市文广影视局	提高透明度和可预期性	55	电影制片
56	电影制片单位以外的单位独立从事电影摄制业务审批	新闻出版广电总局	提高透明度和可预期性		

续表

序号	事项名称	实施机关	改革方式	所属行业、领域、市场	
				序号	名称
57	中外合资经营、中外合作经营演出经纪机构设立审批	文化部、上海市文广影视局	提高透明度和可预期性	56	演出经纪
58	港、澳投资者在内地投资设立合资、合作、独资经营的演出经纪机构审批	上海市文广影视局	提高透明度和可预期性		
59	台湾地区投资者在内地投资设立合资、合作经营的演出经纪机构审批	上海市文广影视局	提高透明度和可预期性		
60	港、澳服务提供者在内地设立互联网上网服务营业场所审批	上海市文广影视局	提高透明度和可预期性	57	互联网上网服务
61	拍卖企业经营文物拍卖许可	上海市文广影视局	提高透明度和可预期性	58	文物拍卖
62	电影发行单位设立、变更业务范围或者兼并、合并、分立审批	新闻出版广电总局、上海市文广影视局	强化准入监管	59	电影发行
63	设立经营性互联网文化单位审批	上海市文广影视局	强化准入监管	60	经营性互联网文化
64	设立广播电视视频点播业务（乙种）许可	上海市文广影视局	强化准入监管	61	广播电视视频点播
65	公共场所卫生许可	浦东新区卫生计生委（港口公共场所由上海市码头管理中心负责）	全面实行告知承诺	62	公共场所卫生
66	消毒产品生产企业卫生许可（一次性使用医疗用品的生产企业除外）	上海市卫生计生委、浦东新区卫生计生委	提高透明度和可预期性	63	消毒产品生产
67	营利性医疗机构设置审批	上海市卫生计生委、浦东新区卫生计生委	提高透明度和可预期性	64	医疗机构
68	户外广告登记	浦东新区市场监管局	完全取消审批	65	户外广告

续表

序号	事项名称	实施机关	改革方式	所属行业、领域、市场	
				序号	名称
69	修理计量器具的企业审批	上海市质量技术监督局、浦东新区市场监管局	全面实行告知承诺	66	修理计量器具
70	特种设备生产单位许可	质检总局、上海市质量技术监督局	强化准入监管	67	特种设备生产
71	特种设备检验检测机构核准	质检总局、上海市质量技术监督局	强化准入监管	68	特种设备检验检测
72	药品广告异地备案	上海市食品药品监管局	完全取消审批	69	药品广告
73	医疗机构放射性药品使用许可（一、二类）	上海市食品药品监管局	完全取消审批	70	医疗机构放射性药品使用
74	医疗机构放射性药品使用许可（三、四类）	上海市食品药品监管局	强化准入监管		
75	仿制药生物等效性试验审批	食品药品监管总局	审批改为备案	71	仿制药生物等效性试验
76	首次进口非特殊用途化妆品行政许可	食品药品监管总局	审批改为备案	72	非特殊用途化妆品进口
77	互联网药品交易服务企业审批（第三方平台除外）	上海市食品药品监管局	全面实行告知承诺	73	互联网药品交易服务
78	互联网药品信息服务企业审批	上海市食品药品监管局	全面实行告知承诺	74	互联网药品信息服务
79	医疗器械广告审查	上海市食品药品监管局	全面实行告知承诺	75	医疗器械广告
80	开办药品生产企业审批	上海市食品药品监管局	强化准入监管	76	药品生产
81	开办药品经营企业审批（批发、零售连锁企业）	上海市食品药品监管局	强化准入监管	77	药品批发、零售连锁
82	开办药品零售企业审批	浦东新区市场监管局	强化准入监管	78	药品零售
83	新药生产和上市许可	食品药品监管总局	强化准入监管	79	新药生产和上市
84	化妆品生产企业卫生许可	上海市食品药品监管局	强化准入监管	80	化妆品生产

续表

序号	事项名称	实施机关	改革方式	所属行业、领域、市场	
				序号	名称
85	50平方米以下小型餐饮的经营许可	浦东新区市场监管局	审批改为备案	81	食品经营
86	食品销售许可、餐饮服务许可（合并为食品经营许可）	上海市食品药品监管局、浦东新区市场监管局	强化准入监管		
87	食品生产许可（保健食品、特殊医学用途配方食品、婴幼儿配方食品除外）	浦东新区市场监管局	强化准入监管	82	食品生产
88	食品生产许可（保健食品、特殊医学用途配方食品、婴幼儿配方食品）	上海市食品药品监管局	强化准入监管		
89	第二类医疗器械产品注册	上海市食品药品监管局	强化准入监管	83	医疗器械生产
90	第二、三类医疗器械生产许可证核发	上海市食品药品监管局	强化准入监管		
91	第三类医疗器械经营许可（第三方物流除外）	浦东新区市场监管局	强化准入监管	84	医疗器械经营
92	第三类医疗器械经营许可（第三方物流）	上海市食品药品监管局	强化准入监管		
93	设立可录光盘生产企业审批	上海市新闻出版局	完全取消审批	85	可录光盘生产
94	出版物出租经营备案	浦东新区文广影视局	完全取消审批	86	出版物出租
95	从事出版物零售业务许可	浦东新区文广影视局	全面实行告知承诺	87	出版物零售

续表

序号	事项名称	实施机关	改革方式	所属行业、领域、市场	
				序号	名称
96	设立从事包装装潢印刷品和其他印刷品印刷经营活动的企业审批（不含文件、票据、保密印刷）	浦东新区文广影视局	全面实行告知承诺	88	印刷
97	印刷业经营者兼营包装装潢和其他印刷品印刷经营活动审批（不含文件、票据、保密印刷）	浦东新区文广影视局	全面实行告知承诺		
98	设立中外合资、合作印刷企业和外商独资包装装潢印刷企业审批	上海市新闻出版局	提高透明度和可预期性		
99	音像制作单位设立审批	上海市新闻出版局	全面实行告知承诺	89	音像制作
100	电子出版物制作单位设立审批	上海市新闻出版局	全面实行告知承诺	90	电子出版物制作
101	音像制作单位、电子出版物制作单位变更名称、业务范围，或者兼并、合并、分立审批	上海市新闻出版局	全面实行告知承诺		
102	从事出版物批发业务许可	上海市新闻出版局	提高透明度和可预期性	91	出版物批发
103	经营高危险性体育项目许可	浦东新区教育局	提高透明度和可预期性	92	高危险性体育项目经营
104	外商投资旅行社业务经营许可	上海市旅游局	提高透明度和可预期性	93	旅行社
105	旅行社业务经营许可	上海市旅游局、浦东新区商务委	提高透明度和可预期性		
106	从事城市生活垃圾经营性清扫、收集、运输、处理服务审批	上海市绿化市容局	全面实行告知承诺	94	城市生活垃圾

续表

序号	事项名称	实施机关	改革方式	所属行业、领域、市场	
				序号	名称
107	户外广告设施设置审批	上海市绿化市容局、浦东新区环保市容局	强化准入监管	95	户外广告设施设置
108	危险化学品生产企业安全生产许可证核发	安全监管总局、上海市安全监管局	强化准入监管	96	危险化学品生产
109	危险化学品经营许可证核发	上海市安全监管局、浦东新区经济信息化委	强化准入监管	97	危险化学品经营
110	危险化学品安全使用许可证核发	上海市安全监管局、浦东新区经济信息化委	强化准入监管	98	危险化学品安全使用
111	新建、改建、扩建生产、储存危险化学品（包括使用长输管道输送危险化学品）建设项目安全条件审查	上海市安全监管局、浦东新区经济信息化委	强化准入监管	99	危险化学品建设
112	融资性担保机构设立、变更审批	上海市金融办	提高透明度和可预期性	100	融资性担保
113	粮食收购资格认定	浦东新区商务委	提高透明度和可预期性	101	粮食收购
114	口岸卫生许可证核发	上海出入境检验检疫局及其各分支机构	提高透明度和可预期性	102	口岸卫生
115	进出口商品检验鉴定业务的检验许可	质检总局、上海出入境检验检疫局	提高透明度和可预期性	103	进出口商品检验鉴定
116	保险公司变更名称、变更注册资本、变更公司或者分支机构的营业场所、撤销分支机构、公司分立或者合并、修改公司章程、变更出资额占有限责任公司资本总额百分之五以上的股东，或者变更持有股份有限公司股份百分之五以上的股东及保险公司终止（解散、破产）审批	保监会及派出机构	提高透明度和可预期性	104	保险

附件 2

探索和创新“证照分离”改革试点中加强事中事后监管的有效方式和措施制定和上报的材料清单

单位名称（盖章）：________________

所属行业、领域、市场名称：________________

对应的改革试点事项名称：________________

序号	材料类别	制定和上报的材料名称
1	具体监管内容	
2	诚信档案管理办法	
3	分类监管管理办法	
4	风险监管管理办法	
5	联合惩戒事项清单	
6	实施联合惩戒中提请部门的相关实施细则	
7	实施联合惩戒中惩戒部门的相关实施细则	
8	行业自律内容	
9	专业服务机构提供的技术性专业性服务性内容	
10	社会性约束和惩戒有关工作机制和处理机制	
11	其他	

备注：每一个行业、领域、市场填写一份清单。

上海市行政审批制度改革工作领导小组办公室关于印发《上海市贯彻实施〈上海市开展“证照分离”改革试点总体方案〉工作方案》的通知

（沪审改办发〔2016〕11 号）

浦东新区人民政府，上海市政府有关委、办、局，各有关单位：

现将《上海市贯彻实施〈上海市开展“证照分离”改革试点总体方案〉工作方案》印发给你们，请认真组织实施。

上海市行政审批制度改革工作领导小组办公室

2016 年 2 月 16 日

上海市贯彻实施《上海市开展“证照分离”改革试点总体方案》工作方案

根据《国务院关于上海市开展“证照分离”改革试点总体方案的批复》（国函〔2015〕222 号）精神，现就贯彻实施《上海市开展“证照分离”改革试点总体方案》（以下简称《总体方案》）制定如下工作方案：

一、全面落实《总体方案》改革审批方式的五项举措

（一）对于《总体方案》中决定取消审批的 10 项行政审批，逐项明确取消行政审批的后续工作，建立相关管理制度。

1. 工作内容：

取消审批并不是取消监管，更不是放弃监管责任。对取消审批后仍需加强监管的事项，要切实加强后续监管，防止管理脱节，绝不能因为审批事项取消而放弃或削弱

监管职责。要善于运用经济和法律手段履行监管职能，把该管的事情管住管好。要认真做好工作衔接，避免出现监管真空。要逐项明确取消审批后的相关管理措施，在总结经验的基础上，形成和制定相关管理制度。

（1）对取消审批后能够通过市场机制解决的事项，要运用市场机制进行调节，政府部门要规范运作程序，加强市场监管。

（2）对取消审批后由企业自主决定的事项，要通过加快形成企业自主经营、公平竞争，消费者自由选择、自主消费，商品和要素自由流动、平等交换的现代市场体系，实现对企业的间接监督管理。

（3）对取消审批后由统一的管理规范和强制性标准取代个案审批的事项，要抓紧制定相应的管理规范和标准，并组织实施。

（4）对取消审批后由事后备案管理取代审批的事项，要尽快建立和完善事后备案管理制度。

（5）对取消审批后转为日常监管的事项，要采取加大事中检查、事后稽查处罚力度等办法，保证相关管理措施落实到位。

2. 时间节点：

（1）在国家调整法律文件的决定下达前，逐项明确取消审批后的相关管理措施；国家调整法律文件的决定下达后一个星期内，正式实施相关管理措施。

（2）2016 年年底前，在总结经验的基础上，形成和制定相关管理制度。

（二）对于《总体方案》中决定取消审批改为备案的 6 项行政审批，逐项明确取消审批改为备案的后续工作，建立相关管理制度。

1. 工作内容

逐项制定备案管理办法，明确备案的条件、内容、程序、期限以及需要报送的全部材料目录和备案示范文本，明确对行政相对人从事备案事项的监督检查及相关处理措施、应承担的法律责任等。

2. 时间节点

（1）3 月中旬前，制定完成相关备案事项的备案管理办法。

（2）国家调整法律文件的决定下达后一个星期内，以部门规范性文件形式下发相关备案事项的备案管理办法并正式实施。

（三）对于《总体方案》中决定简化审批实行告知承诺制的 26 项行政审批，逐项制定告知承诺书格式文本和告知承诺办法。

1. 工作内容：

（1）按照《上海市行政审批告知承诺办法》（沪府发〔2012〕46 号）和《上海市人民政府关于公布上海市实行“告知承诺”第二批行政审批事项目录及格式文本（样本）的通知》（沪府发〔2009〕64 号）的规定，制定每项事项的告知承诺书格式文本和告知承诺办法，其中告知承诺书格式文本报市审改办审定后实施。

（2）认真审核把关行政审批的具体内容。其中，对于直接涉及公共安全、生态环境保护以及直接关系人身健康、生命财产安全的内容，审批条件通过事后监管不能纠正的内容，实行告知承诺会产生严重后果的内容，不纳入告知承诺范围。

（3）深化告知承诺内容。探索对选址定点、现场勘察、现场核查、整改落实情况开展告知承诺。其中，探索在受理之前先行开展选址定点、现场勘察工作，申请人作出承诺后，直接进入审批流程。

（4）明确和落实行政审批告知承诺的批后监管举措，重点是对行政相对人是否履行承诺的情况进行检查。行政机关应当对被审批人从事行政审批事项的活动加强监督检查，发现被审批人有违法行为的，应当依法及时作出处理；发现被审批人实际情况与承诺内容不符的，应当要求其限期整改；整改后仍不符合条件的，应当依法撤销行政审批决定。

（5）探索在行政相对人生产经营场所，公开告知承诺书，通过社会监督督促行政相对人履行承诺。

（6）充分发挥诚信制度在确定告知承诺对象、实施批后监管中的作用。对于有不良记录的，不实行告知承诺。对承诺不实的，依法记入不良记录，并对该申请人、被审批人不再适用告知承诺的审批方式。

（7）对于申请人不愿意作出承诺的，行政机关应当按照法律、法规和规章的有关规定，实施行政审批。

2. 时间节点：

（1）2 月底前，制定完成相关行政审批事项的告知承诺书格式文本。

（2）3 月中旬前，制定完成相关行政审批事项的告知承诺办法，下发实施。

（四）对于《总体方案》中决定提高审批的透明度和可预期性的 41 项行政审批，逐项明确相关事项提高审批透明度和可预期性的具体改革举措，形成相关管理制度。

1. 工作内容：

（1）根据行政审批标准化管理实施情况，对照《行政审批业务手册编制指引》（DB31/T 544—2011）和《行政审批办事指南编制指引》（DB31/T 545—2011）的规定，以 41 项行政审批的业务手册和办事指南为基础，再进行一次优化完善。重点是：

讲清楚各类审查要求，尽可能地量化具体的审查行为，明确审查内容、审查要求、审查方法、判定标准等；

精简审批环节，内部审查原则上应实施“一审一核”制或承办、审核、决定三级审批制，不搞层层过关；

优化审批流程，简化工作手续，减少审批层级，消除重叠机构和重复业务，打破处室界限，建立跨部门业务合作机制等。

（2）建立健全收件凭证、一次告知、限时办结、首问负责、咨询服务、AB 角工作制、节假日办理、挂牌上岗等基本服务制度。

2. 时间节点：

（1）3 月中旬前，提出提高审批透明度和可预期性的具体改革举措。

（2）年底前，在总结经验的基础上，形成和制定相关管理制度。

（五）对于《总体方案》中决定对涉及公共安全等特定活动，加强市场准入管理的 33 项行政审批，逐项明确相关事项加强市场准入管理的具体改革举措，形成相关管理制度。

1. 工作内容：

对直接涉及国家安全、公共安全、生态环境保护以及直接关系人身健康、生命财产安全等特定活动的，按照国际通行规则，加强风险控制，强化市场准入管理。

2. 时间节点：

（1）3 月中旬前，提出加强市场准入管理的具体改革举措。

（2）年底前，在总结经验的基础上，形成和制定相关管理制度。

二、探索加强事中事后监管的有效方式和措施

对纳入改革试点的 116 项行政审批，逐项探索明确事中事后监管举措，切实增强监管合力，提升监管效能。

（一）实施诚信管理

1. 工作内容

（1）制定诚信档案管理办法，明确记入诚信档案的诚信信息的内容、界定、采集、管理等。

（2）对每个监管对象建立诚信档案。

2. 工作成果

（1）制定完成诚信档案管理办法。

（2）对每个监管对象开展建立诚信档案工作，实施诚信监管。

（二）开展分类监管

1. 工作内容

（1）制定分类监管管理办法，细化明确分级分类监管的标准、内容、方式和程序等。

（2）对每个监管对象进行分级分类，逐一明确相应的监管方式。

2. 工作成果

（1）制定完成分类监管管理办法。

（2）对每个监管对象进行分级分类，实施分类监管。

（三）开展风险监管

1. 工作内容

（1）制定风险监管管理办法，明确识别、评估、监测和控制监管工作所蕴含风险等具体内容，完善风险评估、风险预警、风险处置等各种制度和标准。

（2）开展风险点梳理排查、风险巡查，梳理和分析每个监管对象的监管风险，确定监管风险点，选择监管风险应对策略。

2. 工作成果

（1）制定完成风险监管管理办法。

（2）开展风险点梳理排查、风险巡查，实施风险监管。

（四）实施联合惩戒

1. 工作内容

（1）梳理明确法律文件中对作出行政处理的决定，需相关部门实施惩戒的内容、措施等。

（2）提请部门制定提请的具体标准，建立信息收集和审核机制，明确提请的内容、程序、期限、文书等。

（3）惩戒部门制定接到提请后的具体惩戒标准，建立提请接收和惩戒反馈机制，明确惩戒的内容、措施、程序、期限、文书等。

2. 工作成果

（1）完成联合惩戒事项梳理。

（2）提请部门和惩戒部门制定完成相关实施细则。

（3）实施联合惩戒。

（五）实施社会监督

1. 工作内容

（1）发挥行业协会商会自律作用。明确本行业内自律的具体内容。通过指导和推动行业协会制订行规行约和行业内争议处理规则，将行业自律内容纳入行规行约和行业内争议处理规则。

（2）发挥专业服务机构技术监督作用，明确专业服务机构的服务、沟通、鉴证、监督等内容，包括：①把政府管理中的技术性、专业性、服务性等事项，转由专业服务机构提供，由其承担独立的法律责任，作为行政机关审查的依据；②在审查中，委托专业服务机构审查技术性、专业性内容，协助行政机关进行审查；③在监督检查中，委托专业服务机构进行监督，或以专业服务机构的意见作为监督检查处理依据；或由专业服务机构负责对监管对象进行监督并承担独立的法律责任，行政机关负责监督规范专业服务机构的监管行为。开展事中事后监管中发挥专业服务机构的服务、沟通、鉴证、监督等作用的试点。

（3）推动形成社会性约束和惩戒。明确公开监管执法信息、

依法公开曝光情节严重或者典型的案件的工作机制。明确社会各方力量、新闻媒体披露和曝光扰乱市场秩序、侵害消费者合法权益的问题的处理机制。

2. 工作成果

（1）明确行业自律，以及专业服务机构的服务、沟通、鉴证、监督等的具体内容，制定社会性约束和惩戒的有关工作机制和处理机制。

（2）推动行业自律内容纳入行规行约和行业内争议处理规则，开展事中事后监管中发挥专业服务机构的服务、沟通、鉴证、监督等作用的试点，实施社会性约束和惩戒。

三、有关要求

（一）浦东新区、市政府相关部门、各有关单位的“一把手”是上海市开展“证照分离”改革试点工作的第一责任人，要切实负起责任，定期听取和研究本地区、本部门该项工作进展情况，对一些难啃的“硬骨头”，要亲自挂帅、亲自动手，保证工作顺利进行。要做好巩固审改成果与深化试点、实施启动与法规调整、落实改革举措与强化监管、市和区的对接。

（二）上海市政府相关部门、各有关单位要积极落实《总体方案》改革审批方式五项举措所涉及的管理措施、管理办法、改革举措等，坚持放管并重，实行宽进严管，切实加强事中事后监管，并于3月15日（星期二）前上报市审改办〔其中，告知承诺书格式文本请于3月1日（星期二）前上报市审改办〕，4月1日起正式实施。

（三）上海市政府相关部门、各有关单位要积极落实和形成《总体方案》探索加强事中事后监管的有效方式和措施所涉及的工作成果，包括管理办法、工作机制、改革举措、行业自律内容等，以及联合惩戒事项清单（包括惩戒事项名称、设定依据、提请部门和惩戒部门），并尽快上报市审改办。

（四）上海市政府相关部门、各有关单位要在认真落实《总体方案》规定的各项改革举措的基础上，及时评估改革的成效，及时加以改进完善，并研究提出下一步深化改革的措施，同时加大对浦东新区相关部门的业务指导，确保落地不变样。

（五）浦东新区要组织力量，认真落实好国家和上海市出台的各项改革举措，并围绕“重在制度创新，重在政府职能转变”，进一步深化改革，做好政策讲解，做好为企业和群众的服务工作。要广泛听取企业、群众的意见，了解企业、群众在办事过程中存在的问题、障碍和需求，研究提出深化“证照分离”改革的具体建议。

附件：1. 上海市开展“证照分离”改革试点的具体事项改革举措制定分工表

2.《总体方案》同意取消审批中涉及需创新和重新构建管理制度事项分工清单

附件 1

上海市开展“证照分离”改革试点的具体事项改革举措政策制定分工表
（共 116 项）

序号	责任部门	序号	事项名称	实施机关	改革方式				
					完全取消审批	审批改为备案	全面实行告知承诺	提高透明度和可预期性	强化准入监管
1	上海市经济信息化委	1	石油成品油批发经营资格审批（初审）	上海市经济信息化委				√	
		2	石油成品油零售经营资格审批	上海市经济信息化委				√	
		3	食盐定点生产、碘盐加工企业许可	上海市经济信息化委				√	
		4	民用爆炸物品销售企业设立许可	上海市经济信息化委					√
		5	民用爆炸物品生产许可	上海市经济信息化委					√
2	上海市商务委	1	设立旧机动车鉴定评估机构审批	上海市商务委	√				
		2	加工贸易合同审批	上海市商务委、浦东新区商务委		√			
		3	拍卖业务许可	上海市商务委				√	
		4	设立典当行及其分支机构审核	上海市商务委					√
		5	直销企业及其分支机构的设立和变更审批	商务部					√

续表

序号	责任部门	序号	事项名称	实施机关	改革方式				
					完全取消审批	审批改为备案	全面实行告知承诺	提高透明度和可预期性	强化准入监管
3	上海市公安局	1	因私出入境中介机构资格认定（境外就业、留学除外）	上海市公安局	√				
		2	保安培训许可证核发	上海市公安局			√		
		3	公章刻制业特种行业许可证核发	上海市公安局、浦东新区公安分局			√		
		4	典当业特种行业许可证核发	上海市公安局、浦东新区公安分局			√		
		5	旅馆业特种行业许可证核发	上海市公安局、浦东新区公安分局			√		
		6	保安服务许可证核发	上海市公安局				√	
		7	爆破作业单位许可证核发	上海市公安局					√
		8	制造、销售弩或营业性射击场开设弩射项目审批	上海市公安局					√
		9	烟花爆竹批发许可	上海市消防局					√
		10	烟花爆竹零售许可	浦东新区公安消防支队、南汇公安消防支队					√

续表

序号	责任部门	序号	事项名称	实施机关	改革方式				
					完全取消审批	审批改为备案	全面实行告知承诺	提高透明度和可预期性	强化准入监管
4	上海市民政局	1	假肢和矫形器（辅助器具）生产装配企业资格认定	上海市民政局			√		
		2	养老机构设立许可	浦东新区民政局				√	
5	上海市财政局	1	会计师事务所及其分支机构设立审批	上海市财政局				√	
		2	中介机构从事会计代理记账业务审批	上海市财政局、浦东新区财政局				√	
6	上海市人力资源社会保障局	1	中外合作职业技能培训机构设立审批	上海市人力资源社会保障局、浦东新区人力资源社会保障局			√		
7	上海市住房城乡建设管理委	1	建筑智能化工程等四个设计与施工一体化资质新设、增项、延续等资质类事项	上海市住房城乡建设管理委	√				
		2	建筑企业资质申请、升级、增项、变更许可	上海市住房城乡建设管理委、浦东新区建设交通委			√		
		3	房地产开发企业资质核定	上海市住房城乡建设管理委、浦东新区建设交通委			√		
		4	物业管理企业资质许可（一级二级三级新设和变更、注销审核）	上海市住房城乡建设管理委、浦东新区建设交通委			√		
		5	燃气经营许可证核发	上海市住房城乡建设管理委、浦东新区环保市容局				√	

续表

序号	责任部门	序号	事项名称	实施机关	改革方式				
					完全取消审批	审批改为备案	全面实行告知承诺	提高透明度和可预期性	强化准入监管
8	上海市交通委	1	公共汽车和电车客运车辆营运证核发（区县许可事项）	浦东新区建设交通委	√				
		2	道路运输站（场）经营许可证核发	浦东新区建设交通委			√		
		3	道路普通货运经营许可（货运出租、搬场运输除外）	上海市交通委			√		
		4	机动车维修经营许可	上海市交通委			√		
		5	国际船舶管理业务经营审批	上海市交通委				√	
		6	国内水路运输业务经营许可	交通运输部、上海市交通委				√	
		7	港口经营许可	上海市交通委				√	
		8	经营港口理货业务许可	上海市交通委				√	
		9	机动车驾驶员培训业务许可证核发	上海市交通委、浦东新区建设交通委				√	
		10	道路客运经营许可证核发	上海市交通委、浦东新区建设交通委				√	
		11	道路货运经营许可证核发	上海市交通委、浦东新区建设交通委				√	
		12	道路旅客运输经营许可	上海市交通委				√	

续表

序号	责任部门	序号	事项名称	实施机关	改革方式				
					完全取消审批	审批改为备案	全面实行告知承诺	提高透明度和可预期性	强化准入监管
8	上海市交通委	13	道路普通货运经营许可（货运出租、搬场运输）	上海市交通委				√	
		14	道路危险货物运输经营许可	上海市交通委					√
9	上海市农委	1	设立饲料添加剂、添加剂预混合饲料生产企业审批	上海市农委				√	
		2	农作物种子、草种、食用菌菌种生产经营许可证核发	农业部、上海市农委、浦东新区农委					√
10	上海市环保局	1	微生物菌剂环境安全许可证核发	上海市环保局	√				
11	上海市规划国土资源局	1	从事测绘活动单位资质许可	国家测绘地信局、上海市规划国土资源局				√	
12	上海市文广影视局	1	营业性棋牌室设立许可	浦东新区文广影视局		√			
		2	营业性棋牌包房设立许可	浦东新区文广影视局		√			
		3	电影放映单位设立、变更业务范围或者兼并、合并、分立审批	浦东新区文广影视局			√		
		4	设立外商投资电影院许可	上海市文广影视局			√		
		5	中外合资经营、中外合作经营演出经纪机构设立审批	文化部、上海市文广影视局				√	

续表

序号	责任部门	序号	事项名称	实施机关	改革方式				
					完全取消审批	审批改为备案	全面实行告知承诺	提高透明度和可预期性	强化准入监管
12	上海市文广影视局	6	港、澳投资者在内地投资设立合资、合作、独资经营的演出经纪机构审批	上海市文广影视局				√	
		7	台湾地区投资者在内地投资设立合资、合作经营的演出经纪机构审批	上海市文广影视局				√	
		8	港、澳服务提供者在内地设立互联网上网服务营业场所审批	上海市文广影视局				√	
		9	拍卖企业经营文物拍卖许可	上海市文广影视局				√	
		10	电影制片单位设立审批	上海市文广影视局				√	
		11	歌舞娱乐场所设立审批	浦东新区文广影视局				√	
		12	游艺娱乐场所设立审批	浦东新区文广影视局				√	
		13	电影制片单位以外的单位独立从事电影摄制业务审批	新闻出版广电总局				√	
		14	电影发行单位设立、变更业务范围或者兼并、合并、分立审批	新闻出版广电总局、上海市文广影视局					√
		15	设立经营性互联网文化单位审批	上海市文广影视局					√
		16	设立广播电视视频点播业务（乙种）许可	上海市文广影视局					√

续表

序号	责任部门	序号	事项名称	实施机关	改革方式				
					完全取消审批	审批改为备案	全面实行告知承诺	提高透明度和可预期性	强化准入监管
13	上海市卫生计生委	1	公共场所卫生许可	浦东新区卫生计生委（港口公共场所由上海市码头管理中心负责）			√		
		2	营利性医疗机构设置审批	上海市卫生计生委、浦东新区卫生计生委				√	
		3	消毒产品生产企业卫生许可（一次性使用医疗用品的生产企业除外）	上海市卫生计生委、浦东新区卫生计生委				√	
14	上海市工商局	1	户外广告登记	浦东新区市场监管局	√				
15	上海市质量技术监督局	1	修理计量器具的企业审批	上海市质量技术监督局、浦东新区市场监管局			√		
		2	特种设备生产单位许可	质检总局、上海市质量技术监督局					√
		3	特种设备检验检测机构核准	质检总局、上海市质量技术监督局					√
16	上海市食品药品监管局	1	药品广告异地备案	上海市食品药品监管局	√				
		2	医疗机构放射性药品使用许可（一、二类）	上海市食品药品监管局	√				
		3	仿制药生物等效性试验审批	食品药品监管总局		√			

续表

序号	责任部门	序号	事项名称	实施机关	改革方式				
					完全取消审批	审批改为备案	全面实行告知承诺	提高透明度和可预期性	强化准入监管
16	上海市食品药品监管局	4	首次进口非特殊用途化妆品行政许可	食品药品监管总局		√			
		5	50平方米以下小型餐饮的经营许可	浦东新区市场监管局		√			
		6	互联网药品交易服务企业审批（第三方平台除外）	食品药品监管总局、上海市食品药品监管局			√		
		7	互联网药品信息服务企业审批	上海市食品药品监管局			√		
		8	医疗器械广告审查	上海市食品药品监管局			√		
		9	化妆品生产企业卫生许可	上海市食品药品监管局					√
		10	食品生产许可（保健食品、特殊医学用途配方食品、婴幼儿配方食品除外）	浦东新区市场监管局					√
		11	食品销售许可、餐饮服务许可（合并为食品经营许可）	上海市食品药品监管局、浦东新区市场监管局					√
		12	开办药品生产企业审批	上海市食品药品监管局					√
		13	开办药品经营企业审批（批发、零售连锁企业）	上海市食品药品监管局					√
		14	第二类医疗器械产品注册	上海市食品药品监管局					√
		15	第二、三类医疗器械生产许可证核发	上海市食品药品监管局					√
		16	开办药品零售企业审批	浦东新区市场监管局					√

续表

序号	责任部门	序号	事项名称	实施机关	改革方式				
					完全取消审批	审批改为备案	全面实行告知承诺	提高透明度和可预期性	强化准入监管
16	上海市食品药品监管局	17	第三类医疗器械经营许可（第三方物流除外）	浦东新区市场监管局					√
		18	第三类医疗器械经营许可（第三方物流除外）	上海市食品药品监管局					√
		19	食品生产许可（保健食品、特殊医学用途配方食品、婴幼儿配方食品）	上海市食品药品监管局					√
		20	新药生产和上市许可	食品药品监管总局					√
		21	医疗机构放射性药品使用许可（三、四类）	上海市食品药品监管局					√
17	上海市新闻出版局	1	设立可录光盘生产企业审批	上海市新闻出版局	√				
		2	出版物出租经营备案	浦东新区文广影视局	√				
		3	从事出版物零售业务许可	浦东新区文广影视局			√		
		4	设立从事包装装潢印刷品和其他印刷品印刷经营活动的企业审批（不含文件、票据、保密印刷）	浦东新区文广影视局			√		
		5	印刷业经营者兼营包装装潢和其他印刷品印刷经营活动审批（不含文件、票据、保密印刷）	浦东新区文广影视局			√		

续表

序号	责任部门	序号	事项名称	实施机关	改革方式				
					完全取消审批	审批改为备案	全面实行告知承诺	提高透明度和可预期性	强化准入监管
17	上海市新闻出版局	6	音像制作单位设立审批	上海市新闻出版局			√		
		7	电子出版物制作单位设立审批	上海市新闻出版局			√		
		8	音像制作单位、电子出版物制作单位变更名称、业务范围，或者兼并、合并、分立审批	上海市新闻出版局			√		
		9	从事出版物批发业务许可	上海市新闻出版局				√	
		10	设立中外合资、合作印刷企业和外商独资包装装潢印刷企业审批	上海市新闻出版局				√	
18	上海市体育局	1	经营高危险性体育项目许可	浦东新区教育局				√	
19	上海市旅游局	1	外商投资旅行社业务经营许可	上海市旅游局				√	
		2	旅行社业务经营许可	上海市旅游局、浦东新区商务委				√	
20	上海市绿化市容局	1	从事城市生活垃圾经营性清扫、收集、运输、处理服务审批	上海市绿化市容局			√		
		2	户外广告设施设置审批	上海市绿化市容局、浦东新区环保市容局					√
21	上海市安全监管局	1	危险化学品生产企业安全生产许可证核发	安全监管总局、上海市安全监管局					√

续表

序号	责任部门	序号	事项名称	实施机关	改革方式				
					完全取消审批	审批改为备案	全面实行告知承诺	提高透明度和可预期性	强化准入监管
21	上海市安全监管局	2	危险化学品经营许可证核发	上海市安全监管局、浦东新区经济信息化委					√
		3	危险化学品安全使用许可证核发	上海市安全监管局、浦东新区经济信息化委					√
		4	新建、改建、扩建生产、储存危险化学品（包括使用长输管道输送危险化学品）建设项目安全条件审查	上海市安全监管局、浦东新区经济信息化委					√
22	上海市金融办	1	融资性担保机构设立、变更审批	上海市金融办				√	
23	上海市粮食局	1	粮食收购资格认定	浦东新区商务委				√	
24	上海出入境检验检疫局	1	口岸卫生许可证核发	上海出入境检验检疫局及其各分支机构				√	
		2	进出口商品检验鉴定业务的检验许可	质检总局、上海出入境检验检疫局			√		
25	上海保监局	1	保险公司变更名称、变更注册资本、变更公司或者分支机构的营业场所、撤销分支机构、公司分立或者合并、修改公司章程、变更出资额占有限责任公司资本总额百分之五以上的股东，或者变更持有股份有限公司股份百分之五以上的股东及保险公司终止（解散、破产）审批	保监会及派出机构				√	

附件 2

《总体方案》同意取消审批中涉及需创新和重新构建管理制度事项分工清单（共 10 项）

一、取消设立旧机动车鉴定评估机构审批，涉及需创新和重新构建“二手车交易市场管理”，此事由上海市商务委牵头提出改革方案，由分管市领导专题协调审定，明确和制定相关管理制度后，抓紧实施，市工商局、市税务局等相关部门配合。

二、取消设立可录光盘生产企业审批，涉及需创新和重新构建“光盘复制管理”，此事由市新闻出版局牵头提出改革方案，由分管市领导专题协调审定，明确和制定相关管理制度后，抓紧实施，市商务委、上海海关等相关部门配合。

三、取消微生物菌剂环境安全许可证核发，涉及需创新和重新构建“微生物菌剂应用环境安全管理”，此事由市环保局牵头提出改革方案，由分管市领导专题协调审定，明确和制定相关管理制度后，抓紧实施，市农委、市水务局、市绿化市容局、市卫生计生委、市质量技术监督局、上海市出入境检验检疫局等相关部门配合。

四、取消户外广告登记，涉及需创新和重新构建“户外广告设施管理”，此事由市绿化市容局、市工商局牵头提出改革方案，由分管市领导专题协调审定，明确和制定相关管理制度后，抓紧实施，市规划国土资源局、市住房城乡建设管理委、市交通委、市公安局、市质量技术监督局、市环保局等相关部门配合。

五、取消医疗机构放射性药品使用许可（一、二类），涉及需创新和重新构建“放射性药品管理”，此事由市食品药品监督管理局牵头提出改革方案，由分管市领导专题协调审定，明确和制定相关管理制度后，抓紧实施，市卫生计生委、市公安局、市环保局等相关部门配合。

六、取消因私出入境中介机构资格认定（境外就业、留学除外），涉及需创新和重新构建“因私出入境中介活动管理”，此事由市公安局牵头提出改革方案，由分管市领导专题协调审定，明确和制定相关管理制度后，抓紧实施，市工商局等相关部门配合。

七、取消公共汽车和电车客运车辆营运证核发（区县许可事项），涉及需创新和重新构建“公共汽车和电车客运管理”，此事由市交通委牵头提出改革方案，由分管市领导专题协调审定，明确和制定相关管理制度后，抓紧实施，市公安局、市城管执法局等相关部门配合。

八、取消加工贸易合同审批改为备案，涉及需创新和重新构建“加工贸易管理”，此事由市商务委牵头提出改革方案，由分管市领导专题协调审定，明确和制定相关管理制度后，抓紧实施，上海海关等相关部门配合。

九、取消营业性棋牌室设立许可和营业性棋牌包房设立许可改为备案，涉及需创新和重新构建“棋牌室管理”，此事由市文广影视局牵头提出改革方案，由分管市领导专题协调审定，明确和制定相关管理制度后，抓紧实施，市公安局、市环保局、市工商局、市消防局、市文化市场行政执法总队等相关部门配合。

十、取消 50 平方米以下小型餐饮的经营许可改为备案，涉及需创新和重新构建

"餐饮服务管理"，此事由市食品药品监督管理局牵头提出改革方案，由分管市领导专题协调审定，明确和制定相关管理制度后，抓紧实施，市商务委、市农委、市工商局、市质量技术监督局、市卫生计生委、市公安局、市环保局、上海市出入境检验检疫局、市城管执法局等相关部门配合。

上海市人民政府关于印发《上海市分类监管管理办法》的通知

（沪府规〔2018〕13号）

各区人民政府，市政府各委、办、局：

现将《上海市分类监管管理办法》印发给你们，请认真按照执行。

上海市人民政府

2018年7月13日

上海市分类监管管理办法

第一条（目的宗旨）

为进一步规范分类监管，优化营商环境，合理配置监管资源，提升监管效能，推进包容审慎监管，增强监管科学性、合理性，强化事中事后监管，根据国务院简政放权、放管结合、优化服务改革工作的有关规定，结合本市实际，制定本办法。

第二条（概念定义）

本办法所称分类监管，是指行政机关和依法具有管理公共事务职能的组织（以下称“监管机关”），为履行本部门法定职责，对依法纳入监管的公民、法人或者其他组织（以下称“监管对象”），以其分类监管信息为依据，评价和确定监管类别，实施差异化监督与管理的活动。

第三条（适用范围）

上海市行政区域内的监管机关从事分类监管活动，适用本办法。

法律、法规、规章另有规定的，从其规定。

第四条（职责分工）

市行政审批制度改革工作领导小组办公室（以下简称“市审改办”）负责本市分

类监管的组织、指导和监督。

区行政审批制度改革工作领导小组办公室（以下简称“区审改办”）负责本行政区域内分类监管的组织、指导和监督。

市级监管机关负责依据本办法，制定本系统（行业）分类监管实施细则，对本系统（行业）分类监管工作进行监督和指导，对本机关的监管对象实施分类监管。

区级、乡镇监管机关可以对市级监管机关分类监管实施细则不涉及的监管对象，依据本办法制定分类监管实施细则，负责对本机关的监管对象实施分类监管。

第五条（监管要求）

监管机关应对监管对象实施分类监管，依据不同的监管类别，采取差异化的监管措施。

监管机关应建立以综合监管为基础、专业监管为支撑、社会协同监管为依托的监管体系。

监管机关的分类监管应与日常的监督管理相结合，实施长效监管、主动监管、重点监管、过程监管。

第六条（监管原则）

分类监管应遵循“依法监管、统一标准，公开透明、公平公正，科学分类、动态管理”的原则。

第七条（监管内容）

监管机关实施分类监管，应根据有关法律、法规、规章，以及技术规范、技术标准等进行。

第八条（分类监管事项和实施细则）

监管机关应按照本办法第四条明确的职责分工，确定分类监管事项，制定分类监管实施细则，并向社会公布。

分类监管实施细则，应当包括分类监管信息、评价指标、分类标准、监管类别、评价周期、监管措施等。

监管机关应自分类监管事项和实施细则公布之日起15个工作日内，向同级审改办报送备案。

第九条（分类监管信息）

分类监管信息，是指监管对象取得的资格资质、欠缴税费、获得表彰奖励等社会信用信息以及监管机关认为应纳入分类监管依据的监管对象的风险等级、所属监管区域等其他信息。

分类监管信息是对监管对象进行评价和对监管活动进行分类的依据，监管机关应充分利用监管对象信用信息，并通过行政审批和日常监督管理等渠道收集、掌握分类监管信息。

监管机关应根据本办法，制定应纳入分类监管依据的其他信息的范围目录，并向社会公示。

监管机关应建立数据质量责任制，按照“谁办理，谁录入；谁检查，谁录入；谁

处罚，谁录入”的原则，及时、准确、完整记录监管对象的分类监管信息。

第十条（分类监管程序）

监管机关实施分类监管，按照以下程序进行：

（一）收集监管对象的分类监管信息；

（二）根据分类监管评价指标和分类标准，确定监管类别；

（三）根据监管类别，确定监管措施，并组织实施。

监管机关实施分类监管，应按照分类监管实施细则，履行监督管理职责，做好监督管理书面记录，形成监管评价报告，作为监管类别调整依据之一。

第十一条（评价指标）

分类监管评价指标应按照监管导向性原则设计，反映监管对象遵守法律和履行约定义务的情况，涵盖监管机关自身监管职能，确保本部门履职尽责。

评价指标应坚持定性与定量相结合，能量化的尽量量化；坚持客观指标和主观指标相结合，以客观指标为主，兼顾监管人员的经验判断。

监管机关可以根据监管关注重点事项的变化，以年度为周期对评价指标进行微调。

第十二条（分类标准）

监管机关设置评价指标后，应对指标中的具体项目按照一定方式进行量化，形成监管活动的分类标准。分类标准应按照监管可行性原则，将监管活动分成不同类别。

监管机关应以监管对象出现问题多少、影响程度大小、受处罚轻重，以及行业风险、品种特点、领域重点、危害程度、区域重要性等进行监管活动分类。

监管机关原则上不得将监管对象的效益和组织形式作为监管活动分类标准。法律、法规、规章另有规定的，从其规定。

第十三条（监管类别）

监管机关的监管活动分成不同的类别，每一类别可以再分成不同级别，形成监管活动的分类等级。不同的监管等级，体现不同的监管力度。

监管机关每年应根据行业发展情况和上一年度分类结果，事先确定各监管类别的相对比例。其中，一般强度监管类别的监管对象数量，应大于较高强度监管类别和较低强度监管类别的监管对象数量之和。

监管机关根据评价结果，确定监管类别。

第十四条（评价周期）

监管机关应按照动态性原则开展监管类别评价，采用定期评价和不定期评价相结合的方式。

定期评价，是指监管机关按照一定的周期对监管对象进行分类评价。

不定期评价，是指监管对象出现符合调整监管类别情况时随即开展相应评价。

第十五条（监管措施）

监管机关应按照差异化原则，根据监管类别采取不同的监管措施，建立相应的激励机制、预警机制、惩戒机制等，依法激励、警示、惩戒监管对象。

监管措施差异性，应体现在监管资源分配、监管方法、监管内容和监管频次等方面。

第十六条（动态调整）

监管机关应结合监督管理情况，对监管类别和监管措施实行动态调整。

监管对象状况发生重大变化或者出现异常且足以导致监管类别调整的，监管机关应及时对监管对象的监管类别进行重新评估、调整，并采取相应的监管措施。

监管类别调整属于调高监管类别的，相关监管类别的评价情况应持续 6 个月以上满足与调高类别相应的标准。监管类别调整原则上不得越级上升，但可以越级下降，并相应调整监管措施。

第十七条（不予或暂缓评价）

取得行政审批、行政备案、行政确认或行政合同等不满 6 个月的、停止生产经营 1 年以上的监管对象，当年度不予评价监管类别。

监管类别评价年度内，存在重大违法犯罪情况的监管对象尚未作出处理的，应暂缓评价其监管类别。

第十八条（数据共享）

监管机关应依托市大数据中心共享监管数据。

监管机关应依据分类监管数据，在信息互联共享的基础上，整理和分析监管对象的运行轨迹，掌握监管对象经营行为、规律与特征，主动发现违法违规现象。

第十九条（约谈制度）

监管机关根据评价结果，可以约谈调高监管类别的监管对象，告知其调高监管类别的原因和事实，要求监管对象依法整改，引导和促使监管对象加强自律管理，并做好书面记录。

第二十条（信息披露）

监管机关可以将监管类别和所采取的监管措施告知监管对象，监管机关认为不适宜告知的除外。

监管机关可以在行业内或向社会公布监管对象所处的监管类别。公布前，应听取纳入较高强度监管类别的监管对象的意见。监管对象可提出异议，并作出陈述和申辩意见。监管对象提出的事实、理由和证据成立的，应予采纳。

异议处理期间，不影响监管措施实施。

第二十一条（违法行为处理）

监管机关在分类监管中发现监管对象存在违法行为的，应依法及时处理。

第二十二条（分类结果使用）

监管分类情况为监管机关监督管理的内部管理信息，监管对象不得将监管类别印制于产品标志，用于广告、宣传、营销等商业目的，依法应公开或者监管机关已在行业内或向社会公布的监管类别除外。

第二十三条（分类监管档案）

监管机关应使用统一社会信用代码，建立监管对象的分类监管档案，对监管类别分类和分类监管材料统一归档，及时维护更新。

监管机关对监管对象采取监管谈话等措施，记入监管档案。

第二十四条（内部监督）

监管机关实施分类监管，不得开展行政评比、行政评定、颁发等级牌匾等活动，不得以分类监管为名，干扰或限制监管对象经营自主权。

监管机关实施分类监管，不得妨碍监管对象正常的生产、经营活动，不得索取或者收受监管对象的财物，不得谋取其他利益；除法律、行政法规另有规定的外，不得收取任何费用。

监管机关应建立内部监督机制，防止利用分类监管谋取不正当利益。

第二十五条（违反本办法规定的处理）

监管机关违反本办法的，由市、区审改办予以教育帮助、通报批评，责令其限期改正；贻误工作、造成不良后果的，视情节轻重，由有权机关对责任部门及其责任人依照法纪追究责任。

第二十六条（施行日期）

本办法自 2018 年 8 月 1 日起施行。

上海市行政处罚案件信息主动公开办法

（沪府令第36号）

第一条（目的和依据）

为了规范上海市行政处罚案件信息主动公开工作，促进严格规范公正文明执法，维护公平竞争的市场秩序，保障公民、法人和其他组织的合法权益，根据《中华人民共和国行政处罚法》《中华人民共和国政府信息公开条例》《企业信息公示暂行条例》等法律、行政法规的规定，制定本办法。

第二条（适用范围）

上海市行政执法单位主动公开行政处罚案件信息，适用本办法。

本办法所称的行政执法单位，是指具有行政处罚权的行政机关和法律、法规授权的具有行政处罚职能的组织；所称的行政处罚案件信息，是指行政处罚决定书载明的事项内容等结果信息。

第三条（公开主体）

行政执法单位按照“谁处罚、谁公开”的要求，负责本单位的行政处罚案件信息主动公开工作。

行政机关可以委托依法接受其委托实施行政处罚的组织，承担行政处罚案件信息主动公开的工作，并予以指导、监督。

第四条（指导和监督）

市和区县政府信息公开工作主管部门会同政府法制机构对本区域行政处罚案件信息主动公开工作进行指导、协调和督促检查。

市和区县监察机关对本区域行政处罚案件信息主动公开工作依法进行监察。

市级行政部门应当加强指导，推动本行业、本系统行政处罚案件信息主动公开工作规范、有序实施。

第五条（主动公开的原则）

行政执法单位主动公开行政处罚案件信息，应当以公开为常态，以不公开为例外，遵循“准确及时、便民高效”的原则。

第六条（主动公开的范围）

行政执法单位适用一般程序作出的行政处罚决定，应当向社会主动公开。

第七条（主动公开的内容）

主动公开行政处罚案件信息，应当公开行政处罚决定书的摘要信息；有条件的，也可以公开行政处罚决定书全文。

行政处罚决定书摘要信息主要包括：

（一）处罚决定书文号、案件名称；

（二）被处罚的自然人姓名，被处罚的企业或者其他组织的名称、法定代表人姓名、统一社会信用代码；

（三）处罚事由；

（四）处罚依据、处罚结果；

（五）作出处罚决定的行政执法单位名称和日期；

（六）国家和上海市规定应当主动公开的其他信息。

第八条（不得主动公开的情形）

行政处罚案件信息有下列情形之一的，不得主动公开：

（一）被处罚人是未成年人的；

（二）涉及国家秘密、商业秘密、个人隐私的；

（三）公开后可能危及国家安全、公共安全、经济安全和社会稳定的；

（四）国家规定不得主动公开的其他行政处罚案件信息。

对涉及商业秘密、个人隐私的行政处罚案件信息，经权利人同意公开或者行政机关认为不公开可能对公共利益造成重大影响的，可以主动公开。

第九条（需要隐去的信息）

主动公开行政处罚案件信息时，应当隐去以下信息：

（一）自然人的肖像、家庭住址、身份证号码、通信方式、银行账号、财产状况等个人信息；

（二）被处罚人以及被处罚企业或者其他组织的法定代表人以外的自然人的姓名；

（三）法人或者其他组织的银行账号；

（四）市级以上行政部门认为需要隐去的其他信息。

第十条（主动公开的时限和途径）

行政执法单位应当自作出行政处罚决定之日起7个工作日内，在本单位或者本系统门户网站予以主动公开；情况复杂的，经本单位负责人批准，可以延长7个工作日。

除前款规定外，国家和上海市对行政处罚案件信息的主动公开途径另有规定的，按照规定办理。

第十一条（主动公开信息的更新）

行政处罚决定有依法被变更、撤销等情况的，行政执法单位应当自出现相应情况之日起5个工作日内，对主动公开的行政处罚案件信息予以更新。

第十二条（主动公开信息的更正）

行政执法单位发现其主动公开的行政处罚案件信息不准确的，应当及时更正。

公民、法人或者其他组织有证据证明主动公开的行政处罚案件信息不准确的，可以以书面形式要求行政执法单位予以更正。行政执法单位应当在收到书面更正要求后5个工作日内，进行核实并作出处理。

第十三条（主动公开的期间）

行政处罚案件信息主动公开满5年的，不再主动公开。被处罚当事人是自然人的，主动公开满2年的，不再主动公开。

行政执法单位应当将不再主动公开的行政处罚案件信息从公开平台上撤下。公民、法人或者其他组织需要查询的，可以依法申请政府信息公开。

第十四条（执法单位内部管理）

行政执法单位应当加强对行政执法等相关人员开展行政处罚案件信息主动公开工作的培训，健全内部审核机制，完善相关工作流程。

第十五条（适用特别规定）

法律、法规对行政处罚案件信息主动公开另有规定的，从其规定。

本办法施行之前产生的行政处罚案件信息的主动公开，可以不适用本办法。

第十六条（施行日期）

本办法自2016年1月1日起施行。

上海市公共信用信息归集和使用管理办法

（沪府令第38号）

>>>>>>

第一章　总则

第一条（目的依据）

为了规范公共信用信息的归集和使用，提升社会诚信水平，营造社会诚信环境，根据国务院《社会信用体系建设规划纲要（2014—2020年）》等规定，结合上海市实际，制定本办法。

第二条（适用范围）

上海市行政区域内公共信用信息的归集、使用和相关管理活动，适用本办法。

本办法所称公共信用信息，是指由行政机关、司法机关、法律法规授权的具有管理公共事务职能的组织以及公共企事业单位、群团组织等，在其履行职责、提供服务过程中产生或者获取的，可用于识别自然人、法人和其他组织（以下统称信息主体）信用状况的数据和资料。

第三条（原则）

公共信用信息的归集和使用应当遵循“合法、安全、及时、准确”的原则，维护信息主体的合法权益，不得泄露国家秘密，不得侵犯商业秘密和个人隐私。

第四条（管理部门）

上海市经济信息化部门是上海市公共信用信息归集和使用工作的主管部门，负责本办法的组织实施，履行下列职责：

（一）制定、发布与公共信用信息归集和使用有关的管理制度；

（二）指导、考核相关部门归集和使用公共信用信息的相关工作；

（三）指导、监督上海市公共信用信息服务平台（以下简称市信用平台）的建设、运行，以及上海市公共信用信息服务中心（以下简称市信用中心）的业务工作。

第五条（平台建设）

市信用平台是上海市公共信用信息归集和查询的统一平台，由市信用中心负责建设、运行和维护。

公共信用信息的归集、使用应当以统一社会信用代码作为关联匹配信息主体信用信息的标识。其中，自然人的统一社会信用代码为身份证号码；法人和其他组织的统一社会信用代码为登记管理部门赋予的唯一机构编码。

第六条（市信用中心的职责）

市信用中心履行下列职责：

（一）归集、整理和保存公共信用信息；

（二）提供信息查询服务，处理异议申请；

（三）为行政机关提供统计分析、监测预警等服务；

（四）执行国家和上海市信息安全相关规定。

第七条（信息提供和查询单位的责任）

向市信用平台提供公共信用信息的行政机关、法律法规授权的具有管理公共事务职能的组织以及公共企事业单位、群团组织等（以下统称信息提供单位），应当依法做好本单位公共信用信息记录、维护、报送、异议处理以及信息安全等工作，并制定相关管理制度。

向市信用平台查询公共信用信息的行政机关、群团组织、信用服务机构等（以下统称信息查询单位），应当依法开展公共信用信息查询、应用、维护活动，保护信息主体的信息安全，并制定相关管理制度。

第八条（绩效考核）

市和区县人民政府应当将公共信用信息归集和使用的情况，列为对本级政府有关部门和下一级政府及其负责人考核的内容。

第二章　信息归集

第九条（信息来源）

信息提供单位应当通过下列方式，向市信用平台提供其产生或者获取的公共信用信息：

（一）已经向上海市法人信息共享和应用系统、上海市实有人口信息管理系统、企业信用信息公示系统等信息系统提供的，由相关信息系统与市信用平台对接；

（二）通过上述信息系统未能归集的，应当按月向市信用平台提供，并逐步实现联网实时提供和动态更新维护。

市信用中心应当与司法机关、中央驻沪单位建立公共信用信息采集机制，归集相关领域产生的公共信用信息。

第十条（公共信用信息的范围）

公共信用信息包括年满18周岁的自然人、法人和其他组织的基本信息、失信信息和其他信息。

第十一条（基本信息）

法人和其他组织的基本信息包括下列内容：

（一）名称、法定代表人或者负责人、统一社会信用代码等登记注册信息；

（二）取得的资格、资质等行政许可信息；

（三）产品、服务、管理体系获得的认证认可信息；

（四）其他反映企业基本情况的信息。

自然人的基本信息包括下列内容：

（一）姓名、身份证号码；

（二）就业状况、学历、婚姻状况；

（三）取得的资格、资质等行政许可信息。

第十二条（失信信息）

法人和其他组织的失信信息包括下列内容：

（一）税款、社会保险费欠缴信息；

（二）行政事业性收费、政府性基金欠缴信息；

（三）提供虚假材料、违反告知承诺制度的信息；

（四）适用一般程序作出的行政处罚信息，行政强制执行信息；

（五）被监管部门责令限期拆除违法建筑但拒不拆除或者逾期不拆除，或者被监管部门作出其他责令改正决定但拒不改正或者逾期不改正的信息；

（六）发生产品质量、安全生产、食品安全、环境污染等责任事故被监管部门处理的信息；

（七）被监管部门处以行业禁入的信息；

（八）国家和上海市规定的其他失信信息。

自然人的失信信息除前款第三、四、五、七项所列信息外，还包括下列内容：

（一）税款欠缴信息；

（二）乘坐公共交通工具时冒用他人证件、使用伪造证件乘车等逃票信息，在旅游活动中无正当理由滞留公共交通工具、影响其正常行驶等行为信息；

（三）以欺诈、伪造证明材料或者其他手段骗取社会保险待遇的信息，符合出院或者转诊标准无正当理由滞留医疗机构、影响正常医疗秩序等行为信息；

（四）参加国家或者上海市组织的统一考试作弊的信息；

（五）国家和上海市规定的其他失信信息。

第十三条（其他信息）

自然人、法人和其他组织的其他信息包括下列内容：

（一）各级人民政府及其部门、群团组织授予的表彰、奖励等信息；

（二）参与各级人民政府及其部门、群团组织开展的志愿服务、慈善捐赠活动等信息；

（三）刑事判决信息，涉及财产纠纷的民商事生效判决信息，不执行生效判决的信息；

（四）拖欠水、电、燃气等公用事业费，经催告后超过6个月仍未缴纳的信息；

（五）国家和上海市规定的其他信息。

第十四条（信息归集的限制）

禁止归集自然人的宗教信仰、基因、指纹、血型、疾病和病史信息以及法律法规禁止采集的其他自然人信息。

第十五条（信息目录）

上海市经济信息化部门应当组织信息提供单位，按照本办法第十条至第十三条规定的信息范围，每年编制上海市公共信用信息目录并向社会发布。公共信用信息目录包括公共信用信息的具体内容、录入规则、查询期限、公开程度等要素。

第十六条（公开程度）

公共信用信息分为公开信息和非公开信息。

下列信息属于公开信息：

（一）信息提供单位已经依法通过政府公报、新闻发布会、互联网以及报刊、广播、电视等方式发布的；

（二）依据法律、法规和规章规定应当主动公开的其他信息。

前款规定以外的信息，属于非公开信息。信息主体本人或者经信息主体授权，可以查询非公开信息。

第十七条（信用信息分类分级指导目录）

信息提供单位应当对本单位提供的公共信用信息反映的信息主体信用状况进行分类分级。上海市经济信息化部门应当进行汇总，编制上海市信用信息分类分级指导目录，向社会公布。

第三章 信息查询

第十八条（政府查询）

行政机关在依法履行下列职责时，应当查询公共信用信息：

（一）发展改革、食品药品、产品质量、环境保护、安全生产、建设工程、交通运输、工商行政管理、社团管理、治安管理、人口管理、知识产权等领域的监管事项；

（二）政府采购、政府购买服务、招标投标、国有土地出让、政策扶持、科研管理等事项；

（三）人员招录、职务任用、职务晋升、表彰奖励等事项；

（四）需要查询公共信用信息的其他事项。

行政机关应当按照合理行政原则，确定与本部门行政管理事项相关联的信用信息范围。上海市经济信息化部门应当进行汇总，编制信用信息应用目录，并向社会公布。

第十九条（政府查询程序规范）

行政机关应当建立本单位公共信用信息查询制度规范，设定本单位查询人员的权限和查询程序，并建立查询日志，记载查询人员姓名、查询时间、内容及用途。查询日志应当长期保存。

第二十条（社会查询）

市信用中心应当制定并公布服务规范，通过服务窗口、平台网站、移动终端应用软件等方式向社会提供便捷的查询服务。

查询本人非公开信息的，应当提供本人有效身份证明；查询他人非公开信息的，应当提供本人有效身份证明和信息主体的书面授权证明。查询公开信息的，无需提供相关证明材料。

在确保信息安全的前提下，市信用中心可以通过开设端口等方式，为信用服务机构提供适应其业务需求的批量查询服务。

第四章　信息应用

第二十一条（应用标准和规范）

行政机关应当根据行政管理职责，结合相关领域的管理实际，制定公共信用信息应用的标准和规范，并向社会公布。

行政机关应当依据应用标准和规范，基于信息主体的信用状况采取相应的激励和惩戒措施。

第二十二条（激励措施）

对于信用状况良好的自然人、法人和其他组织，行政机关在同等条件下，依法采取下列激励措施：

（一）在行政管理和公共服务过程中，给予简化程序、优先办理等便利；

（二）在财政资金补助、税收优惠等政策扶持活动中，列为优先选择对象；

（三）在政府采购、政府购买服务、政府投资项目招标、国有土地出让等活动中，列为优先选择对象；

（四）国家和上海市规定可以采取的其他措施。

第二十三条（惩戒措施）

对于信用状况不良的自然人、法人和其他组织，行政机关依法采取下列惩戒措施：

（一）在日常监管中列为重点监管对象，增加检查频次，加强现场核查等；

（二）在行政许可、年检验证等工作中，列为重点核查对象；

（三）取消已经享受的行政便利化措施；

（四）限制享受财政资金补助、税收优惠等政策扶持；

（五）限制参加政府采购、政府购买服务、政府投资项目招标、国有土地出让等活动；

（六）限制参加政府组织的各类表彰奖励活动；

（七）限制担任企业法定代表人、负责人或者高级管理人员；

（八）国家和上海市规定可以采取的其他措施。

第二十四条（严重失信名单）

行政机关应当根据履行职责的需要，对失信情况特别严重的自然人、法人和其他组织建立名录，依法采取不予注册登记等市场禁入措施，或者依法采取取消资质认定、吊销营业执照等市场强制退出措施。

行政机关应当将失信情况特别严重的认定标准向社会公布。

第二十五条（鼓励社会应用）

鼓励自然人、法人和其他组织在开展金融活动、市场交易、企业治理、行业管理、社会公益等活动中应用公共信用信息，防范交易风险，促进行业自律，推动形成市场化的激励和约束机制。

鼓励信用服务机构应用公共信用信息，开发和创新信用产品，扩大信用产品的使用范围。上海市对信用服务机构开发信用产品予以扶持。

第五章 权益保护

第二十六条（市信用中心的信息安全职责）

市信用中心应当建立内部信息安全管理制度规范，明确岗位职责，设定工作人员的查询权限和查询程序，建立公共信用信息归集和查询日志并长期保存，保障市信用平台正常运行和信息安全。

第二十七条（信息的删除）

失信信息的查询期限为 5 年，自失信行为或者事件终止之日起计算，国家或者上海市另有规定的除外。查询期限届满，市信用中心应当将该信息从查询界面删除。

信息主体可以要求市信用平台删除本人的表彰奖励、志愿服务、慈善捐赠信息。市信用中心应当在收到通知之日起 2 个工作日内删除相关信息，并告知信息提供单位。

第二十八条（异议申请）

信息主体认为市信用平台记载的公共信用信息存在下列情形的，可以向市信用中心书面提出异议申请，并提供相关证明材料：

（一）本人公共信用信息记载存在错误或者遗漏的；

（二）侵犯其商业秘密、个人隐私的；

（三）失信信息超过查询期限仍未删除的。

第二十九条（异议处理）

市信用中心应当在收到异议申请之日起 2 个工作日内，进行信息比对。市信用平台记载的信息与信息提供单位提供的信息确有不一致的，市信用中心应当予以更正，并通知信息主体。市信用平台记载的信息与信息提供单位提供的信息一致的，市信用中心应当将异议申请转至信息提供单位，并通知信息主体。

信息提供单位应当在收到异议申请之日起 5 个工作日内进行核查，异议成立的，予以更正，并将核查结果告知市信用中心。市信用中心应当及时处理并通知信息主体。

第三十条（异议标注）

异议申请正在处理过程中，或者异议申请已处理完毕但信息主体仍然有异议的，市信用中心提供信息查询时应当予以标注。

信息提供单位未按照规定核查异议信息并将处理结果告知市信用中心的，市信用中心应当中止向社会提供该信息的查询。

第三十一条（保密义务）

信息提供单位、信息查询单位、市信用中心及其工作人员不得实施下列行为：

（一）越权查询公共信用信息；

（二）篡改、虚构、违规删除公共信用信息；

（三）泄露未经授权公开的公共信用信息；

（四）泄露涉及国家秘密、商业秘密、个人隐私的公共信用信息；

（五）法律、法规和规章禁止的其他行为。

第六章　法律责任

第三十二条（行政责任）

行政机关及其工作人员有下列行为之一，造成不良后果的，由所在单位或者上级主管部门对直接负责的主管人员和其他直接责任人员给予警告；情节严重的，给予记过或者记大过处分：

（一）违反本办法第九条第一款第二项规定，未按照规定归集公共信用信息的；

（二）违反本办法第十八条第一款规定，在相关活动中不查询公共信用信息的；

（三）违反本办法第十九条规定，未建立本单位公共信用信息查询制度规范，未建立或者长期保存查询日志的。

行政机关及其工作人员有下列行为之一，造成不良后果的，由所在单位或者上级主管部门对直接负责的主管人员和其他直接责任人员给予警告、记过或者记大过处分；情节较重的，给予降级或者撤职处分；情节严重的，给予开除处分：

（一）违反本办法第二十九条第二款规定，未按照规定处理异议申请的；

（二）违反本办法第三十一条规定，未履行保密义务的。

第三十三条（市信用中心的法律责任）

市信用中心及其工作人员有下列情形之一的，由上海市经济信息化部门责令限期改正，予以警告；给信息主体造成损失的，依法承担民事责任；构成犯罪的，依法追究刑事责任：

（一）违反本办法第十四条规定，归集禁止采集的自然人信息的；

（二）违反本办法第二十六条规定，未履行信息安全职责的；

（三）违反本办法第二十七条第一款规定，未删除查询期限届满的失信信息的；

（四）违反本办法第二十九条第一款、第三十条规定，未按照规定处理异议申请，或者未进行异议标注的；

（五）违反本办法第三十一条规定，未履行保密义务的。

第三十四条（其他主体的法律责任）

违反本办法第二十条第二款规定，伪造、变造信息主体授权证明，获取他人非公开信息的，由上海市经济信息化部门予以警告；给信息主体造成损失的，依法承担民事责任；构成犯罪的，依法追究刑事责任。

信用服务机构违反本办法第二十条第二款规定，伪造、变造信息主体授权证明，获取他人非公开信息的，或者违反本办法第三十一条规定，未履行保密义务的，由上海市经济信息化部门予以警告，并通报信用服务行业协会。已经开通市信用平台批量查询权限的，由市信用中心予以取消。给信息主体造成损失的，依法承担民事责任；构成犯罪的，依法追究刑事责任。

公共企事业单位违反本办法第二十九条第二款规定，未按照规定处理异议申请，或者违反本办法第三十一条规定，未履行保密义务的，由上海市经济信息化部门采取约谈等方式进行劝诫，情节严重的，予以警告；给信息主体造成损失的，依法承担民事责任；构成犯罪的，依法追究刑事责任。

第七章　附则

第三十五条（有关用语的含义）

本办法所称公共企事业单位，是指提供水、电、燃气、交通、医疗等与人民群众利益相关的社会公共服务的企业或者事业单位。

第三十六条（参照适用）

上海市行政区域内行业协会以及其他社会组织所产生或者获取的信用信息的归集和使用方式，参照本办法执行。

第三十七条（施行日期）

本办法自 2016 年 3 月 1 日起施行。

上海市质量技术监督局
关于印发《事中事后监管通则》的通知

局属各单位、机关各处室：

现将《上海市质量技术监督局事中事后监管通则》印发给你们，请按照各自职责，认真细化并指导各区市场监督管理部门贯彻落实。

上海市质量技术监督局
2018 年 10 月 30 日

事中事后监管通则

1 范围

本通则规定了上海市质量技术监督事中事后监管的基本原则、总体要求、监管方式及监管措施等要求。

本通则适用于对列入“质量技术监督事中事后监管事项清单”（以下简称监管事项清单）事项的事中事后监管。

2 规范性引用文件

下列文件对于本文件的应用是必不可少的。凡是注日期的引用文件，仅注日期的版本适用于本文件。凡是不注日期的引用文件，其最新版本（包括所有的修改单）适用于本文件。

JJF 1117 计量比对

3 术语和定义

下列术语和定义适用于本文件。

3.1 事中事后监管 concurrent and ex post supervision

对市场主体持续符合准入条件、依法合规经营检查监督，以及通过稽查执法、依法惩戒等纠正市场主体行为或清除不合格市场主体的监督管理活动。

注：事中事后监管主要包括信用管理、风险监管、分类监管、联合惩戒、社会监督等5种监管方式。

3.2 “双随机、一公开”监管 double random and one disclosure supervision

在监管过程中根据相关法律法规规章及标准要求，随机抽取检查对象，随机选派检查人员，抽查情况及查处结果及时向社会公开的监督管理活动。

4 基本原则

4.1 依法规范

严格执行有关法律法规，落实监管责任，确保监管依法有序进行。创新事中事后监管方式，规范事中事后监管，监管事项形成清单，监管方式突出重点，推进事中事后监管制度化、规范化、程序化。

4.2 协同监管

明确划分内部各部门及区市场监管部门的监管职责，构建各司其职、各负其责、相互配合的监管机制。加强与相关职能部门的协同配合。

4.3 公开公正

深化“双随机、一公开”监管，提高事中事后监管的公开性和透明度，接受公众监督，并在执法监管工作中加强包容审慎监管。严格、规范、公正、文明执法，注重检查与指导、惩处与教育、监管与服务相结合。

4.4 社会共治

充分发动行业协会和专业服务机构参与监管，发挥舆论和社会公众的监督作用，推动市场主体自我约束、诚信经营，实现社会共同治理。

5 总体要求

5.1 清单管理

5.1.1 应根据国家、本市等相关法律法规要求建立并及时调整监管事项清单。列入监管事项清单的事项均应开展事中事后监管，并纳入上海市事中事后综合监管平台开展监管工作。

5.1.2 各级市场监管部门应针对分工负责的纳入监管事项清单的事项，制定事中事后监管细则，明确监管事项的名称、监管对象、监管内容、监管方式、监管措施、监管程序、工作要求等，制定事项年度监管工作计划和专项监管计划。监管方式及监管措施应按照第5章~第8章的相关要求进行细化，制定具体的监管程序，明确各步骤的主体、时限、方法等细节。

5.2 综合监管

5.2.1 应梳理信用管理、风险监管、分类监管、联合惩戒、社会监督等各类监管方式相互之间的信息输入、输出关系，灵活采用和配合使用各监管方式。例如，联合惩戒信息可纳入信用档案，给予信用降级；信用管理的结果可作为分类监管的信息输入。

5.2.2 应当推进跨部门、跨专业的联合检查。探索与其他职能部门的联合随机抽查及部门间的信息互换、监管互认、执法互助。

5.2.3 应及时公开市场主体违法违规信息和检查执法结果，引导市场主体守法自律。

5.3 条件保障

5.3.1 应配置满足业务需求的事中事后监管设备和信息系统，包括但不限于电脑、现场检查设备、事中事后监管软件系统等。事中事后监管相关软硬件配置及日常运维等应纳入年度财政预算。

5.3.2 应根据监管事项及监管对象的数量合理配置事中事后监管工作人员。应定期对事中事后监管工作人员开展事中事后监管相关法律法规和标准的宣贯培训。

6 监管方式

6.1 信用管理

6.1.1 应以市级信用管理及事中事后监管等公共平台为基础，建立信用档案制度，对市场主体建立信用档案，明确信用档案中纳入信息的内容、来源、格式等以及信息采集的主体、时限、程序、方法等，以对信用信息进行归集。信用档案中包括但不限于以下数据项：

a）市场主体的基本信息：

1）名称、法定代表人或者负责人、统一社会信用代码等登记注册信息；

2）取得的资格、资质等行政许可信息；

3）产品、服务、管理体系获得的认证信息；

4）其他反映企业基本情况的信息。

b）市场主体的失信行为信息：

1）提供虚假材料、违反告知承诺制度的信息；

2）适用一般程序作出的行政处罚信息、行政强制执行信息，但违法行为轻微或主动消除、减轻违法行为后果的除外；

3）被监管部门作出其他责令改正决定但拒不改正或者逾期不改正的信息；

4）发生产品质量责任事故被监管部门处理的信息；

5）被监管部门处以行业禁入的信息；

6）国家和本市规定的其他失信信息。

c）日常监管信息（如实地检查、书面检查等）。

d）信用评价信息。

e）市场主体的其他行为信息，例如监管部门授予的表彰、奖励等。

6.1.2 通过系统实现信用信息的采集和维护，保证所提供信用信息的及时性、准确性、完整性和合法性，并对出现下列严重失信行为的市场主体，将其列入失信记录档案，并可依法对该市场主体的法定代表人、主要负责人和其他直接责任人作出相应的联合惩戒措施。其中，严重失信主体名单对外公布的，应同时公开名单的列入、移出条件和救济途径：

a）行政审批申请人以隐瞒、欺骗、贿赂等不正当手段取得行政审批的，或者被吊销许可证照的；

b）组织发生重大质量安全责任事故；个人被认定为重大质量安全事故的主要责任

人的；

c）符合严重违法违规认定条件的。

6.1.3　应注意与相关部门的衔接配合，建立信用联动机制，明确信息共享与公开的具体内容、范围、方式以及异议处理情况。信用档案中相关信息纳入本市公共信用信息目录的，应通过上海市公共信用信息平台实现信用信息共享，共享信息宜以 6.1.2 条中所列的严重质量失信为主。

6.1.4　应按上海市公共信用信息归集和使用管理相关规定，建立信用信息的采集、更新、发布管理等基本制度，做好信用信息在日常监督管理、行政审批、资质等级评定、定期检验、表彰评优以及政府采购、拨付财政性补贴资金等工作中的有效使用，保障风险监管、分类监管、联合惩戒等的顺利开展。

6.2　风险监管

6.2.1　应对市场主体加强风险监管，建立健全风险评估、监测、研判、排查、预警、处置工作制度与规程，定期开展风险点梳理排查、风险巡查，提高监管效能。

6.2.2　应针对事中事后监管事项所规制对象的主体、活动及产品（服务）等监管对象进行风险评估分级，风险评估分级应对照以下要求研判风险因素，并细化制定所对应的具体评估指标、评估要求、评估方法以及分级基准标准，形成分级依据；其中，分级级别以统一划分为Ⅰ、Ⅱ、Ⅲ三级为宜，并分别对应高、中、低三种不同等级风险。

——监管对象为“主体”的，风险研判因素包括主体的资质、能力、管理体系、质量信用情况等；

——监管对象为“活动”的，风险研判因素包括行为特征、行业重要性、规则约束、行为的主观性等；

——监管对象为“产品（服务）”的，风险研判因素包括产品（服务）的关注度、辐射面、致害性、特定性以及重要程度等；

——一项事中事后监管事项如若同时兼具多种靶向的，风险研判因素交叉适用。

6.2.3　应加强风险监管组织体系建设，建立健全风险监控分工协作机制，强化线上线下一体化监管监控。

6.2.4　应明确风险监管的范围、监测方式，以及预警的判定标准和警情报送流程。风险监测应充分运用大数据等技术，整合抽查抽检、违法失信、投诉举报等相关信息，并探索实行“互联网＋监管”模式，广泛运用现代科技手段，积极推广网络监测、视频监控、物联网等非现场监管方式，提高风险监控效能。

6.2.5　应建立防范化解风险机制，针对预警风险明确处置流程以及应对措施手段。应通过信息公示、抽查、抽检等方式，综合运用提醒、约谈、告诫等手段，及时化解风险。

6.3　分类监管

6.3.1　应基于信用档案及风险分级对市场主体进行分类，根据市场主体的不同类别，对应采取差异化的监管方式及措施，以节约行政资源、提高行政效率。

6.3.2　市场主体分类应综合考虑对象主体的技术水平及保障能力，日常经营活动情况，违法、事故及投诉举报情况，风险应对能力等各方面因素，形成分类依据。

6.3.3 市场主体类别与分级级别应尽可能做到一一对应，原则上划分为A、B、C三类为宜，并可用不同颜色加以标注。

6.3.4 应按照以下监管方式的要求开展分类监管，并细化制定相应的监管措施（包括但不限于本通则第7章所列相关监管措施，涉及当事人权利义务的，应当执行规范性文件的有关制定要求）。

——对A类市场主体，采用“责任监管”；

——对B类市场主体，采取“常规监管”；

——对C类市场主体，采用“加严监管”。

6.3.5 应建立分类监管动态调整机制，当市场主体状况发生重大变化或者出现异常且足以导致风险级别调整的，根据规定及时对相关市场主体的监管类别进行调整。

6.3.6 应通过清单对分类监管行为进行量化，列出监管对象、市场主体、信用情况、风险级别、监管类别、监管方式等具体内容。

6.3.7 将分类监管与日常检查相结合，与有效的约束、激励机制相结合，与服务市场主体相结合，实施长效监管、主动监管、重点监管、过程监管。

6.4 联合惩戒

6.4.1 应基于信息共享为前提，依托上海市事中事后综合监管平台，统一建立失信联合惩戒发起、响应、反馈、修复机制，并综合运用行政监管、司法惩处以及市场竞争、行业淘汰、社会舆论等手段进行有效惩戒。

6.4.2 应强化配合协作，做好信用管理和联合惩戒的有效衔接，实现社会信用信息的综合联动利用。将被纳入异常名录的企业、被列入严重违法名单等类型的企业纳入联动监管，依法实施包括市场准入、日常监管、荣誉评定等方面的约束措施。

6.4.3 加强部门协同，与相关部门建立审批执法信息的互联互通、评价结果互认、联动响应机制，明确联合惩戒信息推送周期、范围、内容、程序、方式以及反馈要求，建立失信联合惩戒措施清单，形成“一处违法，处处受限”的联合惩戒机制。

6.4.4 联合惩戒应有法律法规依据，应给出识别惩戒对象的依据和标准，并向社会公布。

6.4.5 行政机关对信息主体实施信用惩戒措施的，应当与信息主体违法、违约行为的性质、情节和社会危害程度相适应，不得超越法定的许可条件、处罚种类和幅度，并告知实施的依据和理由。

6.4.6 应按照法律法规规章规定明确各类失信行为的联合惩戒期限。在规定期限内纠正失信行为、消除不良影响的，不再作为联合惩戒对象。

6.5 社会监督

6.5.1 发挥行业协会的自律作用和专业服务机构的服务、沟通、鉴证、监督等作用。委托专业服务机构审查技术性、专业性内容，以专业服务机构的意见作为监督检查的处理依据。

6.5.2 建立投诉举报制度，畅通投诉渠道，鼓励社会公众通过互联网（手机APP、自媒体等）、举报热线电话（12345、12365等）等多种渠道反映违法从事生产经营活动的行为，明确负责投诉举报工作的机构，落实专人受理。

6.5.3　建立跟踪投诉处理机制，加强投诉数据整理分析，对有多次投诉或服务对象多次差评的市场主体实行预警，并及时开展检查。

6.5.4　加强政风行风监督员队伍建设，并鼓励社会各方力量、新闻媒体披露和曝光扰乱市场秩序、侵害消费者合法权益的问题，并积极予以回应。

7　“双随机、一公开”监管

7.1　事项清单

7.1.1　应根据国家及上海市相关要求确定随机抽查事项清单。

7.1.2　根据法律、法规、规章修订情况和工作实际及时对随机抽查事项清单进行动态调整。

7.2　建立两库

7.2.1　按照监管实际需求，通过国家法人单位信息资源库、全国信用信息共享平台和许可、认证名单等获取监管对象名录库。

7.2.2　建立执法人员名录库，将执法人员的基本信息登记入库，为开展随机抽查提供支撑。必要时，建立技术专家库，配合监管人员开展检查工作。

7.2.3　按照管辖分工原则建立并持续维护、更新监管对象名录库、执法人员名录库。

7.3　双告知

7.3.1　企业办理质量技术监督相关许可事项时，审批部门按照规定将获证信息通过信息系统或书面方式告知申请企业，同时通过信息系统或书面方式将信息告知相关监管部门。

7.3.2　对监管部门不明确的，审批部门将获证信息在1个工作日内通过信息系统发布，供相关监管部门查询认领，并结合职能职责做好后续监管。

7.3.3　市局系统各部门应按照本通则要求强化事中事后监管，区市场监管部门结合区域实际开展事中事后监管。

7.3.4　未收到审批部门定向告知的监管部门，要及时查询信息系统发布的获证信息，结合职责做好事中事后监管。

7.3.5　属于多部门联合实施的相关审批事项，审批部门应将获证信息抄告系统外的相关监管部门，加强监管协同。

7.4　实施细则

7.4.1　各级市场监管部门应制定所负责事项的随机抽查工作实施细则，明确检查主体、检查方式、检查内容等。

7.4.2　实施细则内容应包括监管要求、实施程序、检查人员要求、检查对象应当符合的条件、随机抽查方式、比例和频次以及其他相关要求。

7.5　随机抽查的实施

7.5.1　对检查对象可以采取一般抽查、重点抽查、一般抽查和重点抽查相结合的方式。

7.5.2　一般抽查，是指不设定条件对某一行业和领域的所有检查对象开展随机抽查。

7.5.3 重点抽查，是指根据经营规模、信用等级、处罚记录等因素对某一行业和领域的部分检查对象开展随机抽查。

7.5.4 一般抽查和重点抽查相结合，是指先进行重点抽查，再对重点抽查对象外的其他检查对象开展一般抽查。

7.5.5 检查对象和执法人员的抽取，可以通过摇号、机选或者抽签等方式在监管对象名录库和执法人员名录库中随机产生。随机抽查名单一经确定，不得随意变更。

7.5.6 随机抽选的执法人员属于法定回避情形的，应及时予以调整，并另行随机抽选。

7.5.7 推广运用信息化手段实现随机抽查功能，通过信息化手段随机抽取检查对象和检查人员，做到全程留痕，实现责任可追溯。

7.5.8 随机抽查应与上海市事中事后综合监管平台相对接，采用信息化手段等方式记录执法检查情况，确保检查结果的合法、准确和真实。

7.6 抽查比例

7.6.1 结合具体监管事项需求，合理确定抽查比例和频次。

7.6.2 建立抽查比例和频次与被抽查对象信用状况挂钩的机制。对投诉举报多、信用差或者有严重违法违规记录的检查对象，应当提高抽查比例和频次。

7.7 结果公开

7.7.1 抽查事项的抽查情况及查处结果，应及时以在局门户网站发布公告等形式向社会发布，接受社会监督。

7.7.2 对一些涉及国家秘密、商业秘密、个人隐私的随机抽查事项，可合理调整抽查结果公示的方式和范围。

7.8 监管方式衔接

7.8.1 随机抽查结果纳入检查对象社会信用记录，综合采用信用管理、风险监管、分类监管等方式。

7.8. 2 对抽查中发现的违法行为要依法加大惩处力度，加强日常监管。综合采用联合惩戒、社会监督等方式，形成有效威慑。

8 监管措施

8.1 实地检查

8.1.1 实地检查包括日常检查、专项检查、立案调查、重大问题的检查、专项整治检查、上级交办事项的检查等。

8.1.2 实地检查可依法采取勘察现场、查阅有关材料、询问有关人员、听取当事人陈述等方法，并根据检查项目综合判定实地检查结果。

8.1.3 实地检查开展之前，应根据影响因素（人员、制度、环境）等的动态变化情况选择检查内容，制订实地检查实施方案和计划。

8.1.4 进行实地检查时，应指派两名以上持执法证上岗的工作人员进行，并对所承担的检查负责。检查过程应严格按照程序要求进行，对于检查的内容，尤其是发现的问题应随时记录，并与市场主体相关负责人员进行确认。必要时，可进行产品抽样或对有关情况进行证据留存（如资料复印件、影视图像等）。

8.1.5 应对实地检查行为进行量化，明确检查内容、检查要求、检查方法、判定标准等，制作实地检查量化表，并作为检查的依据。

8.2 书面检查

8.2.1 确定对市场主体进行书面检查后，应事先通知市场主体。

8.2.2 应告知市场主体通过网上提交、当面提交或邮寄等方式报送材料。应对接收材料名录、接收时间等内容进行登记。

8.2.3 应对书面检查行为进行量化，明确检查内容、检查要求、检查方法、判定标准等，制作书面检查量化表，并作为检查的依据。

8.2.4 对市场主体进行书面检查时，认为需要进一步实地检查的，按照8.1的规定开展。

8.3 计量比对

8.3.1 建立计量标准的市场主体，应当参加计量比对，并按照JJF 1117的具体要求组织实施，确保量值传递工作的统一性、准确性和可溯源性。

8.3.2 通过比对试验，分析比对结果的符合程度，并对不合格的市场主体，要求其在限期内完成整改。

8.3.3 对于无正当理由不参加计量比对或整改后仍不合格的，暂停相关量值传递工作。

8.4 其他措施

针对纳入监管事项清单的事项特点，在事中事后监管细则中，可以明确其他适合的监管措施。

9 附则

本通则参照《上海市地方标准管理办法》中关于地方标准化指导性技术文件的要求管理。

10 施行日期

本通则自发布之日起施行。

上海市质量技术监督局关于印发《推进简政放权放管结合优化服务改革暨降低制度性交易成本实施方案》的通知

（沪质技监法〔2016〕336号）

各区市场监督管理局（质量发展局）、局属各单位、局机关各处室：

为进一步加快政府职能转变，加大简政放权力度，根据《国务院关于印发2016年推进简政放权放管结合优化服务改革工作要点的通知》（国发〔2016〕30号）要求，现将《上海市质量技术监督局关于推进简政放权放管结合优化服务改革暨降低制度性交易成本实施方案》现印发你们，请认真贯彻执行。

上海市质量技术监督局

2016年8月11日

上海市质量技术监督局关于推进简政放权放管结合优化服务改革暨降低制度性交易成本的实施方案

为加快政府职能转变，让市场在资源配置中发挥决定性作用，根据国务院《2016年推进简政放权放管结合优化服务改革工作要点》和《2016年上海市行政审批制度改革工作要点》，现就推进简政放权放管结合优化服务改革、全面降低市场主体制度性交易成本制定本方案。

一、工作目标

按照国务院、上海市委市政府、质检总局“在更大范围、更深层次，以更有力举措推进简政放权、放管结合、优化服务改革”的部署要求，从源头入手，着力破除制约企业和群众办事的体制机制障碍，全面降低各类市场主体在质量技术监督领域承担的制度性交易成本，充分激发市场活力和社会创造力，营造法治化、便利化的良好营商环境。

二、基本原则

（一）坚持顶层设计，强化制度支撑。坚持简政放权理念，按照放管结合、优化服务的要求，做好地方立法起草、规范性文件管理顶层设计，及时革除不合规、不适应的内容，升级优化质量技术监督法律制度体系，为深化改革提供更有力的制度保障。

（二）坚持简政放权，降低办事成本。聚焦行政审批领域，摸清底数，按照“合法、合理、精简、效能”的原则，逐项研究，并采取“变机制、宽条件、优流程、缩时限、减材料、降费用”等措施，以精准到位的简政放权，切实增强市场主体对改革增效的获得感。

（三）坚持综合联动，强化市场监管。推进建立以综合监管为基础、专业监管为支撑、信息化平台为保障的事中事后监管体系框架。按照分类管理、风险管理、诚信管理、联合惩戒、社会监督“五位一体”要求，加强事中事后监管。积极推行“双随机、一公开”监管方式，依法统筹制定企业年度监管计划，杜绝过度监管，减少重复、无效检查，逐步形成适应市场监管形势的审慎有效监管机制。

（四）坚持效能评估，扩大改革影响。依托高校、科研机构等第三方，对质量技术监督领域简政放权改革措施进行跟踪评判和效能评估，及时总结成功的改革经验，查找薄弱环节，弥补工作短板，形成成熟优化的工作模式，逐步向其他领域、其他区域、其他事项复制推广，扩大改革影响，提升改革质量和效益。

三、工作措施

（一）抓住制度建设核心，为顶层设计谋篇布局

1. 抓好《上海市检验检测条例》立法起草工作。认真做好《上海市检验检测条例》立法起草工作，推动做好上海市检验检测机构资质许可中现场联合评审、计量认证结果采信、简化现场评审、统筹编制上海市检验检测机构监督检查计划等制度的设计，避免不必要的重复考核、重复检查、过度检查，提高工作效率、减轻企业负担。（牵头部门：法规处、认证处，配合部门：各有关处室，时间安排：2016 年 12 月底前）

2. 积极参与《上海市市场监督行政处罚程序规定》等立法起草。依法提出精简归并行政处罚程序建议，尽力为相对人减少不必要的负担。做好国家及上海市的立法征求意见反馈，进一步完善质量技术监督法律制度体系。（牵头部门：法规处，配合部门：各有关处室，时间安排：2016 年 12 月底前）

3. 开展《上海市产品质量条例》立法后评估。重点在完善产品质量监督制度、统一编制全市性产品质量监督检查计划、建立竞争性监督抽查机制等方面找准突破口，为后续立法改进做好储备。（牵头部门：法规处、产品质量监督处，配合部门：质量发展协调处、上海市质量和标准化研究院，时间安排：2016 年 12 月底前）

4. 落实规范性文件合法性审查制度。采取统一登记、统一审查、统一编号、统一印发等措施，确保规范性文件不设定行政许可、行政处罚、行政强制，不减损公民、法人和其他组织权利义务。（牵头部门：法规处，配合部门：各有关处室，时间安排：

2016 年 12 月底前）

5. 全面清理现行规范性文件。发挥政府法律顾问专业优势，对质量技术监督领域现行的 25 件规范性文件进行再审查、再清理，依法清除无法定依据的办事条件和要求，进一步简化优化办事程序。（牵头部门：法规处，配合部门：各有关处室，时间安排：2016 年 12 月底前）

6. 推动国家级投资贸易便利化服务综合标准化试点。在自贸区开展国家级投资贸易便利化服务综合标准化试点工作，努力构建“以优化办理流程为核心、以提高服务效能为重点、以提升服务质量为目的”的投资贸易便利化服务标准体系。（实施部门：标准化处，时间安排：2016 年 12 月底前）

7. 探索行政权力标准化管理。制定和发布《行政权力管理通则》地方标准，推进行政权力标准化管理，通过标准化手段，界定和明晰内部事权和岗位职责。强化内部层级监督，按照可量化、可衡量、可实现的要求，对接效能建设实施体系，促进工作效能持续提升。（牵头部门：法规处，配合部门：各有关处室，时间安排：2016 年 12 月底前）

（二）抓住审批改革关键，为市场主体松绑减负

8. 公布新版行政审批目录。根据《上海市行政审批目录管理办法》（沪府〔2010〕30 号）要求，对质量技术监督领域行政审批事项进行清理调整，公布现行有效的行政审批目录，做到行政审批动态管理，确保不存在目录外审批事项。（牵头部门：法规处，配合部门：各有关处室，时间安排：2016 年 8 月底前）

9. 深化行政审批制度改革。推进取消“计量检定员资格核准（与注册计量师合并实施）”“产品质量检验机构资格审批”等审批事项，在重要工业产品生产许可证核发中，进一步放宽对企业提交延续申请和提交监督抽查合格报告的时限要求。探索食品相关产品许可证核发的告知承诺制度，对五类食品相关产品发证时“五证合一”的可行性进行研究，提高审批改革实效。（牵头部门：法规处，配合部门：各有关处室，时间安排：2016 年 12 月底前）

10. 开展行政审批改革措施后评估工作。委托华东政法大学，对前期下放的食品相关产品生产许可的实施效果进行第三方评估，客观评价预期目标实现程度、查找改革中存在的短板，分析原因，寻找对策，举一反三，批量解决行政审批中存在的问题。（实施部门：法规处、特定产品处，时间安排：2016 年 12 月底前）

11. 推进证照分离专项改革。按照“五位一体”的监管要求，推进制定《行政审批事中事后监管通则》及相关事项的监管规范，逐步推广相关改革。（牵头部门：综合处，配合部门：各有关处室，时间安排：2016 年 12 月底前）

12. 开展评估评审制度改革理论研究。针对行政审批评估评审领域存在的“二政府”、耗时长、收费高等问题，开展《质量技术监督行政审批评估评审制度改革研究》，采取取消评估评审、取消审批转移中介服务等改革方式，加强事业性技术机构、社会中介服务机构、专家考评队伍监管，积极做好后期改革措施储备。（牵头部门：法规处，配合部门：各有关处室，时间安排：2016 年 10 月底前）

（三）抓住监督管理重点，为质量安全保驾护航

13. 推进综合监管平台建设。配合上海市综合监管平台建设，建立以风险管控为基础的分类监管制度体系，实现监管资源信息整合共享、协同监管，发挥监管合力。（牵头部门：综合处，配合部门：各有关处室，时间安排：2016 年 12 月底前）

14. 推行“双随机、一公开”监管制度。制定《上海市质量技术监督局关于建立双随机抽查机制加强事中事后监管的指导意见》，按照“双随机、一公开”监管要求，组织建立产品质量监督抽查事项清单、指导区县市场监管部门建立检查对象名录库和执法检查人员名录库；进一步加大对违法行为的惩治打击力度，及时公布违法查处结果。（牵头部门：综合处、产品质量监督处、执法处，配合部门：各有关处室，时间安排：2016 年 12 月底前）

15. 探索审慎有效监管。结合监管对象实际，研究统筹制定监管计划，减少对企业的重复检查。加强对政府委托的第三方检验机构的管控，防止过度抽查，提高监管的针对性和有效性。探索适应新技术、新业态、新模式的监管方式，对电商平台经营的消费品开展风险监测评估，重点抽查高风险产品，并根据抽查结果，积极实施源头追溯。（实施部门：各有关处室，时间安排：2016 年 12 月底前）

（四）抓住企业民众需求，为优化服务添柴加火

16. 降低行政审批制度性交易成本。在行政审批中对企业形成的时间、材料、收费等制度性交易成本进行梳理，建立制度性交易成本清单，通过改机制、优流程、控时限、降费用、减材料等综合手段降低相关成本，让企业和群众享有改革红利，增强获得感。（牵头部门：法规处，配合部门：各有关处室，时间安排：2016 年 12 月底前）

17. 探索实施检验样品付费制度。在产品质量安全风险监测、产品质量监督抽查、质量评价、质量比对、定量包装商品净含量计量监督抽查等质量监督工作中，开展检验样品付费的探索，减免企业在政府抽检中的经济成本。（牵头部门：产品质量监督处、计量处、特定产品处，配合部门：计划财务处，时间安排：2016 年 12 月底前）

18. 进一步推动政务事项网上办理。推行“互联网 + 政务服务”，完善并拓展网上政务大厅功能，实行一口受理、全程服务。依托上海市法人库应用系统、政务数据资源共享平台等政务信息资源数据交换平台，推动信息共享，提高信息利用效率。做好网上办事系统的优化、更新、维护工作，解决好企业反映的办事系统速度慢、内容滞后等突出问题。（牵头部门：科技信息处、业务受理中心，配合部门：各有关处室，时间安排：2016 年 12 月底前）

19. 探索电子印章应用试点。加强电子印章应用调研，着力解决行政检查、行政许可、行政强制等工作中因缺乏电子印章而带来的工作不便和给企业造成的不必要负担。逐步推进电子印章的应用试点，统一设计、分步实施，改造系统，方便企业。（牵头部门：法规处，配合部门：办公室、科技信息处、业务受理中心、各有关处室，时间安排：2016 年 12 月底前）

20. 进一步提升窗口服务能级。畅通网上预审、电话预约、绿色通道等服务渠道。在业务受理大厅设置“企业专业申报指导区”，提供一对一的专业申报指导服务。开展网上预审管理机制和文书送达方式研究，妥善处理网上预审效率不高、送达方式单一

等问题。对重要工业产品生产许可证核发等需要延续或复查的审批，提供主动联系提示等服务，进一步提升窗口服务标准化水平。（牵头部门：业务受理中心，配合部门：各有关处室，时间安排：2016 年 12 月底前）

四、工作要求

（一）认真落实，务求实效。简政放权、放管结合、优化服务改革事关全局，各部门应加强组织领导，制定工作实施计划，推进各项改革举措落地实施，让改革实效真正惠及企业群众。法规处要按季度对各部门工作推进情况进行督促，重点项目由办公室督查督办。

（二）注重协调，稳妥推进。各部门在工作中要注意加强上下沟通协调，积极争取上级主管部门对制度改革的支持，尽可能为下级部门实施改革提供必要的条件支撑，确保各项改革举措依法稳妥推进，不走样、不变样。

（三）总结经验，深化改革。各部门要及时总结成熟的改革方式和创新工作经验，研究提出相关政策建议和针对性措施，为下阶段简政放权、降低制度性交易成本、推进供给侧结构性改革助力。

附件

上海市质量技术监督局推进降低行政审批制度性交易成本工作措施一览表

改革时间安排	审批事项	改革方式	具体措施	推进实施部门
近期（2016 年 10 月底前）	1. 计量检定员资格核准	取消	按照国发〔2016〕35 号文件要求及质检总局发布规定，及时取消该职业资格认定事项（与注册计量师合并实施）	计量处
	2. 产品质量检验机构资格审批取消	联消	国家认监委已上报国务院审改办建议取消此项审批，并入检验检测机构资质认定	认证处
	3. 计量器具型式批准	并联审批	并联审批是指不以计量器具型式批准证书作为制造计量器具许可证签发的前置条件，两者可同时受理，预计可至少为企业减少办理制造器具许可证的时间约 2 个月。 在上海自贸区试点并联审批的基础上，先行在浦东新区内复制推广。同时主动对接国家行政审批制度改革，积极开展上海市范围内推广并联审批制度及事中事后监管举措的研究	计量处
	4. 制造计量器具许可证签发			
	5. 重要工业产品生产许可证核发	放宽时限要求	1. 对焦供给侧改革，研究并向质检总局提出减少发证类别的建议。 2. 自贸区试点改革：省级发证产品获证企业到期延续时，提供产品质量监督抽查合格报告的时间范围从半年延长到一年，即可免于抽样检验；省级发证产品获证企业延续申请期限的提出从生产许可证有效期届满 6 个月前放宽到 3 个月前	产品质量监督处
	6. 重要工业产品生产许可证核发（食品相关产品）	告知承诺	1. 对焦供给侧改革，研究并向质检总局提出五证合一的建议。 2. 分批对不同产品探索实施告知承诺	特定产品处
	7. 计量标准器具核准	优化服务压缩时限	1. 发挥行业协会作用，及时将计量技术法规信息向相关企业推送，便于企业办理审批。 2. 加强考评员培训，扩大考评员队伍，缩短部分项目的技术考核时限，争取将 60 个工作日缩短为 50 个工作日完成	计量处

续表

改革时间安排	审批事项	改革方式	具体措施	推进实施部门
近期 （2016 年 10 月底前）	8. 机动车安全技术检验机构许可	并联审批 联合评审	和产品质量检验机构计量认证联合评审和并联审批，对企业实施 1 次评审，简化评审要求，将机动车安检机构的技术要求纳入计量认证补充评审要求中	认证处
	9. 重要工业产品生产许可证核发	改进服务	受理时间从 5 个工作日压缩至 3 个工作日，送达时间从 10 个工作日压缩至 6 个工作日	业务受理中心
中期 （2017 年 6 月底前）	1. 产品质量检验机构计量认证	并联审批 联合评审	和产品质量检验机构资格审批、机动车安检机构许可两个事项并联审批的同时，继续推进与卫计委、农委、建委等在检验检测机构资质许可中的联合评审工作，对企业实施 1 次评审，技术评审时限控制在 45 工作日内	认证处
远期 （10 个月以上）	1. 机动车安全技术检验机构许可	取消	研究并向质检总局反馈相关意见建议，推动取消此项审批，将相关要求纳入产品质量检验机构计量认证	认证处
	2. 计量校准实验室认可	探索取消或改为备案	配合质检总局牵头开展国家层面计量校准制度的研究，根据上海的特点，探索校准实验室实施的许可审批制度改为备案或取消的可行性。结合相关审批制度的改革，适时推动《上海市计量监督管理条例》相关条款修订	计量处
	3. 制造、销售和进口国务院规定废除的非法定计量单位的计量器具和国务院禁止使用的其他计量器具审批	探索取消或下放	1. 积极与质检总局沟通协调，适时启动将该审批事项下放或取消可行性研究。 2. 启动加强事中事后监管举措的研究	计量处

上海市质量技术监督局关于印发《加快推进政府职能转变暨全面深化改革强化监管优化服务工作实施方案》的通知

（沪质技监法〔2017〕324号）

各区市场监督管理局（质量发展局）、局机关各处室、局属各单位：

为加快推进政府职能转变，进一步加大“放管服”改革力度，根据上级有关文件精神，现将《上海市质量技术监督局关于加快推进政府职能转变暨全面深化改革强化监管优化服务工作实施方案》印发你们，请认真贯彻执行。

上海市质量技术监督局

2017年7月31日

上海市质量技术监督局关于加快推进政府职能转变暨全面深化改革强化监管优化服务工作实施方案

为深入推进“放管服”改革，推动质量技术监督工作主动适应和引领经济发展新常态，更好服务支撑供给侧结构性改革，更多降低制度性交易成本，更大激发市场活力，根据党中央、国务院和上海市进一步深化“放管服”与行政审批改革的整体部署，在总结上海市质量技术监督局落实《关于推进简政放权放管结合优化服务改革暨降低制度性交易成本的实施方案》等工作的基础上，现就加快推进政府职能转变，全面深化改革、强化监管、优化服务，促进形成具有国际竞争力的营商环境，制定本实施方案。

一、指导思想

全面贯彻党的十八届五中、六中全会精神，落实国务院“五为”改革目标要求，坚持问题导向，重点围绕阻碍创新发展的“堵点”、影响干事创业的“痛点”和市场监管的“盲点”，持续推进“放管服”，推进供给侧结构性改革，突出政府职能转变、突出从严闭环管理，突出质量效益并举，敢为人先，勇于实践，积极探索，努力在质量技术监督领域做到审批更简、监管更强、服务更优，更大激发市场活力和社会创造力。

二、工作原则

（一）突出政府职能转变，在放权上求突破。顺应改革发展新形势，逐步从“给市场端菜”向“让市场点菜”转变，结合企业需求和工作实际做好简政放权的整体设计，抓住重点领域、重要环节深化改革，对焦短板问题创新行政管理体制机制，推动政府职能转变，努力为市场主体松绑减负，降低各类制度性交易成本。

（二）突出从严闭环管理，在监管上求实效。坚持放管结合、并重，加强产品全面质量监管体系建设，在涉及人身安全、风险隐患较大的监管领域要采取针对性监管措施，事中事后监管过程必须形成闭环。全面落实“双随机、一公开”监管要求，切实提高监管效能。

（三）突出质量效益并举，在服务上求提升。着力发挥主观能动精神，着重关注政府提供服务的针对性和有效性，在打造一流办事环境的同时，为广大市场主体和群众提供公平、快捷、高效的服务，实现服务质量和效率的双提升。

三、工作措施

（一）顶层谋划转职能，产生一批机制优化新成果

1. 积极做好《上海市地方标准管理办法》立法起草。贯彻国家《深化标准化工作改革方案》精神，通过地方立法进一步完善地方标准制定程序，优化地方标准体系结构，提高地方标准供给质量，更大程度激发市场活力、规范经济和社会秩序。

2. 深入开展《上海市质量发展条例》立法调研。推进立法课题研究，开展《上海市质量发展条例》立法调研活动，注重发挥市场、行业协会、社会公众在质量提升工作中的作用，推进建立质量激励机制，明确质量主体责任，为完善建立适应特大型城市质量发展的法规体系做好储备。

3. 深入开展《上海市电梯安全条例》课题研究。认真做好《上海市电梯安全条例》立法项目前期准备工作，做好课题调研，研究解决公共场所及住宅小区电梯安全使用管理、基于风险的科学监管等直接影响城市运行安全和百姓安全乘梯的突出问题，为全面推进电梯安全管理系统改革创新工作提供法律支撑。

4. 认真组织质量技术监督规章清理。组织开展上海市质量技术监督领域规章的清理工作，推进与市场监管体制改革、行政审批制度改革和上位法不相适应的《上海市组织机构代码管理办法》《上海市设备监理管理办法》等规章的废止，研究现阶段地方立法需求，做好阶段性地方立法规划。

5. 推动落实《上海市检验检测条例》确立的新制度。贯彻实施《上海市检验检测

条例》，推进联合现场评审、采信计量认证、联合监管等减负增能新机制加快落地，会同其他资质许可部门制定联合现场评审的实施办法，为检验检测机构评审高效运行提供支撑保障。

6. 启动“上海品质”建设试点工作。按照政府推动、社会参与、标准引领、市场运作的原则，引入国际通行的第三方合格评定方式，建立先进标准引领企业产品和服务水平提升的模式，为建设具有国际竞争力的质量高地提供有力支撑。

（二）先行先试抓改革，产生一批简政放权新成果

7. 积极推进审批减量工作。全面实施“证照分离”改革，以证照分离改革试点三个质监项目全市推广为基础，加大复制推广力度。做好取消计量检定员资格许可，与注册计量师合并实施的后续管理和衔接工作，有序开展注册计量师专业项目考核和注册工作。着手《上海市计量监督管理条例》相关条款修订工作，探索取消计量校准实验室资质审批。推动计量器具制造、修理许可项目取消。完成质检总局委托的《中华人民共和国依法管理的计量器具目录》（型式批准部分）的修订工作。

8. 深入简化审批运行流程。持续开展“减证便民”行动，优化政务办理流程，增加立即办结事项的数量和比例。推行重要工业产品省级发证“取消发证前产品检验”和“先证后核”改革试点。推进全面实施网上申报，推行在线预先服务指导模式。探索试点现场审查可视化记录制度。将在自贸试验区探索实施的重要工业产品省级发证“一企一证”新制度在上海市复制推广。在自贸区推行食品相关产品新发证告知承诺制改革试点，支持具备条件的行业组织、第三方技术机构参与技术审查。在上海市复制推广计量器具型式批准和制造计量器具许可并联审批，完善制度流程设计。推行免于型评试验的型式批准许可方式的改革优化，简化行政部门核查程序、减少技术机构认定环节。

9. 着力降低企业评审支出。梳理涉企行政事业性和经营服务性收费项目，清理无法定依据的收费项目，向社会公布涉企收费清单。在自贸试验区试点取消食品相关产品生产许可审查中的检验环节。免除上海市特种设备生产、充装单位、检验检测机构行政许可鉴定评审费用，采用政府购买服务方式，降低企业经营成本。

10. 全力加强审批过程监督。推动上海市质量技术监督局行政审批业务系统与上海市行政审批标准化管理系统进行对接，实现行政审批实时监督检查，对照规定时限、流程、文书等开展审批过程预警纠错，促进提高审批效能。

（三）瞄准短板出实招，产生一批行政监管新成果

11. 加强事中事后监管。深化和巩固在质量技术监督事中事后监管事项推行“双随机、一公开”，及时向社会公布抽查情况和查处结果，接受社会监督。根据《上海市事中事后综合监管平台建设工作方案》，梳理市区两级质量技术监督事中事后监管数据、应用资源，推进局监管信息系统与上海市事中事后综合监管平台进行对接，做好质监信息资源的整合与共享，运用信息化手段支撑事中事后监管有效实施。立足改革实际，坚持问题导向，促进上海市市场监管所标准化建设全面推开，指导梳理基层市场监管事权清单，制定发布相关业务指导书和工作流程图，在强化专业监管的基础上提高基层综合监管能力。

12. **探索基于风险的分类监管**。坚持预防为先的风险管理理念，对产品质量、特种设备、认证、计量、标准实施情况等实施分类监管，建立完善分类监管制度，依风险程度高低确定分类监管等级，推动风险监管与信用监管、智能监管、综合监管相互联动，强化结果运用，提高监管效率。持续加强监管工作中的清单管理，充分利用计量、标准、检验检测和认证等质量技术手段，加强对新兴消费品及与人身安全密切相关产品的风险监测，努力发现和防范不合理危险，推动标准提升，筑牢质量安全基础。

13. **探索包容审慎监管**。对新产业、新业态、新模式要积极探索包容审慎监管，对于看得准、有发展前景的，量身定制适当的监管模式；一时看不准的，要密切关注，为新兴生产力成长打开更大空间，促进就业创业降门槛。要积极发挥团体标准、联盟标准、自愿认证和行政指导等手段在探索包容审慎监管中的作用。出台在执法办案中试行包容审慎监管的指导意见。

14. **推进质量全面监管**。坚持放管结合、并重，全面加强质量安全监管。贯彻《质检总局关于加强产品全面质量监管的意见》，深入推进产品质量全链条监管体系建设，推动伤害监测、监督抽查、缺陷产品召回等管理职能和手段有机融合。加大对群众需求旺盛的日用消费品、强制性认证产品、电商产品抽查力度，完善缺陷产品召回管理机制，守住产品质量安全底线。扎实推进电线电缆专项整治工作，突出整治重点，全面排查到位。借助上海市计量联席会议平台，积极联合行业管理部门，形成监管合力，重点加强安全防护、行政执法、环境监测等方面的计量器具强检监管。推动企业参与C标志使用承诺备案，完善并落实事中事后监管机制，促进市场主体商品量计量保证能力提升。加强认证监督管理，尽快实现认证结果的互认通用。

15. **推进特种设备专业监管**。深入开展特种设备预警监测和风险隐患研究，加强特种设备安全管理评价、应急管理等风险防控体系建设。在风险研判的基础上，依法从严监管。以隐患排查治理为抓手，推进形成制度化、常态化的特种设备分类监管体系和隐患治理体系。

16. **推进质检利剑常态监管**。深化“统一布置、分段实施、突出重点、综合监管、专业执法”的质检利剑“4+X”专项执法打假工作机制，加强重点行业、重点区域、重要节点的综合治理，严厉查处案值大、违法情节严重、社会影响恶劣、百姓反响强烈的案件，督促做好执法后处理，确保工作闭环。

（四）聚焦需求增供给，产生一批服务提升新成果

17. **增加民生服务供给**。开展消费品、食品相关产品等与市民生活密切相关的产品质量逐级提升工作，推动企业主动承诺产品质量、服务超越或达到国内外先进标准的

要求，并将承诺内容向社会公开，接受社会监督，增加优质产品供给。开展与民生相关的旅游、社区服务、社区卫生、养老、家政等十大行业服务质量测评，推动民生服务质量提升。推进诚信计量示范社（街）区、示范行业建设，创新民用三表监管方式，有效服务社会民生。依托 12345、12365 等服务热线，做好产品质量申诉工作。探索将 12365 质量热线嵌入“市民云”轻应用，提供在线维权、质监知识库查询、标准查询、消费警示等特色服务，维护百姓合法权益。

18. 增加技术服务供给。主动深入一线，了解需求，主动为企业和消费者提供服务。引导、培育国家和地方产业计量测试中心建设，完善科普中国“计量科普之窗”频道运行机制，打造成全国计量科普宣传阵地。创新电梯等特种设备专业技术服务供给，重点加快推进上海市电梯应急处置公共服务平台建设，打造智慧电梯管理服务体系，推动政府、企业、市场、行业、社会共同参与电梯安全管理。

19. 增加便民服务供给。通过“互联网 + 政务”、电子化办理等手段提高办事效率。健全政务公开制度，出台《关于全面推进政务公开工作的实施意见》，推进决策公开、执行公开、管理公开、服务公开、结果公开，推进依申请信息公开的全流程网上办理。贯彻视觉识别、运行管理和服务规范 3 项地方标准，打造市级标准化示范窗口。为有特殊需求的人员开辟专人负责的不间断绿色通道。

20. 增加效能服务供给。动态管理权力清单和责任清单，探索行政处罚、行政强制等行政权力试点标准化管理。完善质量管理体系，把企业申请审批时间压缩了多少、产品质量提升了多少、群众质量维权方便了多少作为重要衡量标准。

“加快推进政府职能转变暨全面深化放管服”工作任务分解表

序号	工作任务	工作内容	牵头部门	配合部门	时间节点
1	做好《上海市地方标准管理办法》立法起草	贯彻国家《深化标准化工作改革方案》精神，通过地方立法进一步完善地方标准制定程序，优化地方标准体系结构，提高地方标准供给质量	政策法规处 标准化处	各有关处室	2017 年 12 月底
2	开展《上海市质量发展条例》立法调研	推进立法课题研究，开展《上海市质量发展条例》立法调研活动，为完善建立适应特大型城市质量发展的法规体系做好储备	质量发展协调处 政策法规处	各有关处室	2017 年 12 月底
3	开展《上海市电梯安全条例》课题研究	做好《上海市电梯安全条例》立法课题研究，研究解决直接影响城市运行安全和百姓安全乘梯的突出问题，为全面推进电梯安全管理系统改革创新提供法律支撑	特种设备监察处 政策法规处	各有关处室	2018 年 3 月底
4	组织质量技术监督规章清理	开展上海市规章清理工作，推进《上海市组织机构代码管理办法》《上海市设备监理管理办法》等进行废止、修订	政策法规处	各有关处室	2018 年 3 月底
5	落实《上海市检验检测条例》确立的新制度	推进联合现场评审、采信计量认证等减负增能新机制加快落地，会同其他资质许可部门制定联合现场评审的实施办法，为检验检测机构评审高效运行提供支撑保障	认证处	政策法规处	2018 年 12 月底
6	启动“上海品质”建设试点工作	引入国际通行的第三方合格评定方式，建立先进标准引领企业产品和服务水平提升的模式，为建设具有国际竞争力的质量高地提供有力支撑	质量发展协调处 认证处 标准化处	各有关处室	持续推进
7	深化“证照分离”改革，推进行政审批减量等工作	全面实施“证照分离”改革，以证照分离改革试点三个质监项目上海市推广为基础，加大复制推广力度	法规处	各有关处室	持续推进

续表

序号	工作任务	工作内容	牵头部门	配合部门	时间节点
7	深化“证照分离”改革．推进行政审批减量等工作	做好取消计量检定员资格许可，与注册计量师合并实施的后续管理和衔接工作。着手《上海市计量监督管理条例》相关条款修订工作，探索取消计量校准实验室资质审批。推动计量器具制造、修理许可项目取消。完成质检总局委托的《中华人民共和国依法管理的计量器具目录》（型式批准部分）的修订工作	计量处 政策法规处	各有关处室	2018 年 12 月底
8	简化审批运行流程	开展“减证便民”行动，增加当场办结事项的数量和比例	各有关处室		持续推进
		推行重要工业产品省级发证“取消发证前产品检验”和“先证后核”改革。试点全面实施网上申报，推行在线预先服务指导制度。探索试点现场审查可视化记录制度。将自贸试验区探索实施的重要工业产品省级发证“一企一证”新制度在上海市复制推广	产品质量监督处		2017 年 9 月底
		深化食品相关产品新发证审批告知承诺制改革，支持具备条件的行业组织、第三方技术机构参与技术审查	特定产品处		
		向上海市复制推广计量器具型式批准和制造计量器具许可并联审批，完善制度流程设计。推行免于型评试验的型式批准许可方式的改革优化，简化行政核查程序、减少技术机构认定环节	计量处		
9	降低企业评审支出	梳理涉企行政事业性和经营服务性收费项目，清理无法定依据的收费项目，向社会公布涉企收费清单	计划财务处		持续推进
		在自贸试验区试点取消食品相关产品生产许可审查中的检验环节，免除产品检验费用	特定产品处		2017 年 10 月底

续表

序号	工作任务	工作内容	牵头部门	配合部门	时间节点
9	降低企业评审支出	免除上海市特种设备生产、充装单位、检验检测机构行政许可鉴定评审费用，采用政府购买服务方式，降低企业经营成本	特种设备监察处	计划财务处	2017 年 8 月底
10	加强审批过程监督	推动局行政审批业务系统与上海市行政审批标准化管理系统对接，实现行政审批实时监督检查，对照规定时限、流程、文书等开展审批过程预警纠错，促进提高审批效能	政策法规处 科技信息处	各有关处室	持续推进
11	加强事中事后监管	推进完善质监事中事后监管体系，深化拓展“双随机、一公开”监管。推进局监管信息系统与事中事后综合监管平台进行对接	综合业务处 政策法规处 科技信息处	各有关处室	2017 年 12 月底
		促进上海市市场监管所标准化建设全面推开，指导梳理基层市场监管事权清单，制定发布相关业务指导书和工作流程图	综合业务处	各有关处室	持续推进
12	探索基于风险的分类监管	推进产品质量、特种设备、认证、计量、标准等领域实施分类监管，制定相关监管办法。持续加强监管工作中的清单管理	综合业务处	各有关处室	持续推进
13	探索包容审慎监管	对新产业、新业态、新模式要积极探索包容审慎监管。要积极发挥团体标准、联盟标准、自愿认证和行政指导等手段在包容审慎监管中的作用	各有关处室	执法总队	持续推进
		出台在执法办案中试行包容审慎监管的指导意见	执法督查处		2017 年 10 月底
14	推进质量全面监管	深入推进产品质量全链条监管体系建设，加大日用消费品、强制性认证产品、电商产品抽查力度，加强对新兴消费品及与人身安全密切相关产品的风险监测，完善缺陷产品召回管理机制。做好电线电缆专项整治	产品质量监督处	各有关处室、执法总队	持续推进

续表

序号	工作任务	工作内容	牵头部门	配合部门	时间节点
14	推进质量全面监管	推动企业参与C标志使用承诺备案，完善并落实事中事后监管机制，促进市场主体商品量计量保证能力提升。借助上海市计量联席会议平台，积极联合行业管理部门重点加强安全防护、行政执法、环境监测等方面的计量器具强检监管	计量处		2018年12月底
		加强认证监督管理，尽快实现认证结果的互认通用	认证处		持续推进
15	推进特种设备专业监管	深入开展特种设备预警监测和风险隐患研究，加强特种设备安全管理评价、应急管理等风险防控体系建设	特种设备监察处	执法总队、上海市特检院	持续推进
16	推进质检利剑常态监管	深化“统一布置、分段实施、突出重点、综合监管、专业执法”的质检利剑“4+X”专项执法打假工作机制，加强重点行业、重点区域、重要节点的综合治理，严厉查处案值大、违法情节严重、社会影响恶劣、百姓反响强烈的案件，督促做好执法后处理，确保工作闭环	执法督查处	执法总队	持续推进
17	增加民生服务供给	开展消费品、食品相关产品等与市民生活密切相关的产品质量提升工作，增加优质产品供给	产品质量监督处 特定产品处		持续推进
		开展与民生相关的旅游、社区服务、社区卫生、养老、家政等十大行业服务质量测评，推动民生服务质量提升	质量发展协调处		持续推进
		推进诚信计量示范社（街）区、示范行业建设。创新民用三表监管方式，有效实施国内首部“基于抽样检验延长电能表使用周期”地方计量检定规程，推进基于抽样检验的燃气表监管方式改革研究和燃气表、水表计量差错退补量计算方法的地方标准制定	计量处		持续推进
		依托12345、12365等服务热线，做好产品质量申诉工作，维护百姓合法权益	执法督查处 执法总队		持续推进

续表

序号	工作任务	工作内容	牵头部门	配合部门	时间节点
17	增加民生服务供给	探索将12365质量热线嵌入“市民云”轻应用，提供在线维权、质监知识库查询、标准查询、消费警示等特色服务，维护百姓合法权益	执法总队	执法督查处	2017年12月底
18	增加技术服务供给	依托局长接待日等载体，主动深入一线，了解需求，为企业和消费者提供服务	办公室	各有关处室	持续推进
		引导、培育国家和地方产业计量测试中心建设，着力破解制约上海市产业发展的测量瓶颈。完善科普中国“计量科普之窗”频道运行机制，打造成全国计量科普宣传阵地	计量处		持续推进
		重点加快推进上海市电梯应急处置公共服务平台建设，着力打造面向社会、面向市民的集电梯应急救援、预警监测、大数据分析、信息查询等功能于一体的智慧电梯管理服务体系	特种设备监察处	各有关处室	2018年12月底
19	增加便民服务供给	出台《关于全面推进政务公开工作的实施意见》，推进依申请信息公开的全流程网上办理	办公室	各有关处室	2017年10月底
		推动“互联网+政务”工作，采取电子化办理等手段进一步提高办事效率	科技信息处	各有关处室	持续推进
		贯彻视觉识别、运行管理和服务规范3项地方标准，打造市级标准化示范窗口。为信息填报困难，路程较远等有特殊需求的人员开辟专人负责的绿色通道	综合业务处 业务受理中心		2017年12月底

续表

序号	工作任务	工作内容	牵头部门	配合部门	时间节点
20	增加效能服务供给	动态管理权力清单和责任清单，探索行政处罚、行政强制等行政权力试点标准化管理	政策法规处	综合业务处 标准化处 执法督查处 科技信息处 执法总队	持续推进
		完善质量管理体系，把企业申请审批时间压缩了多少、产品质量提升了多少、群众办事方便了多少作为重要衡量标准	综合业务处	各有关处室	持续推进

上海市质量技术监督局事中事后监管总体方案

为进一步加快转变政府职能，贯彻落实“放管服”的决策部署，进一步创新政府管理方式，根据《国务院关于“先照后证”改革后加强事中事后监管的意见》（国发〔2015〕62号）、《上海市贯彻实施〈上海市开展“证照分离”改革试点总体方案〉工作方案》（沪审改办发〔2016〕11号）等相关要求，现就推进质量技术监督事中事后监管工作，制定本方案。

一、总体要求

（一）指导思想

深入贯彻党的十八大，十八届三中、四中、五中、六中全会精神和习近平总书记系列重要讲话精神，按照国务院和上海市委、市政府关于深化“放管服”的决策部署，着力转变监管理念，创新监管方式，强化监管手段，规范监管行为，构建市场主体自律、业界自治、社会监督、政府监管互为支撑的监管格局，切实提高事中事后监管的针对性和有效性，为促进大众创业、万众创新营造公平竞争的市场环境。

（二）基本原则

——坚持法治理念。遵循权责法定，坚持用法治思维和法治能力履行监管职能，提升依法行政的能力和水平，推进事中事后监管的法治化、制度化、规范化、程序化。

——坚持创新导向。发挥浦东综合配套改革和自贸试验区改革平台作用，率先在事中事后监管体系、模式、标准、方式、手段等方面形成一批可复制可推广的经验成果。

——坚持公正透明。提高监管的公开性和透明度，将监管内容、监管程序、监管方式、监管结果等相关信息按照规定公开，接受监督。注重检查和指导、惩处和教育、监管和服务相结合，防止不当监管。

——坚持协同共治。加强与相关职能部门、区级市场监管部门的协同配合、信息互通、相互衔接，形成监管范围全覆盖，监管责任无盲区。充分发挥行业组织的自律作用、舆论和社会监督作用，推动市场主体自我约束、诚信经营，实现社会共同治理。

二、工作目标

围绕营造公平、统一、高效的市场环境，深入推进“放管服”改革，率先实现质量技术监督工作由注重事前审批向注重事中事后监管转变。以风险管理为基础，加快推进分级分类综合性改革。探索和建立围绕构建权责明确、公平公正、透明高效、法治保障的事中事后监管体系，改革监管体制、创新监管模式、强化监管手段，逐步建立市场、社会、政府各尽其责、相互支撑的良好局面，切实提高事中事后监管的针对性、有效性，使市场和社会既充满活力又规范有序。

三、工作内容

（一）健全事中事后监管工作制度化建设。按照“诚信管理、风险管理、分类管理、联合惩戒、社会监督”等五位一体的事中事后监管工作要求，继续探索加强上海市质量技术监督局事中事后监管工作的有效方式和措施，研究出台或修订完善质量技术监督领域各项事中事后监管工作规定。

（二）推广“双随机、一公开”监管模式。逐步在上海市质量技术监督局16项事中事后监管事项中推广“双随机、一公开”监管模式，完善市、区两级各监管事项的检查对象名录库和执法检查人员名录库，研究出台各监管事项的随机抽查工作细则，指导各区市场监管局开展随机抽查工作。

（三）推进以风险为核心的分类分级建设。根据质量安全风险程度结合企业履行主体责任和社会信用情况，建立质量信用分类标准、差别化监管项目清单，对监管对象实行分类评价和针对性监管措施。逐步构建社会监督联合惩戒共抑失信的格局。

（四）推进和实现基层市场监管方式的根本性转变。全面实施市场监督管理所标准化建设。推广使用《市场监督管理所通用管理规范》，帮助市场监督管理所明确基本职能、工作事权、工作规范及考核要求。加快形成市场一体化监管工作机制，实现基层市场监管业务的融合。

（五）探索事中事后监管标准化建设。立足于质量技术监督系统事中事后监管的现状和潜在的需求，探索研究质量技术监督系统事中事后监管标准化，特别是针对涉及公共安全领域的事项，开展基于市场客体风险的分级分类研究，提出加强事中事后监管的标准化思路和对策建议。

（六）强化对事中事后监管的质量管理体系程序控制。以防范事中事后监管工作风险为目标，制定程序文件，明确风险识别、风险分级和风险处置等具体要求，持续改进上海市质量技术监督局风险管理能力。对促进上海市质量技术监督局事中事后监管内部规范化管理具有重要影响的程序文件进行梳理，分析、总结运行规律，形成可复制、可推广的经验。

（七）配合推进市事中事后综合监管平台建设。加紧推进已建质量技术监督系统与市事中事后综合监管平台的数据对接，定期向平台推送“产品质量监督抽查”“质监移动监管”等6个事项的监管数据。及时收集使用反馈和业务需求，配合完善平台功能。开展平台应用专题培训，积极应用市事中事后综合监管平台各项功能。

四、保障措施

1. **加强组织领导和协调推进。**深刻认识加强事中事后监管工作的重要性、紧迫性和艰巨性，认真落实各项措施和要求，将事中事后监管工作列为上海市质量技术监督局重点督查目标任务，建立健全事中事后监管工作领导协调机制，分步推进、督促落实。

2. **加强督促检查和优化完善。**根据本方案要求和分工，抓紧制定落实相关配套管理办法，上海市质量技术监督局牵头部门要会同有关部门做好事中事后监管工作的监督检查，确保各项工作落到实处。

上海市质量技术监督局

2017 年 9 月 1 日

附件 1

企业产品标准备案和地理标志产品保护事中事后监管工作方案

为贯彻《国务院关于印发深化标准化工作改革方案的通知》（国发〔2015〕13 号）及《国务院关于推广中国（上海）自由贸易试验区可复制改革试点经验的通知》（国发〔2014〕65 号）有关精神，根据质检总局　国家标准委《关于在部分省市开展企业产品标准自我声明公开试点工作的通知》（国质检标联〔2014〕660 号）、《上海市人民政府关于取消和调整一批行政审批等事项的决定》（沪府发〔2016〕10 号）等有关规定，上海质量技术监督局在自贸区、浦东新区企业标准备案和地理标志产品保护改革试点的基础上，2015 年在上海市全面推开企业标准备案和地理标志产品保护改革工作，有效地规范了市场秩序，为“十三五”期间标准化工作改革奠定了坚实的实践基础。具体方案如下：

一、改革现状

（一）现状

1. 上海市企业标准备案。企业标准备案创新改革实施自我声明公开后的优势：一是减轻政府工作量，通过信息化管理模式，企业利用企业标准备案专用管理系统网上自助备案，大大减轻了政府的工作量；二是缩短备案周期，实现管理和备案分离，企业经由备案流程递交相关附件后备案即可完成，大大缩短了备案周期；三是企业承担主体责任，企业通过自我承诺、自我声明承担主体责任；四是加强市场监管，社会大众能通过平台可以直观地监督企业生产的产品质量。若经证实企业失信，将记录企业失信信用。

2. 地理标志产品保护。下放地理标志产品保护申请和生产者使用地理标志产品专用标志的申请受理等工作权限到区县等改革的优势：一是增加受理网点，方便相关单位申请。通过改变集中受理模式为属地化分散受理，方便了有需求单位的申请；二是规范服务内容，提供咨询服务。通过跨前一步，有针对性地提供有效、规范的咨询服务，帮助企业提高了申请效率和质量。

（二）监管现状

1. 上海市企业标准备案

一是建立企业的自我承诺执行机制：即通过进一步强调企业是其产品或服务标准的制定和实施主体，应当对其标准内容及其实施后果承担责任，促进企业对其备案公示的标准内容进行自我承诺、严格执行，并作为企业接受社会监督的依据。企业产品和服务如不符合其备案的标准，将直接关联影响到该企业的质量信用记录。

二是建立政府的动态管理监督机制：即标准化主管部门定期组织专业技术机构对备案的企业产品标准进行抽查和评估，对于违反法律法规、国家、行业和地方强制性标准的标准将撤销备案，进行通报，并将作为该企业质量信用的不良记录，记录至企业质量信用档案。

三是配套开发构建一个企业标准备案专用管理系统：该管理系统将管理和服务有机结合，既有针对性地为企业提供相关强制性国家、行业标准和地方标准的便捷查询服务，也为企业定制提供自主管理其备案标准的功能，同时还能为标准化主管部门提供备案标准的管理和动态统计，并且该系统可与金质工程中产品质量监督等子系统信息对接关联。企业可依托互联网实现应用。

2. 地理标志产品保护

一是强调企业主体责任：即通过进一步强调企业是地理标志产品保护实施主体，应当对其地理标志产品相关标准内容及其实施后果承担责任，促进企业对标准内容严格执行，并作为企业接受社会监督的依据。企业产品如不符合相关标准，将直接关联影响到该企业的质量信用记录。

二是明确监管责任：明确区域相关主管部门应对辖区内地理标志产品保护工作加强日常监管工作，有效推进地理标志产品保护工作。

（三）监管问题

1. 企业标准备案法律依据不足。在现行的法律法规没有修改之前，企业产品标准自我声明依据不足，造成部分企业不愿或不配合企业标准自我声明公开工作，甚至出现行政复议事件发生。部分基层标准化工作人员担心行政追责，造成不作为、不敢为现象发生。

2. 备案标准目录分类分级不全。现有的企业产品自我声明公开平台中，采用的企业产品标准目录分级覆盖领域不全，针对新产业新业态，许多产品找不到对应目录，造成企业标准无法备案或即使备案也与实际产品相悖，会对企业造成不良影响。

3. 企业标准自我声明公开事中事后监管机制建立。目前，上海市企业产品标准自我声明公开平台已经完成事中事后监管功能，但是没有形成与国家备案平台的实时联网，目前也无法做到全国共享，同时上海市质量技术监督局无法从国家平台了解到其他地方企业产品标准事中事后监管做法，无法实现数据共享和社会共治工作。

4. 需要制定全国统一的事中事后机制。企业标准自我声明公开工作是标准化工作改革重要内容，目前已完成自我声明公开工作，但是事中事后后续监督管理工作还没有统一方式，虽然上海市质量技术监督局制定了有关管理办法，但是仅限于上海行政区域内。针对目前国务院改革要求，迫切需要国家标准委根据各地试点实践，结合国家统一规划制定全国范围内的监管模式，发挥企业产品标准自我声明公开对产品质量和安全应有的技术保障作用。

5. 开展地理标志产品保护依据有待进一步提升。目前国家质检总局推进地理标志产品保护工作依据是质检总局部门规章《地理标志产品保护规定》，对相关违法行为没有相应的处罚条款，不利于该项工作的开展，迫切需要质检总局提升规章层级。

二、改革内容

根据目前全国人大二审通过的《中华人民共和国标准化》，已明确取消企业产品标准备案等一系列工作，因此上海市相关工作事项也将做相应调整。

附件 2

计量工作加强事中事后监管方案

上海市到 2020 年要建立起计量行政与其他部门和行业组织合力推进、社会各界广泛参与的计量监管联动协作机制，推进“政府部门推动、企业经营者自律、社会各界监督”三位一体的诚信计量体系建设，并形成能有力促进上海深化改革与社会和谐发展的计量监管体系。

一、改革现状

1. 发展现状

（1）计量器具制造监管方面。上海现有计量器具制造许可发证企业 510 余家，2000 多种产品。

（2）重点领域计量器具使用监管方面。上海市重点领域的计量监管任务量大面广，覆盖百姓生活的各个领域，包括集贸市场、超市卖场、医院、眼镜店、加油站、餐饮业、公路超限检测和计重收费站等民生领域的计量监管，主要是对电子秤、加油机、医疗计量诊断器、出租车计价器、压力表、民用三表（水表、电能表、燃气表）、呼出气体酒精探测器、测速仪等重要计量器具的计量监管。据统计，上海市目前共有各类集贸市场1000多家，摊位8万多个，在用电子秤9万多台；有加油站880家，在用加油枪9000余把；有各类医疗卫生机构3000多家（含个体诊所在内），在用强检计量器具11万多台；有眼镜制配企业1000多家，在用制配眼镜用计量器具3000多台（件）；有出租车公司100多家，在用出租车计价器50000多台；此外，还有民用三表近2000万只,众多的小商店和使用广泛的安全防护用压力表等，监管压力极大。

法定计量单位涉及社会经济、百姓生活的方方面面，开展法定计量单位既是根据《中华人民共和国计量法》要求确保量值准确、统一的监管方式，也是促进社会经济发展、维护百姓利益的重要手段。

上海目前建有158项华东地区最高计量标准以及1500余项其他各级计量标准，建有10家法定计量检定机构，15家授权行业企业的计量检定机构、60家通过行政许可的计量校准机构，年计量检定和校准服务超过500万台件。

2. 监管现状

（1）制造计量器具监督检查。从计量器具产品质量监督抽查的合格率来看，上海计量器具也在逐年提高，2011年以来的3年累计组织对17种计量器具开展了产品质量监督抽查和执法抽查，累计抽查产品210批次，有效提升了对获证企业的监管水平。同时对涉及人体健康、安全防护、环境监测等领域用计量器具开展产品质量风险监测。

（2）计量器具使用领域监督检查。结合“3. 15”、执法打假“春季战役”夏季战役、“5. 20”等活动，对电子秤和加油机开展执法检查，对电子秤销售修理门店进行暗访，严厉查处作弊秤。组织开展上海市加油站暗访检查，保护消费者合法权益。开展各类重点计量器具专项监督检查，落实计量器具使用单位计量法律法规意识，建立健全了计量管理制度和计量器具管理台账。

（3）法定计量单位检查。2017年上海市质量技术监督局开展了2016—2017年度重点领域法定计量单位使用情况检查，对上海市范围内近500份市级报纸杂志、中小学教科书，60期新闻广告以及20余个电商购物平台开展集中专项检查。专项检查中发现电商购物平台等领域使用非法定计量单位或错误使用法定计量单位的情况较多，此外权威性新闻报道、涉及基础教育的教材等也存在使用非法定计量单位或错误使用法定计量单位现象。日常由上海市质量技术监督局组织，各区市场监管局、所实施的法定计量单位监督检查中也发现集贸市场、超市卖场、西式蛋糕店等实体出现使用非法定计量单位或错误使用法定计量单位现象较多。

（4）计量技术机构监督检查。2017年对上海市9家区计量所和13家授权计量技术机构开展专项监督检查，相关机构2016年强制检定计量器具数量近400余万台（件），涉及水、电、燃气、纺织、邮政、铁路、造船、钢铁、石油化工等关系社会、经济和民生发展的关键领域。

（5）商品量监督检查。近年来，上海市商品量监管主要以市级定量包装商品净含量计量监督抽查和零售预包装商品计量监督检查的方式开展，其中定量包装市抽每年抽查600批次以上，平均净含量合格率保持在95%以上，整体情况较为良好。零售预包装商品检查每年开展10次以上，主要对超市销售的零售预包装商品开展净含量计量监督检查。

3. 监管问题

（1）《中华人民共和国计量法》由于颁布时间很早，对相关违法行为的罚则很轻，如未按规定申请检定以及经鉴定不合格继续使用的，只能处1000元以下的罚款，又如，使用非法定计量单位责令改正，拒不整改的（除出版物外）没有其他处罚手段，违法成本较低。

（2）计量器具使用单位法制意识不强，管理不到位，有的对所使用计量器具是否需要强制检定不清楚，有的误以为可以用设备生产企业的维保来代替计量器具的检定或校准。电子秤作弊呈隐蔽化、高科技化趋势，发现越来越难，特别在活水产等摊位，证据固定难，违法所得确定难，查处难，执法成本高。

（3）监管人员执法水平尚待提高，检查的方式和针对性不强，能力不足。当前全国各地区对生产领域计量器具存在监管力度不一致的现象，这可能会造成“劣币驱逐良币”，即符合监管要求的计量器具产品会因为低价质劣产品的不合理竞争而受到影响。

二、改革内容

1. 生产经营者主体责任：加强计量各领域监管事项，落实生产经营者主体责任。

2. 社会信用体系建设：强化对计量诚信严重缺失的企业或个人的查处和曝光力度，结合上海市征信体系建设，完善诚信计量信用信息收集与发布制度，研究建立守信激励和失信惩戒机制。

3. 发挥行业协会商会的自律作用：对于监督检查中发现违法行为，依法处罚后，抄送至相关行业协会和协会，由协会牵头对不合格企业进行行业的自律。充分发挥行业组织的自律指导作用和消费者的社会监督作用，比如：推进集贸市场设立“自助式公平秤便民装置”解决集贸市场计量作弊问题，推动上海市餐饮烹饪行业协会、上海市计量协会在上海名牌餐饮企业中率先设置“自助式公平秤”等。

4. 专业技术服务机构的服务、沟通、见证、监督等作用：通过政府购买服务方式，购买专业服务机构的专业服务能力，为行政监管提供技术支撑。建立和完善贸易结算、安全防护、医疗卫生、环境监测、资源管理、司法鉴定、行政执法等重点领域的计量监管协查制度。加强执法协作，加强行业性、区域性计量违法问题的集中整治和专项治理，做好行政执法与刑事司法衔接，加大计量违法行为的刑事司法打击力度。

5. 社会性约束和惩戒：结合上海市征信体系建设，完善诚信计量信用信息收集与发布制度，研究建立守信激励和失信惩戒机制。在集贸市场、加油站、餐饮店、连锁商店和超市等重点民生领域全面实现企业诚信计量自我承诺，到2020年，引导培育诚信计量示范单位1000家以上。在政府购买服务时，将信用记录作为重要的一项，查询对方信用记录，倒逼市场主体诚实守信，对失信的成员明确不能承接政府业务。

6. 政府监督管理：一是增强行政执法的技术能力与手段。通过推进上海市"法制与民生计量测试基地"建设项目，同步建立强制检定计量器具动态监管系统，加强现场计量行政执法的相关计量技术研究，增强行政执法以及查处计量违法行为的技术手段和能力，有力打击利用计量器具违法作弊的行为。二是提高城市应对重特大灾害与安全事故的计量技术保障能力，重点加强：防灾（自然灾害及核污染）、防疫（新型病毒和突发流行病预防）、雾霾防治（检测和消除技术）、交通安全（检测、监控、处置）、地下管网（检测、监控、处置）、危险品运输（陆运、航运、海运中危险品的技术管控）等方面的计量技术保障能力，以确保人民财产和城市运行的安全。三是要科学制订计量突发事件处置的应急预案，不断提高城市安全和风险控制的水平。到2020年上海市涉及民生与安全的计量保障体系将趋于完善，对民生和特大城市安全运行都将产生有力的技术支撑，不仅具有国内领先的技术保障能力，也可为现代化国际大都市的安全有效运行提供可靠的技术保障基础。四是提升计量风险防控和一线计量执法能力水平，研制、改进、装备系列简便、快速、有效的计量现场执法装备和移动监管终端，利用物联网技术完善计量器具信息化监管系统，创新现场监管和执法手段，研究系列破解计量作弊和识别假冒伪劣计量器具的现场判定方法，建立健全计量违法举报奖励制度，保护举报人的合法权益。对部分涉及民生和安全的计量器具，建立定期分析评估机制，制定计量突发事件应急预案。

附件3

特种设备加强事中事后监管工作方案

一、改革现状

（一）发展现状

上海市特种设备安全领域监管工作始终以问题和目标为导向，以减少一般和较大事故、防止重大以上事故和重大社会影响事件为目标，强化责任落实、依法从严监管、推进改革创新，着力加强风险管理和隐患排查治理，着力防范系统性、行业性和区域性风险，着力解决涉及城市运行安全和事关社会民生的突出问题。截至目前，上海市使用登记的特种设备总量582261台（套），其中在用特种设备494963台（套），另有526余万只气瓶和1.4万千米压力管道。在用设备中，锅炉6085台、压力容器107566台、电梯230217台、起重机械78078台、场（厂）内专用机动车辆72724台、大型游乐设施292套、客运索道1条。在用电梯数量位列世界城市之首。

（二）监管现状

1. **日常监管情况**。国家对特种设备实行全寿命周期监管制度，即从设计、制造、安装修理改造、使用、监督检验、定期检验直至报废等环节进行全过程监管。在制造、重大修理和改造等过程中实行监督检验制度；在使用过程中，实行定期检验制度，由有资质的检验机构实施检验。使用单位在使用过程中对特种设备进行定期自行检查，及时排查和消除事故隐患。目前各区特种设备安全监管部门对辖区内的特种设备使用生产单位开展日常监督检查及执法，并形成了企业自查、检验机构检验、政府安全监管的管理模式。

2. **专项整治情况**。近几年来，根据质检总局和上海市安委办的要求，上海市开展了液氨装置、涉危险化学品和易燃易爆物品特种设备、电梯、客运索道和大型游乐设施等多次专项整治和安全大检查、“六打六治”打非治违等专项行动，特别以涉及民生、人员密集场所、盛装危险化学品的高风险特种设备为重点，突出公共交通、大型商场、医院、学校、公园、大型游乐场等公众聚集的重点区域，突出公共交通领域自动电梯或扶梯、大型游乐设施、盛装危险化学品介质的承压特种设备等重点对象，突出气瓶、移动式压力容器充装、大型化工企业、氨制冷等重点行业，组织开展特种设备专项整治和安全隐患排查治理工作。

3. **信息化监管平台建设情况**。为了提升上海市特种设备安全监管效能，上海市质量技术监督局自 2005 年起开始着手建设上海市特种设备安全监管数据平台。通过特种设备安全数据平台以及后续建设的特种设备移动执法系统，已经能整合上海市特种设备使用登记、登记变更、检验检测、日常检查，专项检查、事故等全过程安全监管信息。上海市各级特种设备安全监管部门能通过平台系统开展重点单位、设备数据分析，掌握辖区内设备运行状况，并在此基础上逐步建立风险监测、研判、预警和处置体系，开展有针对性的日常监管及重点排查。

（三）监管问题

随着经济社会的快速发展，上海市特种设备安全工作取得了显著成效，但与工业发达国家相比，事故率仍然较高，安全形势依然严峻。特种设备安全监管工作仍存在一些问题。

1. **企业主体责任意识不强**。在企业运行中，很多企业只顾眼前利益，在企业安全方面并没有形成高度重视，不仅在资金投入方面存在缺乏情况，在制度、管理以及思想层面也存在缺少合理机制的情况。对于监督管理部门的执法以及监管工作，部分企业存在不配合的情况，对监管企业提出的意见以及建议并没有形成高度的重视，因此带来非常大的安全隐患。在部分特种设备使用单位中，其由于侥幸心理的存在，往往认为安全事故并不会发生在自己身上，不仅没有按照相关规定做好特种设备安全管理机构的设立，也没有做好人员的培训工作。在该种情况下，特种设备从业人员由于没有对特种设备的操作方式产生清晰的了解，再加上安全意识方面的缺乏，在实际操作当中则会存在具有较强随意性的情况，很可能因此导致安全事故发生。

2.“保姆式”监管方式削弱了企业安全管理的能动性。从近几年的工作看，监管部门在特种设备安全监管工作中发挥了突出作用，取得了很大成就，但也存在职责定位不十分清晰，片面强调“保安全”“全过程”“全覆盖”，监管过宽、过细、过度的问题。由于工作定位上的偏差，客观上形成了“保姆式”的监管方式，削弱了企业安全管理的能动性、行业管理部门的主动性，模糊了安全责任界限，淡化甚至替代了企业作为第一责任人的主体责任。

二、改革内容

（1）重点强化企业主体责任落实。以《特种设备使用管理规则》颁布实施为契机，加大宣贯培训力度，推动企业建立健全特种设备管理制度，落实安全主体责任。以特种设备安全隐患排查治理为抓手，全面发动特种设备使用单位开展全方位、全过程的自查自改，持续动态排查消除各类安全隐患。加快制定出台《上海市特种设备安全隐患排查治理办法》，明确企业隐患排查的职责、途径和要求，引导企业主动开展以风险防控为目的的特种设备隐患排查治理，并开展试点工作，逐步建立常态化、制度化的隐患排查治理体系。

（2）加强社会信用体系建设，发挥行业和社会组织在安全监管中的自律作用。引导行业协会和社会组织结合自身优势，充分调动行业专家的力量，在特种设备安全管理评价、隐患排查治理、专项监督检查等工作中发挥作用，促进行业整体质量安全水平的提高。鼓励支持行业和社会组织在特种设备风险管理、专业技术服务、监管方法创新、法规标准制定、行业诚信自律等方面开展课题研究，为特种设备安全工作提供技术支撑。

（3）加强机构监督管理。加强特种设备检验检测机构、鉴定评审机构、作业人员考试机构的监督抽查，推动其工作质量和服务水平提升。开展检验机构监督抽查，以工作质量和设备定检率为重点，加强综合检验机构检查；以资源条件和工作质量为重点，加强安全阀校验机构、气瓶检验机构检查。加强鉴定评审机构监督管理，将鉴定评审工作纳入信息化管理。加强作业人员考试机构监督管理，规范考试机构工作，提升考试质量。运用制度加科技、第三方监督评价、明查暗查、社会投诉举报等手段，规范检验、评审、考试行为，从严查处工作人员违法违规行为，坚决遏制和纠正不正之风。

（4）加大社会性约束和惩戒违法查处力度。充分运用市场化机制和信息技术手段，推动制度创新、管理创新，着力解决电梯安全监管的困难和瓶颈问题，全方位推进电梯安全管理系统改革。加快与相关合作方签署共同推进“互联网+智慧电梯”“电梯物联网”等战略合作协议，重点建设上海市电梯应急处置公共服务平台，推动一体化智慧电梯专业管理服务平台试点，促进电梯安全管理水平不断提升。保持对特种设备违法行为打击的高压态势，以“打非治违”为重要手段，有针对性地开展专项执法行动，严厉查处非法制造、安装、经营、使用等违法行为。加强各部门间的联动，通过联合检查、联动执法、联手整治，加大执法查处力度，着力解决一批重点行业或领域的突出问题和安全隐患。

（5）完善政府安全监管责任体系。进一步完善市特种设备安全工作联席会议机制，充分发挥联席会议作用，加强成员单位间的沟通协调、部门联动、齐抓共管，共同推进解决电梯、压力管道、移动式压力容器、气瓶、起重机械、场（厂）内专用机动车辆等涉及多部门共同监管的特种设备安全问题，共同促进特种设备安全隐患排查治理。强化地方政府属地监管责任落实，细化对区政府特种设备安全工作考核指标，严格年度考核工作。各区全面建立完善区级特种设备安全工作协调机制，并加强市、区两级联动，促进区级联席会议机制作用发挥。加强对区市场监管局和基层所的督查指导，推动各区进一步厘清职责边界、理顺工作机制，做到职责明确、分工合理、责任落实。

附件 4

食品相关产品加强事中事后监管工作方案

食品相关产品与食品安全息息相关，与食品的生产、加工、包装、运输、储存、销售、消费等各个环节密不可分，是一类有着特殊地位的重要产品。为更好地贯彻落实《中华人民共和国食品安全法》《上海市食品安全条例》要求，在上海市委、市政府的关心、指导下，上海市质量技术监督局勇于探索、狠抓实干，全力构筑适应上海市市场监管体制改革下的食品相关产品安全监管体系，践行食品安全“四个最严”，不断加强事中事后监管，防范系统性、区域性安全风险，确保上海市食品相关产品安全总体可控。具体方案如下：

一、改革现状

（一）上海市食品相关产品行业现状

严格按照有关法律法规的要求和程序，开展食品相关产品生产许可审批，对安全保证能力达不到准入条件要求的企业一律不予许可。3 年来，共对 394 家申证企业，发放 413 张生产许可证，不予许可 43 家企业，实地核查不合格率 11%。截至 2017 年 7 月，上海市有 567 家食品相关产品生产企业，584 张生产许可证。2016 年在许可委托下放后，实现了各区市场监管局“发证”与“监管”统一，发现了诸多需要注销的僵尸证书，打通了监管部门依职权注销的通道，仅当年就完成注销许可证书达 66 张。3 年来，共注销清理许可证书达 145 张，占发放证书数的 35%，市场清理效果明显。开展标准备案审查。针对 2017 年新的一批食品安全国家标准的实施，在全市组织开展了食品相关产品生产企业标准备案专项审查工作，确保企业标准严格合规，从源头上防范违法犯罪行为发生。

（二）监管现状

1. 利用技术优势建立专业执法队伍，分局长班、科级干部班、基层执法人员班等层次，有针对地、密集开展监管执法人员全员培训，逐步建立起一支食品相关产品生产质量安全监管专业队伍，形成了市、区、所三级监管网络。

2. 借助上海市技术机构总部、大型企业总部、高校科研机构汇集的优势，成立了国内首个地方性食品接触材料专家委员会，为监督抽查、风险监测、危害因素调查、安全评价、舆情应对等各项监管工作提供了科学指导、技术保障。正是基于专业化监管，使得上海市食品相关产品监管各项工作有序推进，走在国内前列。

3. 突出标准引领，参与标准规范编制。向国家卫计委申报了1，4－丁二醇迁移量等5项国家食品相关产品标准立项，确定通过了2项标准，推动国家食品相关产品标准完善；向上海市申报了上海市食品相关产品生产企业安全评价地方标准立项。编制一次性塑料餐饮具、餐具洗涤剂监督抽查技术规范12项。

4. 完善法规和制度保障。在《食品相关产品审查细则》修订中，发挥上海质量技术监督局技术优势，结合欧盟、美国、加拿大、澳大利亚等国家先进的食品接触材料监管理念，主动直面实际监管中的难点，提出58条适应当前形势的可行性、科学性意见；在《上海市食品安全条例》及释义修订过程中，上海市质量技术监督局根据执法经验，提出多条建设性建议，将食品相关产品概念及监管理念、监管体系建设要求、职责分工、信息互通机制等内容融入地方立法。比如增加了食品相关产品定义、要求标识“食品用”等字样，凸显食品相关产品监管要求；将食品相关产品监管职责列入基层监管所职能、明确了食品相关产品企业标准备案部门等，为基层监管扫平法规障碍。

5. 突出重点对象，清单管理实现科学监管。结合国际经验，分别制订了大清单和小清单。与上海海洋大学开展技术合作，制定了包含599种食品相关产品目录大清单，解决了监管边界问题；会同市卫生、食品药品监督、工商行政管理、经济信息化、商务等部门制定并发布上海市重点产品质量监控目录小清单，进一步突出监管重点，使有限的行政监管资源发挥更大的作用。

（三）监管问题

1. 监管对象底数仍需不断排摸。食品相关产品类别庞杂，除5大类产品实施许可底数清晰（567家）之外，非发证产品生产企业底数仍不够精确。

2. 监管队伍技术能级仍有待提高。各区人员变动频繁，监管人员队伍需要进一步专业化。

3. 食品相关产品监管法律法规依据仍显不足。目前仅限于发放许可证企业监管有较多依据，非发证企业依据不足，无法有效执法。需要推动上位法修改等支持，为执法扫清障碍，避免执法力度受影响。

二、改革内容

（一）加强落实食品相关产品生产经营者主体责任。一是利用互联网平台发布食品相关产品风险预警、消费常识等，组织编印宣传手册；二是开展监管人员、企业负责人培训，督促生产企业落实主体责任，加强生产过程控制、规范标识标注；三是每年结合“3·15”“质量月”“食品安全宣传周”开展“进校园”“食品相关产品主题日”等活动，深化食品相关产品质量安全知识宣传。

（二）食品相关产品的社会信用体系建设。

1. 公开执法信息。一是利用政务网站、微信、微博等新媒体推进食品相关产品监管信息公开，被各类媒体广泛引用、采编。如“上海市质量技术监督局抽查食品接触用玻璃制品”的信息被央视等多家媒体报道。二是依托“质检利剑”微信平台，加大宣传力度，实现监管信息共享。三是接受并回复市民关于食品相关产品的在线咨询。

2. 宣传典型案例。一是针对市民高度关注热点，组织专家论证，得出科学的结论，及时向市民传递正确信息，有效澄清误解、正面引导舆论。二是结合每年典型案例汇编工作，及时将食品安全典型案例编入，发放条线监管部门。

（三）食品相关产品的行业协会自律作用。结合上海市实际，推动成立国内首个地方性食品相关产品行业协会——上海市食品接触材料协会，以发挥行业协会作用，充分了解企业需求、行业需要、市民期待，开展培训宣贯、技术研讨，为上海市乃至全国食品相关产品监管工作保驾护航，实现食品安全社会共治。

（四）食品相关产品专业技术机构的作用。借助专业技术机构优势，对标国际先进经验，首创开展安全评价、危害因素调查分析两项特色工作，力争将风险隐患消除在萌芽之中。开展对非发证食品相关产品企业安全评价工作，对复合膜袋产品等产品生产全过程中可能的危害因素开展调查分析工作，全面提升监管能力、效率和精准度。

（五）加强食品相关产品的政府监督管理。

1. 全面覆盖，持续监督抽查。继续探索从生产到流通、从线下到线上的全链条监督抽查，提升监督抽查问题发现率。对获证企业实施“双随机”监督检查。

2. 主动作为，开展风险监测。与上海市卫计委初步达成合作意向推动风险监测结果处置，一方面是风险监测结果信息互通，另一方面共同开展风险评判，并根据评判结果发布风险预警，推动缺陷召回。

3. 从严执法，突出重点专项。充分利用“质检利剑”执法打假专项行动，部署食品接触不锈钢制品等质检利剑专项行动。对发现有质量违法行为的，严格按照相关法律法规依法查处。结合质检总局部署，深入“食品相关产品隐患排查”专项行动。组织开展食品相关产品快速检测技能大比武，提升监管队伍能力。

附件5

重要工业产品生产加强事中事后监管工作方案

一、改革现状

近年来，上海市质量技术监督局持续优化市、区两级工业产品生产许可证审查和监管模式，加强事中事后监管，在为企业减负的同时，确保产品质量监管工作不缺位。

（一）优化审批流程、下放行政许可

上海市采取两头下放、中间把控原则，聚焦企业关切和影响国计民生的重点领域，将省级发证产品的受理、审批权限委托下放推广至全市所有区级市场监督管理部门。在2016年出台《上海市工业产品生产许可省级发证管理办法》的基础上，上海市质量技术监督局于2017年4月20日正式发布通告，自2017年5月1日起至2022年4月30日委托各区市场监督管理局办理辖区内省级发证的重要工业产品（直接接触食品的材料等相关产品除外）的生产许可工作，并明确支持具备条件的行业组织、第三方技术机构成为工业产品生产许可证审查机构。

（二）强化生产许可证证后监督检查

突出风险管理，加强事中事后监管，运用分类监管、企业巡查、飞行检查、日常监督检查等监管措施，规范“双随机、一公开”抽查工作，对质量安全风险较高的产品和企业，保持严查严管态势，保证监管到位。突出重点产品，开展工业产品生产许可证获证企业专项监督检查，及时发现和查处问题。进一步强化证后监督检查，如在取消发证前产品检验环节改革中，把事中事后监管提前，对申请生产许可的企业进行实地核查后，立即安排执法人员对企业的相关产品进行监督检验，对后续监督检查中发现产品检验或生产条件不符合要求的，依法实施市场退出机制。在为企业减负的同时，督促企业落实主体责任，确保工业产品质量安全责任落实到位。

（三）突出问题验证环节，建立事中产品质量监控系统

一是强化企业行为验证。依托各级产品质量行政监管力量，有重点地组织开展企业监督检查和专项整治行动，以行政手段“点对点”核实企业质量行为，查找问题形成原因。仅危化危包产品专项监督检查一项，全年共出动检查人员979人次，完成上海市所有115家危险化学品及81家危险化学品包装物容器企业的监督检查。**二是**强化产品质量验证。依托第三方检验检测机构，以技术手段开展产品质量的检验验证，实现对产品质量问题的专业认定。以与人身健康安全关系密切的日用消费品为重点，对213种产品开展质量监督抽查，抽查4406家企业生产的5510批次产品，抽查合格率88.5%。围绕社会热点开展风险监测，实施了54项产品（其中重点食品相关产品

30 项）风险监测工作。针对儿童牙膏、儿童牙刷、儿童食品等儿童用品中的附赠玩具开展的风险监测，有效填补了监督缝隙。针对新能源汽车的发展，组织开展电动汽车充电桩的质量安全风险监测。针对环境保护，抽检上海市 25 家用煤企业的 83 批次煤炭产品并组织开展危害评估。先后开展重型商用车、小型汽车污染物排放、上海市生产领域柴油机产品等专项监督抽查。以高速公路沿线、城乡结合部的加油站为重点，抽查车用汽油 200 批次，车用柴油 110 批次。

（四）突出问题处置环节，建立事后质量安全保障系统

一是强化质量安全风险警示。突出风险监测结果应用，及时做好风险预警发布，童鞋、防蓝光眼镜、电动平衡车电池等一批项目先后被中央电视台《每周质量报告》专题采访报道。**二是**强化不合格产品后处理。依法处理监督抽查不合格产品 744 批次，移送执法查处企业 47 家，督促企业收回不合格产品 21090 件。组织对上海市所有 11 个涉及危化危包生产企业的区县开展专项督查。对检查的不符合项，责令 31 家获证企业整改，整改建议条数 48 条，完成整改 31 家，立案查处 2 起。**三是**推动缺陷产品召回。全年已完成缺陷消费品召回 29 起，召回儿童用品、电子电器等产品 43. 8 万件，占全国省级消费品召回总量的近 7 成。

二、改革内容

1. 落实企业主体责任，推进缺陷产品召回。缺陷产品召回是生产者对确认其生产的存在危及人身财产安全的产品，依法采取措施消除隐患的活动。作为一种国际通行做法，产品召回既体现了企业的质量主体责任，也是保障消费者权益的重要手段，应当成为加强产品质量事后监管的重要方式和推动产品质量提升的“杀手锏”。推进产品质量全链条监控体系建立，积极强化企业主动召回意识，加强缺陷管理，消除社会安全隐患。

2. 加强产品质量信用体系建设。发挥信息技术作用，将监测系统归集、分析、研判数据有序推送至质量验证环节。发挥监督抽查、风险监测等传统质量监督手段的作用，有针对性地开展质量问题的调查、核实、评估与确认。同时，有效传递质量问题验证信息，重点发挥不合格后处理、缺陷产品召回等作用，采取质量教育、警示、指导、惩处等多种方式，依法对已确认的质量问题进行分类处理，并将质量信息纳入社会信用体系，加强对企业公开公平公正的责任落实。

3. 加强社会性约束和惩戒。加强工业产品生产许可证证后监管，如发现企业不能持续保持应当具备的条件，产品涉嫌存在严重质量问题等，对企业获得许可证的产品进行抽样检验。对产品监督检验不合格的，依法进行查处。全面推行“双随机、一公开”产品质量监督抽查，对取消生产许可证管理和实行简化审批的产品实行监督抽查全覆盖。抽查结果依法向社会公开，加大抽查不合格企业及产品曝光力度，不断增强监督抽查的权威性和威慑力。

4. 发挥专业技术机构作用，深入推进生产许可证改革。一是持续简化许可审批程序，取消发证前产品检验。在发证环节，企业只需在网上递交“一单一书一照一报告”。将原来先现场审查、产品抽样检验，合格后再审批发证的流程，改变为先发证，然后3个月内由质量技术监督部门再实施现场审查。二是完善生产许可证退出机制。通过简化审批程序取证的企业，行政审批部门组织审查机构和属地监管人员在其获证后完成现场审查，确保许可工作质量。对于通过简化审批程序取得生产许可证的企业，在组织开展撤销生产许可证时采取快速退出工作程序。

5. 完善政府监督管理。审批权限下放后，将着力强化生产许可审批监管承接，加大检查督促力度，规范各区市场监管部门的业务操作流程，明确技术指标和管理规范，同时组织对审批人员开展岗前培训，确保下放产品接得住、管得严。

附件6

检测认证加强事中事后监管工作方案

一、改革现状

（一）检验检测认证行业现状

检验检测认证是国家重点发展的高技术服务业、生产性服务业和科技服务业。过去五年，我国检验检测认证行业高速发展，截至2017年7月，上海市共有获得省级资质认定的检验检测机构903家，授权产品质检机构58家，机动车安检机构104家，另有国家认监委资质认定发证234家，国家产品质检中心47家，注册在上海的认证机构有59家，外省市认证机构的在沪分支机构48家；各类认证获证组织共获得包括管理体系、产品及服务认证证书77932张，其中获得管理体系证书45942张，产品认证证书31897张（其中3C强制性产品认证证书20813张，食品农产品认证证书5421张，工业产品认证证书5663张），服务认证证书93张。在我国经济下行压力增大、增速放缓的情况下，检验检测服务业仍然保持高速增长态势，民营机构成为推动检验检测市场发展的生力军，对国民经济“稳增长、调结构”和产业提质升级的作用日益显现。

（二）监管现状

1. 对获得资质认定检验检测机构的监督检查。

（1）开展检验检测机构年度监督检查。在上海市771家资质认定获证检验检测机构全面自查的基础上，组织了上海、江苏、浙江、安徽、江西的技术专家及区市场监管局的行政监管人员组成现场检查组，采取双随机抽查、针对性检查、市区纵向联动、相关部门横向联合、泛长三角专家资源共享、对标检查和盲样考核相结合等方式，重点检查检验检测机构遵守法律法规，规范、诚信提供检验检测服务和检验检测能力持续维持的情况。**一是**首次在建工建材、食品检测领域随机抽取40家检验检测机构试点双随机抽查，国家认监委实验室与检测监管部巡视员齐晓出席监督检查工作启动会并按下了双随机抽取的按钮，通过随机程序产生了建材建工、食品检验检测领域的被检查机构和检查技术专家；**二是**从近年来现场技术评审中不符合项较多、项目不通过比例较大、一段时期内多次扩项、资质周期有空档期、检验检测报告数量、检验检测盈利与检验检测能力明显不相匹配、有投诉举报记录的25家检验检测机构进行针对性监督检查；**三是**在上述65家检验检测机构现场检查的同时，进行能力范围内的盲样考核；**四是**对于其中涉及公共场所、职业卫生、环境等检测领域的5家机构，会同卫生计生、安监、环保等行业管理部门开展联合监督检查；**五是**邀请江苏、浙江、安徽、江西等泛长三角地区的4名技术专家参与检查组，促进泛长三角检验检测机构监管交流协作。

（2）开展检验机构工作质量分类监管考核评价。组织对承担2015年各级质量技术监督部门产品质量监督抽查、工业产品生产许可证发证检验、产品质量安全风险监测工作的检验机构，以及上海市其他依法设置和授权的63家检验机构进行分类监管考核评价。为减少重复检查，将工作质量分类监管考核检查与检验检测机构资质认定监督检查、强制性产品认证指定实验室监督检查工作结合进行。经对63家检验机构工作质量进行评价，考核评价结果为Ⅰ类的检验机构有12家，占19.0%；结果为Ⅱ类的检验机构有42家，占66.7%；结果为Ⅲ类的检验机构有9家，占14.3%。

（3）开展检验检测机构能力验证活动。围绕安全、健康、环保等社会重点关注的检测领域，组织开展果蔬汁中农药残留量、奶粉中三聚氰胺、水产中磺胺类药物残留量等12项检验检测机构能力验证活动，共涉及561家次检验检测机构。

（4）开展室内空气质量检测行业劳动竞赛。借助上海市总工会职工技能比武平台，首次针对检验检测领域开展全市性室内空气质量检测行业的劳动竞赛活动。竞赛分为理论知识笔试、现场采样技能操作、TVOC（总挥发性有机物）盲样分析三个环节，包含了对理论知识、相关法律法规、技术规范、现场采样的技能操作和实验室化学分析能力的考核。全市共有77家室内空气检测机构的231名检测人员参加竞赛，其中民营及外资等非公机构占到2/3。通过劳动竞赛，在检验检测行业内树立技能就业、爱岗敬业的良好风气，营造学习技术、钻研本领的行业氛围，塑造精益求精、追求质量的工匠精神。

（5）建立信用监管制度。制定了地方标准DB31/T 1024—2017《企业质量信用分级评价准则　第3部分：检验检测机构》，实施检验检测机构质量信用等级评价，在食品、建工、室内环境、职业卫生、公共场所、机动车等检验检测领域开展质量信用等级评价试点。从质量信用意愿、质量提供、保障能力、市场价值等三方面指标进行评价。

（6）运用“制度+科技”手段，建设检验检测机构监督信息管理系统。通过信息系统，实现监督计划制定、监督信息录入、生成相应文书等功能，使得检验检测机构监督检查行为可追溯，减少检查执法人员对违规行为判定的人为影响，提升监督检查工作的统一性和规范性。

（7）开展检测资源信息统计调查。会同上海市发改委、经信委、科委、商务委及统计局联合组织开展2015年度检测资源信息统计调查工作，将年度报告、自查和统计制度结合起来，检验检测机构通过网上进行填报，共有745家检验检测机构提交检测资源情况，形成了2015年度检验检测机构检测资源信息统计调查报告。同时在室内环境、建工、食品、机动车、司法等领域形成某个行业的检测资源信息统计调查分析报告。

2. 对机动车安检机构的监督检查。

（1）健全联合监管、联席会议制度。会同交警、环保、物价等部门对上海市89家机动车安检机构实施联合监督检查，其中邀请江苏、浙江、安徽、江西的4名泛长三角技术专家参与。每季度定期召开与交警、环保等部门的联席会议。

（2）健全市区分级监管制度。针对市场监管体制改革状况，进一步明确机动车安检机构市区两级监管职责，落实检测场所属地化监管职责。

（3）健全检验能力比对试验制度。对上海市93家机动车安检机构实施机动车制动、轴重、灯光等安检项目比对试验活动。

（4）健全检测资源信息统计调查制度。对机动车安检领域组织开展检测资源信息统计调查工作，形成2015年度机动车安检机构检测资源信息统计调查报告。

（5）健全"标准化+"监管制度。以标准化为抓手，开展机动车安检机构服务标准化试点。首批2家机动车安检机构的检验环境、检验窗口服务标准化试点通过验收，形成了由服务通用基础标准体系、服务保障标准体系、服务提供标准体系三大部分构成的标准化体系基本框架结构，为服务标准化试点在机动车安全技术检验领域的首次应用，实现了从制度化管理向标准化管理的突破。

3. 监管问题

（1）由于检验检测行为为专业技术性较强的活动，因此在监管中往往依靠技术专家来进行监督检查，技术专家的能力水平、公正性、责任心、职业道德素质将影响到监督检查工作的有效性。

（2）检验检测机构监督检查属于抽查性的监督活动，在有限的时间、查阅有限的检验报告等情况下进行，检查存在一定风险，也较难发现检验检测机构出具虚假检验数据、结果的问题。

二、改革内容

1. 健全市、区两级监管体制。市质量技术监督部门负责全市检验检测机构的监督管理工作，组织开展检验检测机构年度监督检查、能力验证或比对试验等工作。区市场监管部门在职责范围内负责本行政区域内检验检测机构的监督管理工作。开展对检验检测机构的日常监督检查，处理对检验检测机构的投诉和举报，查处检验检测机构的违法违规行为。

2. **健全分类监管工作机制。一是**通过考核分类评价的方式，对设置和授权检验机构承担产品质量监督抽查检验、工业产品生产许可发证检验、产品质量安全风险监测工作和委托检验的工作质量，进行分类监管。**二是**通过现场考核和社会评议的方式，对机动车安检机构分为不同类别，探索实施不同检查频次，运用自查明查、突击暗访、飞行检查等不同检查形式的有差别的监管模式，增强对机动车安检机构监督检查的针对性和实效性。**三是**按照检验检测机构及其运行风险的大小，日常管理表现，投诉举报情况，监督检查结果以及其他方面的信息反馈，建立检验检测机构诚信档案，对检验检测机构实施分类，并据此实施差异化的监督管理。

3. **健全告知承诺后续监管制度。**组织对本行政区域内取得计量认证行政许可的产品质量检验机构进行标准变更、实验室场所变更、授权签字人变更行政审批告知承诺后，在市质量技术监督部门作出准予行政审批的决定后2个月内，对产品质量检验机构的承诺内容是否属实，按照相关审批规定的要求进行检查。市质量技术监督部门对经核实不符合变更行政审批告知承诺的检验机构依法作出撤销计量认证行政许可的决定。

4. **健全多部门联合监管机制。一是**建立健全质监、公安、环保与物价等四部门对机动车安检机构的联合监管机制。定期召开联席会议，联合开展对机动车安检机构的监督检查，做好各部门对机动车安检机构监管的协作工作。**二是**会同市农业、食品药品监管、环保、住房城乡建设、卫生计生、安全生产监管、司法行政、气象等部门对司法鉴定机构、公共场所卫生技术服务机构、雷电防护装置检测机构、农产品质量安全检测机构、环境监测机构、食品检验机构、职业卫生技术服务机构、建设工程检测机构等检验检测机构进行联合监督检查，形成监管合力，提高监管效力，健全联合监管工作的沟通协调机制。

5. **健全能力验证、盲样考核监管机制。**通过综合实施检验检测机构现场操作考核、能力验证、比对试验、现场检查盲样考核等方式，督促检验检测机构持续保持获证时的检验水平和技术条件，控制检验检测机构检测数据的离散性，保证检测数据的一致性、准确性和可靠性。对检验能力不能维持的机构坚决予以限制其检验项目，乃至清退出检验检测市场。

6. **健全信用监管机制。**对检验检测机构进行质量信用等级第三方评价，对检验检测机构根据其信用从业情况实施分类管理，对信用优良机构降低评审和监督频次，对失信机构加大监督力度和联合惩戒，并在政府采购检验检测服务时优先采信信用良好的机构。推动上海市社会信用体系建设专项资金项目——检验检测认证行业机构诚信管理系统建设。同时进一步梳理检验检测公共信用信息数据、行为、应用三清单，会同相关行业部门在检验检测领域试点守信联合激励、失信联合惩戒措施清单的编制，搭建上海市公共信用信息服务平台的检验检测子平台，推进信用联动奖惩，让守信者处处受益，失信者寸步难行。

7. **健全随机抽查监管机制。**健全随机抽查事项“两库、一细则”。**一是**健全上海市资质认定获证检验检测机构、机动车安检机构信息库、检查技术专家信息库和执法检查人员信息库等两库。**二是**健全检验检测机构、机动车安检机构随机抽查工作细则。在分类监管的基础上，针对同一检验检测专业领域，随机选择抽检对象和随机确定检查人员（专家），不搞选择性监管。通过优化细化工作流程，提升执法的公正性，增加对不法市场主体的震慑力。

上海市质量技术监督局关于印发《关于推行“双随机、一公开”强化事中事后监管的实施办法（暂行）》的通知

（沪质技监综〔2017〕146 号）

局机关各处室、局执法总队，各区市场监督管理局（质量发展局）：

现将上海市质量技术监督局《关于推行“双随机、一公开”强化事中事后监管的实施办法（暂行）》印发给你们，请结合实际，认真贯彻落实。

上海市质量技术监督局

2017 年 4 月 5 日

上海市质量技术监督局关于推行“双随机、一公开”强化事中事后监管的实施办法

（暂　行）

第一条（目的）　为进一步转变政府职能，更好推进放管服，根据质检总局《质量监督检验检疫随机抽查实施办法》（国质检法〔2016〕499 号）和上海市审改办有关工作要求，结合上海市实际，制定本办法。

第二条（定义）　“双随机、一公开”监管模式，是指在质量技术监督行政执法事项中逐步推行随机抽取检查对象、随机选派执法检查人员的“双随机”抽查机制，并及时公开检查结果。

第三条（原则）　实施“双随机、一公开”抽查机制，应当坚持依法监管、公正公开、风险管理、协同推进的原则。

第四条（组织分工）　由政策法规处牵头负责相关制度的设计；综合业务处（区

县业务指导处）牵头负责制度的具体推进实施；科技信息处牵头负责与上海市事中事后综合监管平台的对接工作；各业务处室负责各自职能相关的工作推进。

第五条（随机抽查事项清单）　根据质检总局印发的《质量监督检验检疫随机抽查事项清单》和上海市审改办印发的《上海市区质量技术监督部门抽查事项目录（2016年版）》（沪审改办发〔2016〕143号），各相关业务处室研究提出推行随机抽查事项报政策法规处，经局办公会议确定，在每年一季度根据工作安排公布实施，并根据法律、法规修订情况和工作实际及时进行动态调整。

第六条（信息化）　通过信息化手段实现随机抽查功能，在明确抽查规则、规范抽查工作流程的基础上，通过信息化手段随机抽取检查对象和检查人员，最终做到全程留痕，实现责任可追溯。由相关业务处室明确抽查规则和工作流程，原则上每年一季度提出信息化技术支撑需求，科技信息处负责汇总，上海市质量技术监督局业务受理中心统筹完成随机抽查功能实现，做好与上海市事中事后综合监管平台的对接。

第七条（两库）　各业务处室结合业务专业特点，负责提出建立检查对象名录库和执法检查人员名录库基本要求，确定名录库结构，负责市级名录库的录入、维护、动态调整并及时向市审改办备案。局执法总队向市质量技术监督局上报参与双随机的执法检查人员名单，并进行动态管理。各区市场监管局根据市质量技术监督局要求，确定检查对象名录库和执法检查人员名录库，负责区级名录库的录入、维护、动态调整并及时向上级部门备案。

第八条（细则制定）　局各业务处室应当根据本办法制定随机抽查工作实施细则，明确检查主体、检查方式、检查内容等，具体应当包括监管要求、实施程序、执法检查人员要求、检查对象应当符合的条件、随机抽查方式、比例和频次以及其他相关要求。对检查对象、执法检查人员“双随机”条件暂不具备的，可以先进行检查对象随机或检查主体随机，同时抓紧完善“双随机”的相关条件。对一些涉及商业秘密、个人隐私的随机抽查事项，要稳妥把握，可以合理调整抽查结果公示的方式和范围。

第九条（比例和频次）　局各业务处室、各区市场监督管理局按照市质量技术监督局制定的随机抽查工作实施细则确定随机抽查比例和频次范围，根据监管对象的风险等级、信用等级等因素，合理确定具体的随机抽查比例和频次，保证必要的抽查覆盖面和工作力度。

对投诉举报多或者有严重违法违规记录的检查对象，应当提高抽查比例和频次。

第十条（检查对象）　局各业务处室、各区市场监督管理局按照确定的抽查比例从检查对象名录库中随机抽取检查对象。局执法总队配合市质量技术监督局参与检查对象的双随机抽查。

第十一条（检查人员）　局各业务处室、局执法总队、各区市场监督管理局从执法检查人员名录库中随机抽取执法检查人员，并综合考虑级别管辖、属地管辖、专业要求和人员在岗等情况。

第十二条（工作要求）　局各业务处室、局执法总队、各区市场监督管理局应当按照确定的随机抽查事项清单和规定的程序对检查对象进行监督检查，规范检查行为，严格限制自由裁量权。

第十三条（工作规范） 执法检查人员应当严格规范公正文明执法，按照国家和上海市有关随机抽查工作实施细则规定的程序实施检查，并采用信息化手段等方式如实记录执法检查情况，确保检查结果的合法、准确和真实。

针对一个检查对象，涉及两个以上检查事权类别的，应当尽可能地采用综合检查表形式记录执法检查情况。

第十四条（结果处理） 随机抽查结果纳入检查对象社会信用记录。对发现的违法行为，需要给予行政处罚的应当依法实施行政处罚，涉嫌犯罪的应当依法移送司法机关。

第十五条（结果公开） 市质量技术监督局和各区市场监督管理局抽查事项的抽查情况及查处结果，应及时以在局门户网站发布公告等形式向社会发布，接受社会监督。公告应在向社会公布之日起 5 个工作日内，通过审改工作报送系统报送至市审改办。

第十六条（联合检查） 在质量技术监督执法检查中，应当探索推进跨部门、跨专业的联合检查。探索与其他行政主管部门的联合随机抽查及部门间的信息互换、监管互认、执法互助。

第十七条（例外） 下列情形不适用本办法：

（一）法律、法规对监督检查方式有明确要求的；

（二）依法对被投诉举报企业违法违规行为进行处理的；

（三）根据风险评估结果，不宜开展随机抽查的；

（四）国务院、质检总局、市质量技术监督局组织开展专项检查及其他特定监督检查的。

第十八条（总结和计划） 各业务处室应当每季度总结“双随机、一公开”“证照分离试点改革”等事中事后监管工作推进情况，汇总统计相关监管数据，拟定下一阶段工作计划，由综合业务处负责汇总，并报局领导审阅。

第十九条（舆论宣传） 各处室、各单位应加强对事中事后监管工作的宣传、培训，提升社会各界对“双随机、一公开”等事中事后监管工作的认识，同时宣传好的经验和做法，提升广大干部自身素质和执法能力。局业务受理中心负责将质量技术监督系统事中事后监管工作成效，通过自媒体、互联网等新型媒体，动态宣传，积极树立典型，分享经验，营造良好氛围。

第二十条 本办法由上海市质量技术监督局负责解释。

第二十一条 本办法自发布之日起施行。

随机抽查工作细则

>>>>>>

上海市质量技术监督局抽查事项随机抽查工作细则目录

序号	事项名称	细则	市局责任处室
1	对获得资质认定检验检测机构的监督检查	《检验检测机构随机抽查工作细则》（试行）	认证监督管理处
2	对于机动车安检机构的监督检查	《机动车安检机构随机抽查工作细则》（试行）	认证监督管理处
3	获得重要工业产品生产许可证的食品相关产品生产企业监督检查	《上海市获证食品相关产品生产企业“双随机、一公开”监督检查实施细则》（试行）	特定产品质量监督管理处
4	产品质量监督抽查	《上海市产品质量双随机监督抽查实施细则》（试行）	产品质量监督处
5	认证活动监督检查	《认证活动双随机抽查实施细则》（试行）	认证监督管理处
6	特种设备生产单位监督检查	《上海市特种设备生产单位监督检查“双随机、一公开”工作细则》（试行）	特种设备监察处

备注：各区市场监管局随机抽查工作细则按照市局细则执行。

上海市质量技术监督局

2016 年 11 月 28 日

认证活动双随机抽查实施细则
（试行）

为促进市场公平竞争，维护认证市场秩序，加强对认证活动事中事后监管，依据《国务院关于促进市场公平竞争维护市场正常秩序的若干意见》（国发〔2014〕20号）、《国务院办公厅关于推广随机抽查规范事中事后监管的通知》（国办发〔2015〕58号）等文件要求，制定本实施细则。

一、随机抽查主体

上海市质量技术监督局、区市场监管局负责认证活动随机抽查工作，并将随机抽查作为开展日常监督检查的主要方式。开展专项检查、举报投诉及信访案件处理等非日常监督检查工作时，不适用本实施细则。

二、抽查对象及检查内容

本细则以对发生在上海市的认证活动为抽查对象，包括管理体系认证活动和有机产品认证活动。考虑到认证活动的特点，以及国家认监委对认证活动检查的部署要求，抽查对象及检查内容包括以下两类：

（一）管理体系认证活动。以质量管理体系认证活动为主。抽取管理体系认证活动档案，通过采取对认证档案的文件检查，结合到获证组织实地核查的方式，重点检查认证机构的认证活动是否符合《认证认可条例》《认证机构管理办法》以及相关认证规则的规定。

（二）有机产品认证活动。抽取有机产品认证获证组织名单，通过到获证组织实地检查的方式，检查获证组织生产经营活动是否符合《有机产品认证管理办法》《有机产品认证实施规则》及有机产品国家标准的规定。同时，通过对获证组织的检查，来倒查认证机构认证活动的规范性。

三、抽查方式和抽查比例

上海市质量技术监督局、区市场监管局根据本行政区域内认证活动基数、过往监督检查、举报投诉等情况，并结合本单位认证监管人员配备，合理确定抽查频次和比例（不应低于本方案规定的最低比例），采用摇号等随机方式确定被抽查单位名单。选取抽查对象时，对列入国家认监委异常认证机构目录的、在上海市行政检查中有不良记录的认证机构、获证组织，应当加大抽查比例。

最低抽查比例：

（一）市级层面：上海市质量技术监督局每年组织对50家次左右的管理体系认证活动，及20家次左右的有机产品获证组织开展“双随机”专项检查。

（二）区级层面：区市场监管局每年至少对辖区内1%～3%的管理体系认证活动进行抽查，对辖区内有机产品获证组织要做到100%检查。

如同一个认证活动或者获证组织同时出现在上海市质量技术监督局和区市场监管局同一年度的抽查名单中时，原则上不采取重复检查，该检查任务由上海市质量技术监督局确定承担主体。

四、配套制度和机制

（一）建立“两库”

利用国家认监委“认证认可业务综合监管平台”，建立认证活动监管对象名录库，包括本辖区内的管理体系获证组织名单和有机产品认证获证组织名单。

根据本单位认证执法体系建设情况，建立本单位认证监管人员名录库，并根据实际情况实行动态调整。上海市质量技术监督局负责建立技术专家库，配合市、区认证监管人员开展检查工作。

以上“两库”作为随机抽查的基础，应指定专人负责信息库的建设、运行维护、信息录入和信息更新工作。技术专家库由上海市质量技术监督局负责维护。

（二）抽查“双随机”

上海市质量技术监督局、区市场监管局随机选派监管人员，每次检查应至少由2名执法人员组成检查组执行。检查组成员由监管人员信息库中，采取摇号等随机方式确定。随机抽查名单一经确定，不得随意变更。现场抽查工作结束后，实施抽查的监管部门要在5个工作日内将抽查结果填报日常监管动态信息库。

（三）抽查结果的公开

上海市质量技术监督局、区市场监管局应当按照信息公开要求，将认证活动随机抽查情况和查处结果及时向社会公开，抽查公告应当重点对违规行为行政处罚、责令整改、约谈以及尚在立案调查等情况进行通报。

（四）抽查保密

上海市质量技术监督局、区市场监管局要建立健全随机抽查工作的保密制度。在现场检查工作实施前，随机抽查名单应对被抽查单位保密，防止失密泄密现象发生。

检验检测机构随机抽查工作细则
（试行）

一、目的依据

为促进检验检测市场公平竞争，维护市场正常秩序，加强对检验检测机构事中事后监督，根据《国务院关于促进市场公平竞争维护市场正常秩序的若干意见》（国发〔2014〕20 号）、《国务院办公厅关于推广随机抽查规范事中事后监管的通知》（国办发〔2015〕58 号）等文件要求，制定本工作细则。

二、工作内容

（一）抽查主体

上海市质量技术监督局负责上海市行政区域内检验检测机构监督检查的随机抽查工作。在检验检测机构分类监管频次的基础上，针对同一检验检测专业领域，随机选择被检查机构和随机确定检查技术专家。

区市场监管局负责所辖区域内检验检测机构日常监督检查的随机抽查工作。在检验检测机构分类监管频次的基础上，针对本行政区域，随机选择被检查机构和随机确定执法检查人员。

（二）抽查对象和内容

上海市资质认定获证检验检测机构为随机抽查对象，市、区质量技术监督部门对其从业行为规范及其能力条件维持情况进行抽查。

（三）抽查基础

上海市质量技术监督局建立上海市资质认定获证检验检测机构信息库、检查技术专家信息库和执法检查人员信息库，区市场监管局建立执法检查人员信息库，将其作为随机抽查基础，并做好信息库的建设、运行维护、信息录入和信息更新工作。

（四）抽查比例和频次

上海市质量技术监督局根据检验检测专业领域风险程度、检验检测机构自我声明、认可机构认可、年度监督检查、能力验证、现场评审表现、其他部门反馈的意见、申投诉调查处理结果以及其他渠道获得的信息，将检验检测机构分为 A、B、C、D 四个类别。在首次启动分类监管时，所有检验检测机构起始默认类别为 B 类。

上海市质量技术监督局按照 10% 左右的比例对全市检验检测机构实施随机抽查。

区市场监管局对所辖区域内 A、B、C、D 类机构的日常监督检查按照 3 年一次、2 年一次、1 年一次、每年不少于两次的频次实施随机抽查。

当年度接受上海市质量技术监督局监督检查的，视同接受过一次日常监督检查。

（五）抽查方式

市、区质量技术监督部门采用随机函数、摇号等随机方式从资质认定获证检验检测机构信息库中确定被抽查机构名单。

上海市质量技术监督局按照专业领域随机选派检查技术专家，每次检查应至少由2名检查技术专家组成检查组实施，也可以随机选派2名以上执法检查人员共同参与检查组。区市场监管局随机选派执法检查人员，每次检查应至少由2名执法检查人员组成检查组实施，需要专家配合开展检查的，从检查技术专家信息库中按专业领域随机选派。检查组成员从检查技术专家、检查执法人员信息库中，采用随机函数、摇号等随机方式确定。

三、相关要求

（一）抽查留痕

检查组实施现场检查时，应填写《检验检测机构资质认定监督检查表》，做好监督检查记录。对检查发现的问题应责令机构限期整改，并对整改情况进行跟踪确认。对发现违规检验检测行为的，由区市场监管局依法处罚；对涉及撤销资质的，由上海市质量技术监督局依法撤销资质。上海市质量技术监督局、区市场监管局应在现场检查后的5个工作日内将检查结果输入日常监督检查信息库。

（二）抽查保密

在现场检查实施前，随机抽查机构名单应对被抽查机构保密。

（三）信息公开

上海市、区质量技术监督部门按照信息公开要求，将检验检测机构随机抽查情况和查处结果及时向社会公开。

（四）情况报送

区市场监管局应于每年11月底前，将所辖区域内检验检测机构日常监督检查的随机抽查工作情况报送上海市质量技术监督局认证监管处。

上海市产品质量双随机监督抽查实施细则（试行）

一、目的和依据

为规范采取双随机方式开展产品质量监督抽查工作，加强产品质量监督，提高产品质量水平，维护市场经济秩序，依据《国务院关于促进市场公平竞争维护市场正常秩序的若干意见》（国发〔2014〕20 号）、《国务院办公厅关于推广随机抽查规范事中事后监管的通知》（国办发〔2015〕58 号）、《产品质量监督抽查管理办法》（质检总局令第 133 号）等要求，制定本实施细则。

二、实施细则内容

（一）随机抽查主体

上海市质量技术监督局、区市场监管部门负责组织产品质量随机监督抽查工作，并将随机抽查作为选取监督检查对象的主要方式。

开展专项检查、信访案件处理以及在流通或者使用环节的监督抽查不适用本实施细则。

（二）抽查对象和抽查内容

产品质量监督抽查的对象是涉及人身健康和人身、财产安全的产品，影响国计民生的重要工业产品以及消费者、有关组织集中反映有质量问题的产品。采取随机抽取样品并通过检验的方式检查产品是否符合下列要求：不存在危及人身、财产安全的不合理的危险，有保障人体健康和人身、财产安全的国家标准、行业标准的，应当符合该标准；具备产品应当具备的使用性能，但是，对产品存在使用性能的瑕疵作出说明的除外；符合在产品或者其包装上注明采用的产品标准，符合以产品说明、实物样品等方式表明的质量状况。

（三）信息化管理

建立产品质量监督抽查信息管理系统，包括以下数据库：抽样人员（机构）数据库、生产企业数据库、监督抽查信息数据库。指定专人负责信息库的建设、运行维护、信息录入和信息更新工作。

（四）抽查方式和抽查比例

上海市质量技术监督局、区市场监管部门根据本辖区产品质量状况和企业分类监管的实际情况，合理确定抽查比例，采用摇号等随机方式确定被抽查单位名单。对不能履行产品质量主体责任，近 3 年省级以上产品质量监督抽查中出现 2 次（含）以上不合格情况，或存在逾期未完成整改行为，或存在拒绝产品质量监督抽查行为，或存在缺陷产品不能主动召回，或存在产品质量行政处罚记录，或存在经查实的媒体曝光及消费者反映强烈的产品质量问题的企业，要加大随机抽查力度，提高抽查比例。上海市质量技术监督局、区市场监管部门每年按照本单位确定的抽查比例，确定下一年度被抽查单位数量。

三、配套制度和机制

（一）抽查“双随机”

上海市质量技术监督局、区市场监管部门应当随机选派抽样人员（机构），每次抽查应至少由2名抽样人员组成抽样小组执行。在生产企业数据库选取符合条件的受检企业，采取摇号等随机方式确定抽查对象。

（二）抽查留痕

抽样人员（机构）开展现场抽查工作时，应当做好抽样现场情况记录，应采用拍照或录像等方式进行现场记录。鼓励应用更先进的、即时交互的电子信息化技术记录抽样过程和证据。现场记录的证据可包括：企业外观照片，若企业悬挂厂牌的，应包含在照片内；企业营业执照复印件或照片；对依法实施行政许可、市场准入和相关资质管理的产品，还应包括其资质证书照片或复印件；从样品堆中取样照片，应包含有抽样人员（机构）和样品堆信息；反映产品有关信息的照片，拍摄样品外观、标识或铭牌、随机部件等照片；封样完毕后，所封样品码放整齐后的外观照片和封条近照。

抽样人员应认真填写抽样单，抽样单的填写要求如下：抽样人员应当现场填写抽样单，对需要说明的问题，应在抽样单上填写清楚。抽样单的各项内容应如实填写，不得空项。抽样文书应当字迹工整、清楚，容易辨认，不得随意涂改，需要更改的信息应当由被抽查企业盖章或签字确认；抽样单上企业名称应严格按照企业营业执照填写。企业公章上名称与营业执照上企业名称不一致时，应在抽样单备注栏中说明；抽样单上产品名称、执行标准等产品信息应按照产品标识、铭牌、说明书等标注信息填写；受检企业为被抽样的企业；抽样单上相关企业信息坚持以样品标称为准的原则；必要时，抽样单备注栏中还可注明产品加工工艺等信息；抽样单填写完毕后，必须由抽样人员（机构）和被抽查企业有关人员签字（盖章）。特殊情况下，双方签字确认即可。

（三）抽查保密

上海市质量技术监督局、区市场监管部门要建立健全随机抽查工作的保密制度。监督抽查事先不得通知企业，抽样计划安排等情况不得向受检企业泄露。

（四）信息公开

上海市质量技术监督局、区市场监管部门按照信息公开要求，将产品质量随机监督抽查情况和结果及时向社会公开，接受社会监督。

上海市获证食品相关产品生产企业“双随机、一公开”监督检查实施细则（试行）

一、目的和依据

为提高食品相关产品事中事后监管工作成效，创新监督检查方式，规范监督检查行为，营造公平的市场环境，依据2016年5月9日李克强总理在全国推进简政放权放管结合优化服务改革电视电话会议上的讲话精神，以及《国务院关于促进市场公平竞争维护市场正常秩序的若干意见》（国发〔2014〕20号）、《国务院办公厅关于推广随机抽查规范事中事后监管的通知》（国办发〔2015〕58号）、国务院《2016年推进简政放权放管结合优化服务改革工作要点》（国发〔2016〕30号）、质检总局《关于印发〈质量监督检验检疫随机抽查实施办法〉和〈质量监督检验检疫随机抽查事项清单〉的通知》（国质检法〔2016〕499号）、上海市审改办《关于印发〈上海市区质量技术监督部门抽查事项目录（2016年版）〉有关事宜的通知》（沪审改办发〔2016〕143号）等文件要求，制定本实施细则。

二、检查事项

对获得重要工业产品生产许可证的食品相关产品生产企业开展“双随机、一公开”监督检查。

三、检查原则

一是风险管理原则。食品相关产品安全作为“食品安全”的重要组成部分，和百姓生命健康安全密切相关，监督检查应基于风险管理原则，与企业分级监管相结合。

二是专业监督原则。由于食品相关产品监管专业技术要求较高，为提高监管实效，将引入专业技术力量，建立全市统一的食品相关产品双随机监督检查专家库，形成由市执法人员、区执法人员、专业技术专家“1+16+X”模式的检查人员库。

三是动态调整原则。为确保监督检查的科学有效，“两库一细则”实施动态调整，每年年初调整和确定当年度检查比例、检查频次，每月根据变化，对检查人员库和检查企业库进行调整。

四、检查方法

（一）检查对象

上海市获得工业产品生产许可证的食品相关产品生产企业。

（二）检查依据

《中华人民共和国产品质量法》《中华人民共和国食品安全法》及其实施条例、《中华人民共和国工业产品生产许可证管理条例》《上海市实施〈中华人民共和国食品安全法〉办法》《上海市食品相关产品生产监管办法》。

（三）检查内容

1　食品相关产品生产条件的变化情况

1.1　生产条件变化情况

1.1.1　厂区内外环境整洁，与有毒有害源保持一定距离，生活区和生产区是否保持分离、布局合理。

1.1.2　更衣室进口和出口设置是否变化，内部是否设储衣柜或衣架、鞋箱（架），个人衣、鞋与工作服、靴是否分开放置，更衣室是否卫生，更衣室内空气是否进行杀菌消毒并有记录，更衣室内的非手动式洗手设施、干手器是否完好，并配备了洗手液和消毒液，人员进入车间是否穿着工作服，工作服是否洁净。

1.1.3　车间及仓库是否设置防蝇、防鼠设施，物料是否离地离墙堆放，垃圾是否密闭存放，墙面及地面是否保持平整光滑、耐清洗和消毒、无污垢、霉变、积水，是否记录清洁卫生情况。

1.1.4　车间布局是否有变化，生产中人流、物流，及原料、半成品、成品是否避免交叉污染。

1.1.5　温湿度控制设备、清洗消毒设施、空气净化装置、生产设备等是否有变化、是否正常开启、表面是否清洁、无积垢，并有清洗消毒记录。

1.2　其他生产条件变化情况

2　在年度企业书面材料检查中发现问题的相关情况

3　企业被责令整改后相关改进措施是否持续有效的情况

4　企业原辅料查验以及产品出厂检验情况

4.1　企业原辅料查验情况

4.1.1　原辅材料是否来自合格供方，外包装是否完整。

4.1.2　原辅材料标签是否有产品名称、生产者的名称和地址、执行标准，是否与索证索票一致，企业因保密等需要用代号表示原辅材料的，是否有对应的目录及原始标签标识。

4.1.3　如为列入许可证管理产品，是否有 QS 标志及许可证编号和与购进批次产品相对应的合格证或批检报告；进口原辅材料是否有中文标签，如为列入法定检验目录的原辅材料，是否能够提供有效的检验检疫证明；对无法提供合格证明文件的原辅材料，是否按照要求进行自行检验或委托检验，并保存检验记录。

4.1.4　进货验证或检验记录中是否包含原辅材料的名称、规格型号（需要时）、执行标准、警示标志或者中文警示说明及储运注意事项数量（需要时）、生产批号、保质期（限期使用产品）、供货者名称及联系方式、进货日期、产品许可证证号（许可证管理产品）或票据号及其他合格证明文件编号等内容，是否保留相关凭证。

4.1.5　企业生产加工所使用的原辅材料是否符合细则要求，是否与进货验证或检验记录内容一致。

4.2　产品出厂检验情况

4.2.1　实验室场地等基本设施是否洁净卫生，天平等计量器具的放置是否符合要求。

4.2.2　检验室中的出厂检验必备设备及试剂是否保持齐全，是否正常使用，检定或校准是否在有效期内，化学试剂是否在有效期内。

4.2.3　出厂销售的产品是否具有检验报告、原始记录及合格证，出厂检验项目是否与产品标准规定的项目保持一致。

5　影响企业产品质量安全的关键控制点的控制情况

6　生产许可证、“食品用”等标签标识合规性情况

7　生产许可要求的各项制度执行的合规性情况

8　其他需要增加的检查内容

（四）检查方式

1. 检查比例确定

上海市质量技术监督局根据行业质量状况，按照不低于全市获证生产企业的5%比例开展双随机监督检查工作。每年1月底前确定当年度抽查比例。

各区市场监管局根据行业质量状况、日常监管情况、监督检查结果和投诉举报等情况，合理确定抽查比例。每年A级企业不少于1次，B级企业不少于2次，C级企业不少于3次；每年1月底前确定当年度抽查频次。

2. 检查对象确定

采用摇号等随机方式，从获证食品相关产品生产企业库中选定被抽查企业名单。

3. 检查人员确定

采用摇号等随机方式，从相应执法人员库中选定执法人员名单。需要专家配合开展检查的，从相应专家人员库中随机选定专家。

4. 检查结果应用

监督检查结果可作食品相关产品生产企业分级监管一次结果。结果应当作为企业分级评价的依据，同时根据要求纳入信用管理。

5. 保密要求

监督检查工作实施前，随机抽查企业名单及执法人员名单应对被抽查单位保密，防止失密泄密现象发生。

（五）信息公开

监督检查结果应当以通报等形式向社会公开，方便公众查询。

上海市特种设备生产单位监督检查“双随机、一公开”工作细则（试行）

一、目的

为贯彻落实《国务院办公厅关于推广随机抽查规范事中事后监管的通知》（国办发〔2015〕58号），进一步创新特种设备监管方式，在特种设备生产单位监督检查中全面推行“双随机、一公开”监管模式，制定本工作细则。

二、检查对象名录库

市、区两级特种设备安全监管部门负责建立并及时更新《特种设备生产单位检查对象名录库》，明确检查对象的名称、地址、许可项目（被检查项目）、所属区域、联系方式等信息。

三、执法检查人员名录库

市、区两级特种设备安全监管部门负责建立《执法检查人员名录库》。其中，执法检查人员必须持有《特种设备安全监察人员证》，在人员发生变动时，应当及时更新。同时，市、区两级监管部门应当充分发挥技术专家的作用，聘请技术专家参与检查的，应当建立《特种设备检查专家库》。

四、工作职责及检查类别

上海市质量技术监督局负责对其发证的生产单位的证后监督检查，各区市场监管局负责辖区内特种设备生产单位的日常监督检查，其中：

1. 证后监督检查：是指行政许可实施机关对已取得行政许可的单位开展的证后监督检查。

2. 日常监督检查是指按照《特种设备现场安全监督检查规则》规定的检查计划、检查项目、检查内容，对被检查单位实施的监督检查。

五、检查计划

1. 证后监督检查。检查计划由上海市质量技术监督局在实施证后监督检查一个月前制定。

（1）证后监督检查的特种设备生产单位每年不少于100家；

（2）检查计划应当具有一定的覆盖面，被检查对象应包含所有设备类别和各生产环节的单位。

2. 日常监督检查。各区市场监管局应当根据上海市质量技术监督局确定的检查重点，结合区域实际及生产单位的风险等级，制定特种设备生产单位日常监督检查计划。各区检查计划应于每年一季度前报区政府，并报上海市质量技术监督局备案。

（1）生产单位的日常监督检查，应当重点安排对以下单位进行检查：

A. 取得许可资质未满 1 年的；

B. 近 2 年发生过特种设备事故的；

C. 近 2 年发生过因产品缺陷实施强制召回的；

D. 举报投诉较多且确认属实的，以及检验、检测机构和鉴定评审机构等反映质量和安全管理较差的。

（2）生产单位日常监督检查比例一般为辖区内特种设备生产单位总数的 15% ~ 25%，但不少于 5 家。

（3）检查计划应当具有一定的覆盖面，被检查对象应包含所有设备类别和各生产环节的单位。

此外，生产单位证后监督检查和日常监督检查的检查对象应尽量避免重复。

六、被检查对象的抽取

1. 被检查对象的抽取，应当在符合检查计划的要求的前提下，由各级监管部门根据抽查数量或比例，从《检查对象名录库》随机产生。

2. 生产单位的监督检查应当按照分类监管和风险监管的办法，对分类分级等级为 C 级、风险等级为高风险的生产单位每年至少抽查一次。（注：待分类分级评定后实施）

3. 一般情况下，对上一年度抽查过的单位不再抽查。上级部门抽查的单位，下级部门在抽查时，应当予以排除。但是分类分级等级为 C 级的、风险等级为高风险的、发生特种设备事故的、被举报投诉的和涉及专项整治的生产单位不受上述限制。

七、执法检查人员的抽取

对特种设备生产单位监督检查的执法检查人员应当从《执法检查人员名录库》随机产生；技术专家应从《特种设备检查专家库》，按照专业特长和工作经验聘用。

被抽取的检查人员因故无法参加执法检查的（应经单位领导批准同意），可重新抽取随机产生检查人员。

八、检查结果公开

1. 各区特种设备生产单位日常监督检查情况及执法案件办理情况，应当于每年 11 月底前报上海市质量技术监督局。

2. 上海市质量技术监督局应当于每年 12 月底前，汇总生产单位证后监督检查和日常监督检查结果，并及时向社会公布，接受社会监督。

3. 对抽查发现的违法违规行为，要依法依规加大惩处力度，并与企业诚信监管相结合，增强企业守法的自觉性。

机动车安检机构随机抽查工作细则
（试行）

一、目的依据

为促进机动车安全技术检验市场公平竞争，维护市场正常秩序，加强对机动车安检机构事中事后监督，根据《国务院关于促进市场公平竞争维护市场正常秩序的若干意见》（国发〔2014〕20号）、《国务院办公厅关于推广随机抽查规范事中事后监管的通知》（国办发〔2015〕58号）等文件要求，制定本工作细则。

二、工作内容

（一）抽查主体

上海市质量技术监督局负责上海市行政区域内机动车安检机构监督检查的随机抽查工作。在全市机动车安检机构监督检查中，随机选择被检查机构和随机确定检查技术专家。

区市场监管局负责所辖区域内机动车安检机构日常监督检查的随机抽查工作。在机动车安检机构分类监管频次的基础上，针对本行政区域，随机选择被检查机构和随机确定执法检查人员。

（二）抽查对象和内容

上海市机动车安检机构为随机抽查对象，市、区质量技术监督部门对其从业行为规范及其能力条件维持情况进行抽查。

（三）抽查基础

上海市质量技术监督局建立上海市机动车安检机构信息库、检查技术专家信息库和执法检查人员信息库，区市场监管局建立执法检查人员信息库，将其作为随机抽查基础，并做好信息库的建设、运行维护、信息录入和信息更新工作。

（四）抽查比例和频次

上海市质量技术监督局根据机动车安检机构现场考核、社会评议等情况，将机动车安检机构分为A、B、C三个类别。

上海市质量技术监督局按照30%左右的比例对全市机动车安检机构实施随机抽查。

区市场监管局对所辖区域内A、B、C类机构的日常监督检查按照每年不少于1次、2次、3次的频次进行随机抽查。

当年度接受上海市质量技术监督局监督检查的，视同接受过一次日常监督检查。

（五）抽查方式

市、区质量技术监督部门采用随机函数、摇号等随机方式从机动车安检机构信息库中确定被抽查机构名单。

上海市质量技术监督局随机选派检查技术专家，每次检查应至少由 2 名检查技术专家组成检查组实施，也可以随机选派 2 名以上执法检查人员共同参与检查组。区市场监管局随机选派执法检查人员，每次检查应至少由 2 名执法检查人员组成检查组实施，需要专家配合开展检查的，从检查技术专家信息库中随机选派。检查组成员从检查技术专家、检查执法人员信息库中，采用随机函数、摇号等随机方式确定。

三、相关要求

（一）抽查留痕

检查组实施现场检查时，应填写《机动车安检机构监督检查表》，做好监督检查记录。对检查发现的问题应责令机构限期整改，并对整改情况进行跟踪确认。对发现违规检验检测行为的，由区市场监管局依法处罚；对涉及撤销资质的，由上海市质量技术监督局依法撤销资质。上海市质量技术监督局、区市场监管局应在现场检查后的 5 个工作日内将检查结果输入日常监督检查信息库。

（二）抽查保密

在现场检查实施前，随机抽查机构名单应对被抽查机构保密。

（三）信息公开

市、区质量技术监督部门按照信息公开要求，将机动车安检机构随机抽查情况和查处结果及时向社会公开。

（四）情况报送

区市场监管局应于每年 11 月底前，将所辖区域内机动车安检机构日常监督检查的随机抽查工作情况报送上海市质量技术监督局认证监管处。

上海市质量技术监督局关于印发《上海市企业产品标准自我声明公开监督检查实施指导意见（暂行）》的通知

（沪质技监标〔2016〕279 号）

>>>>>>

各区县市场监督管理局（质量发展局）：

为维护市场公平竞争秩序，保护消费者合法权益，落实企业标准化主体责任，提升上海产品质量水平，根据国务院和上海市标准化改革试点工作要求，依据相关法律法规规章和管理办法，上海市质量技术监督局制定了《上海市企业产品标准自我声明公开监督检查实施指导意见》，经过广泛征求意见和相关领域试点，现予印发，请遵照执行。

各区县市场监督管理局（质量发展局）应结合辖区企业产品标准自我声明公开的特点和实际情况，制定监督检查细则，并将执行过程中发现的问题和收集的意见和建议，及时反馈，以便进一步修改和完善，确保企业产品标准自我声明公开监督检查工作长期有效实施。

上海市质量技术监督局

2016 年 7 月 5 日

上海市企业产品标准自我声明公开监督检查实施指导意见

（暂行）

第一条　为维护市场公平竞争秩序，保护消费者合法权益，落实企业标准化主体责任，提升上海产品质量水平，根据《中华人民共和国标准化法》《中华人民共和国产品质量法》《企业标准化管理办法》（国家技术监督局 1990 年第 13 号令）、《上海市标准化条例》《上海市企业产品标准自我声明公开和监督管理试行办法》等规定，规范上海市企业产品标准自我声明公开事中事后监督检查工作，制定本意见。

第二条 本意见适用于在上海注册的企业，其企业产品标准自我声明公开后的监督检查管理。

第三条 上海市标准化行政主管部门负责统筹管理、指导上海市企业产品标准自我声明公开工作。各区县标准化行政主管部门负责组织实施本辖区内企业产品标准自我声明公开的监督检查、处理、分析汇总及后续处理等工作，并按要求定期向上海市标准化行政主管部门报送检查情况。

第四条 各区县标准化行政主管部门应当对企业产品标准自我声明公开后信息的完整性、真实性、准确性和合法性进行监督检查，并负责处理与自我声明公开活动相关的投诉或举报。

第五条 各区县标准化行政主管部门应当按照行政审批事项的要求，按照分类监管的要求，结合辖区特点，遵循双随机原则，抽取不小于辖区内企业产品标准自我声明公开总数5%的企业产品标准进行检查，具体监督检查方案由各区县自行确定。

第六条 各区县标准化行政主管部门应当自企业产品标准自我声明公开之日起60个工作日内，按第五条要求对公开的企业产品标准进行监督检查。

第七条 各区县标准化行政主管部门对企业产品标准自我声明公开监督检查的项目包括但不限于：

（一）企业是否对生产、加工、销售的产品在指定的公共服务信息平台上进行自我声明公开；

（二）企业是否按照《上海市企业产品标准自我声明公开和监督管理试行办法》中的规定，公开应当公开的信息；

（三）企业产品标准中的技术性能指标是否与自我声明公开的指标一致性；

（四）企业自我声明公开的标准是否存在不符合自我声明公开要求的其他情形等。

具备基础的区县，还可对以下内容进行检查：

（一）企业产品标准与国家法律、法规、强制性标准的符合性；

（二）企业产品标准中技术性能指标所对应的检验试验方法的可行性与合理性；

（三）企业产品标准与外包装或说明书等标注是否一致。

第八条 监督检查分为一般检查和特定检查二类。

一般检查是指各区县标准化行政主管部门按年度工作计划对自我声明公开的企业产品标准进行监督检查。

特定检查包括不定期检查和专项监督检查。

不定期检查是指市、区标准化行政主管部门在收到任何单位或个人对企业自我声明公开和标准实施情况的投诉、举报，司法机关判案等需要配合有关部门涉及的企业产品标准自我声明公开情况和标准实施情况进行的检查。

专项抽查是配合质检总局、上海市等专项整治过程中涉及企业产品标准自我声明公开情况和标准实施情况进行监督检查。

第九条 各区县标准化行政主管部门应当将企业产品标准自我声明公开监督检查情况纳入企业质量信用系统。

第十条 各区县标准化行政主管部门监督检查企业产品标准自我声明公开情况和标准实施情况，可以采取书面检查、实地核查、网络监测等方式。监督检查过程中可要求企业提供企业产品标准、第三方检测报告、第三方评估报告等相关材料，涉及专业技术领域的可以委托标准化专业机构共同参加，必要时可委托具备检测资质的机构进行比对试验。同时可依法利用其他政府部门做出的检查、核查结果或者专业机构做出的专业结论。

第十一条 各区县标准化行政主管部门应当按照本实施指导意见，结合区域特点制定监督检查实施计划，开展监督检查工作。

上海市特种设备生产单位和检验检测机构诚信档案管理试行办法

根据上海市开展“证照分离”改革试点工作方案的要求，为增强社会诚信观念，提高特种设备生产、检验检测行业公信力，建立和规范特种设备生产单位、气瓶检验和安全阀校验机构诚信档案管理，制定本办法。

一、基本要求

特种设备生产单位、气瓶检验和安全阀校验机构（以下简称企业）诚信档案的基本要求是诚信信息的真实性、及时性和完整性。以“上海市特种设备动态管理信息系统”为基础，建立企业诚信档案，创新诚信监管方式，提高政府监管效能，推动市场主体“树立诚信意识，履行社会责任”为目标，为营造良好的特种设备行业诚信氛围奠定基础。

二、诚信信息的内容

企业诚信信息主要是指：在开展特种设备设计、制造、安装、改造、修理以及气瓶定期检验和安全阀校验活动中，企业遵守法律法规、履约守信等信用记录。其主要内容为：

1. 企业基本信息；
2. 行政许可信息；
3. 行政处罚信息；
4. 责任事故信息；
5. 提供虚假信息；
6. 表扬奖励信息；
7. 其他与诚信相关的信息。

三、诚信信息的界定

1. 企业基本信息主要是指：企业名称、注册地址、生产和检验检测活动地址、所属行政区域、法人代表、组织机构代码等事项。

2. 行政许可信息主要是指：企业持有上海市质量技术监督局颁发的特种设备设计、制造、安装、改造、修理许可证和特种设备检验检测机构核准证及其证书编号、发证日期、有效限期、许可或核准项目等事项。

3. 行政处罚信息主要是指：企业存在重大违法行为，并依法受到行政处罚的事项。

重大违法行为包括：明知故犯或者屡次违法违规、妨碍监督检查、伪造有关文件、证件、作假证伪证或者威胁证人作假证、伪证和转移、毁灭证据或者擅自破坏封存状态的行为。

4. 责任事故信息主要是指：企业因特种设备生产、检验检测质量原因导致事故发生，并承担事故全部责任或主要责任的事项。

5. 提供虚假信息主要是指：企业在申请许可或核准期间，存在隐瞒事实真相、提供虚假信息等事项。

6. 表扬奖励信息主要是指：企业在特种设备安全领域作出重要贡献，并得到国家或省市级政府部门通报表扬和奖励的事项。

四、诚信信息的采集

企业诚信信息主要来源于：

1. 上海市局和各区县市场监督局网站及其有关文件；
2. 特种设备动态管理信息系统和移动监管信息系统；
3. 特种设备检验检测机构、行政许可鉴定评审机构；
4. 对其诚信状况有影响的其他信息源。

五、诚信档案的管理

1. 上海市局负责企业诚信档案管理工作，并可根据实际工作情况，采取政府购买服务方式，委托社会组织开展企业诚信档案管理工作。

2. 以每家企业为单位，按本办法要求建立企业诚信档案。

3. 企业诚信档案信息以“特种设备动态管理信息系统”为基础，并按照上海市局和本办法要求，改造和完善“特种设备动态管理信息系统”。

4. 以遵循有章必循，有诺必践为原则，企业诚信信息采集应真实、公正、及时。采集的书面材料应按上海市局有关规定存放，或与企业行政许可档案一并保存。

5. 为推动企业树立诚信意识，特种设备安全监管部门在实施行政许可（核准）和监督抽查时，可依据企业诚信档案信息制定相应的工作方案，实施诚信监管。

6. 上海市局特种设备监察处负责提供企业基本信息以及行政许可（核准）、责任事故、表扬奖励等信息；市局执法总队负责提供行政处罚信息；市局有关职能处室负责建立全市统一的企业诚信档案管理系统，并适时与外界信息进行对接，实现信息互通、信息共享。

7. 企业诚信档案信息应每年定期更新，如有重要信息变化应及时更新。

8. 有下列行为之一的，应追究相关人员责任。

（1）擅自修改诚信档案信息；

（2）擅自向他人提供诚信档案信息；

（3）违反商业秘密、个人隐私以及其他需要保密的信息等规定。

9. 本办法适用于持有上海市质量技术监督局颁发的特种设备设计、制造、安装、改造、修理许可证的单位以及取得特种设备检验检测核准证的气瓶检验机构和安全阀校验机构。

10. 本办法自 2016 年 8 月 1 日起试行。

关于特种设备专业技术服务机构提供技术服务的事项

>>>>>>

一、特种设备专业技术服务机构

加强特种设备行政许可事中事后监管，有效发挥专业技术服务机构的技术监督作用，根据上海市开展“证照分离”改革试点工作方案的总体要求，目前向特种设备安全监管部门提供专业性、技术性、服务性等事项的上海市专业技术服务机构主要由：特种设备检验检测机构、行政许可鉴定评审机构、作业人员考试机构等。提供专业技术服务的主要事项为：特种设备安全技术检查、鉴定、评价以及特种设备安全宣传、教育、培训和作业人员考试等内容。

二、检验检测机构专业技术服务事项

特种设备检验检测机构应凭借特种设备专业特长和技术优势，在依法履行法定检验职责的基础上，为特种设备安全监管部门及社会提供特种设备安全技术支撑和技术服务。同时结合上海市特种设备检验机构改革试点工作，强化特种设备安全技术检查定位功能。

检验检测机构专业技术服务具体事项如下：

1. 根据特种设备技术特性和安全监管要求，为特种设备安全监管部门制定政策法规和风险监管提供技术支持。

2. 开展特种设备事故调查和事故统计分析工作，协助相关部门开展突发事件应急处置，并提供相应的技术服务。

3. 开展特种设备安全与节能工作的日常监督检查（或抽查），并根据《特种设备现场安全监督检查规则》要求，对违法行为和事故隐患进行整改检查和确认。

4. 开展特种设备生产单位、检验检测机构证后监督检查（或抽查），应按照特种设备安全技术规范及相关标准执行。

5. 根据特种设备安全风险和监管要求，开展特种设备安全风险监测，为特种设备安全监管部门实施分类监管、风险监管提供技术支撑和技术保障。

6. 开展特种设备投诉举报案件的调查。

7. 开展特种设备安全宣传、风险教育、专业培训，开展特种设备安全管理人员和作业人员考试工作。

8. 特种设备安全监管部门委托和交办的其他事项。

三、鉴定评审机构专业技术服务事项

鉴定评审机构应根据《特种设备行政许可鉴定评审管理与监督规则》（国质检特〔2005〕220 号）以及加强事中事后监管的有关规定，向特种设备安全监管部门提供行政许可（核准）专业性、技术性等技术审查服务。

（一）事先告知服务

鉴定评审机构对特种设备生产单位、检验检测机构、气体充装单位等开展专业性、技术性较强的鉴定评审工作，对鉴定评审工作程序、内容和要求进行事前告知与沟通，明确鉴定评审标准和注意事项。

1. 在现场鉴定评审前，以书面的形式告知申请单位以下内容：

（1）需要提交的资料；

（2）现场鉴定评审工作基本程序；

（3）申请单位提供资料及复印件；

（4）申请单位需要填写的表格及其填表说明。

2. 在现场鉴定评审结束后，为方便申请单位整改，以书面的形式向申请单位提供整改报告的参考格式及其填写说明。

（二）现场鉴定评审

鉴定评审机构的工作程序、内容、要求应符合相应的安全技术规范等规定，对申请单位的资源条件、产品安全性能和工作质量、质量保证体系运行事项进行现场技术审查和鉴定评审，对整改问题进行监督。现场鉴定评审所核查的见证资料应为原件，保证现场鉴证、监督事项的真实性和有效性，对鉴定评审结论负责。

现场鉴定评审主要事项如下：

1. 审查资源条件，主要内容包括：法定资格、申请项目、单位规模、人员情况、生产条件、检验试验条件等。

2. 审查质量保证体系，主要内容包括：管理职责、质量保证体系文件、文件和记录控制、合同控制、设计控制、材料和零部件控制、作业（工艺）控制、焊接控制、热处理控制、无损探伤控制、理化检验控制、检验与试验控制、设备和检验与试验装置控制、不合格品（项）控制、质量改进与服务、人员培训、考核和管理、其他过程控制、执行特种设备许可等。

3. 审查产品或设备安全性能抽查检验要求，主要内容包括：技术资料和产品或设备档案（设计文件、工艺文件、材料和零部件、检验与试验记录和报告、随机文件等）、产品或设备安全性能（性能抽查、产品铭牌、安全附件及保护装置、其他检验项目抽查）。

4. 按规定出具整改确认报告。

5. 向特种设备安全监管部门提交《特种设备许可鉴定评审报告》。

6. 特种设备安全监管部门委托和交办的其他事项。

（三）许可（核准）工作依据

鉴定评审机构按规定出具的鉴定评审报告应当作为特种设备安全监管部门行政许可审批条件的主要工作依据。

四、作业人员考试机构事项

在特种设备生产单位、气瓶检验和安全阀校验机构行政许可（核准）工作环节中，特种设备安全管理人员和作业人员考试机构向特种设备安全监管部门提供专业技术服务的主要事项为：

1. 审查考试申请材料；

2. 开展考试工作；

3. 公布、通知、上报考试结果；

4. 考试档案管理工作；

5. 经申请人委托，统一申办、发放《特种设备作业人员证》以及有关复审工作；

6. 提交年度工作总结及考试统计报表；

7. 特种设备安全监管部门委托和交办的其他事项。

有关特种设备安全管理人员和作业人员考试工作要求和见证资料应符合质检总局《特种设备作业人员监督管理办法》和《特种设备作业人员考核规则》的规定以及上海市局有关文件的要求。

五、有关专业技术服务的法律责任

上述特种设备检验检测机构、鉴定评审机构、作业人员考试机构为特种设备安全监管部门所提供的专业技术服务均为政府部门委托或交办的事项，在现行法律制度下，难以承担独立的法律责任。

上海市质量技术监督局

2016 年 7 月 15 日

上海市特种设备生产及检验检测单位分类分级和风险监督管理办法

>>>>>>

一、总则

为全面落实特种设备生产及检验检测单位（以下简称许可单位）安全主体责任，切实提高特种设备监管工作的针对性和有效性，结合上海市实际，制定本管理办法。

二、依据

（一）《中华人民共和国特种设备安全法》；

（二）《特种设备安全监察条例》；

（三）上海市质量技术监督局标准等。

三、适用范围

本办法适用于上海市质量技术监督局（以下简称市局）负责许可受理并颁发许可证的特种设备许可单位。其中特种设备许可单位包括生产单位（设计、制造、安装改造修理）；检验检测单位（气瓶检验、安全阀校验）。

四、许可单位的分类分级和风险等级划分

（一）分类分级

1. 根据特种设备种类和环节不同，将许可单位分为八大种类［锅炉、压力容器、压力管道、电梯、起重机械、客运索道、大型游乐设施、场（厂）内专用机动车辆］和四个环节（设计、制造、安装改造修理和检验检测）。

2. 根据许可单位资源条件、质量保证体系运行情况、产品安全质量等指标，按满分100分，将许可单位分为A、B、C三个等级。

许可单位分级	A级	B级	C级
分值	$A \geqslant 90$	$70 \leqslant B < 90$	$C < 70$

（二）风险等级

根据许可单位的风险值，将许可单位分为低风险、中风险、高风险三个级别。

许可单位风险等级	低风险	中风险	高风险
风险值 P	$P\leqslant30$	$30<P\leqslant45$	$P>45$

五、许可单位分类分级和风险等级评定程序

（一）许可单位分类分级和风险等级评定工作由市局特种设备监察处（以下简称市局特设处）组织进行，可委托专业行业协会、检验单位和评审机构（以下简称评定机构）进行分类分级和风险等级评定工作（按附件《特种设备许可单位等级评定表》（略）执行）。

（二）评定机构需设立专家库，报市局特设处备案。

（三）许可单位每年应按照《特种设备许可单位等级评定表》的要求进行自我评定，发现问题，应及时进行整改。

（四）评定机构在开展分类分级和风险等级评定工作时，许可单位应积极配合并提供相关资料（包括：自评记录、整改见证资料等）。

（五）评定机构原则上每两年对许可单位进行一次分类分级和风险等级评定。评定结果应在当年11月前汇总后报市局特设处。汇总材料至少包括：

1. 评定工作方案；
2. 许可单位分级评定表和风险等级评定表；
3. 评定专家名单；
4. 许可单位等级评定结果汇总表。

（六）许可单位等级变更：

1. 市局对许可单位等级评定实行动态管理。
2. 特种设备监管部门在开展现场监督检查时，发现许可单位在资源条件、质量保障体系、产品安全质量等方面有重大变动，可能影响原等级评定，可由特种设备监管部门或原评定机构重新评定，并由市局实施变更。

（七）评定方法持续改进：

市局应根据等级评定工作开展的实际情况，持续改进等级评定方法

六、等级评定结果的公布

市局特设处于等级评定结束后，在指定网站予以公布并将等级评定结果抄送给各区、县特种设备监管部门。

七、许可单位监管方式

（一）自我管理

充分发挥许可单位履行特种设备安全责任的自觉性，减少政府部门的日常监管，给予许可单位充分的自我管理权。

（二）监督检查

区县特种设备监管部门依据《特种设备现场安全监督检查规则》的相关规定，根据许可单位等级评定情况，实施的监督检查。

（三）监督检验

由质检总局核准的特种设备检验检测机构，按照相关安全技术规范以及国家标准的要求，对许可单位生产的产品进行监督检验。

（四）事后监管

由市局特设处负责组织实施许可单位发证后的监管工作。

八、许可单位监管要求

（一）市局特设处根据许可单位分类分级和风险等级评定的情况，开展事后监管工作，工作要求见《上海市特种设备生产、充装及检验检测单位事中、事后监管办法》。

（二）对于分级评定为 A 级和风险等级为低风险的许可单位，以自我管理为主，特种设备监管部门监督检查为辅。

（三）被检查单位应覆盖八大种类和四个环节。

（四）对于分级评定为 C 级和风险等级为高风险的许可单位，作为市局特设处的监管重点，实施事后监督检查。

（五）对于分级评定为 B 级和风险等级为中风险的许可单位，应作为区、县特种设备监管部门的监督检查重点，市局特设处按一定比例进行监督检查。

（六）加强对风险的监测、评估、预警及处置，做到早发现、早研判、早预警、早处置。

1. 风险监测

（1）特种设备监管部门对许可单位的产品安全质量信息（以下简称风险信息）进行监测。

（2）建立网络信息报告制度。区县特种设备监管部门应及时将已监测到的风险信息上传至上海市特种设备动态管理信息系统。

（3）风险信息主要来源：

a. 针对许可单位产品安全质量的投诉举报信息；

b. 网络媒体报道的许可单位产品安全质量信息；

c. 特种设备监管部门或检验检测机构对许可单位的检查或检验信息；

d. 特种设备安全监察动态管理信息系统中许可单位的违法违规信息；

e. 特种设备许可单位信用档案中有关不良行为和信用评价等信息。

（4）积极探索实行“互联网+监管”模式，开展许可单位风险信息监测工作，提高风险监控效能。

2. 风险评估

市局特设处应组建风险评估专家组，依据特种设备法律、法规、规章、规范和标准对许可单位产品质量存在的风险进行研判。

3. 风险预警

（1）预警内容至少包括：

a. 产品信息；

b. 产品存在的风险；

c. 化解风险的建议。

（2）市局特设处及时将预警建议书面通报各区县特种设备监管部门、相关许可单位，或在指定的网站予以公布。

4. 风险处置

特种设备监管部门根据预警建议，综合运用提醒、约谈、告诫、通报、责令停产整顿等措施，及时化解风险。

九、其他

（一）许可单位的分类分级和风险等级评定工作应同时进行。

（二）用于分类分级和风险等级评定等工作所需经费，通过市局特设处的年度预算予以落实。

（三）评定机构在分类分级和风险等级评定工作时，应严守被抽查单位商业机密，不得收受被抽查单位财物等。

（四）本办法自公布之日起实施，由上海市质量技术监督局负责解释。

2016 年 7 月 15 日

上海市特种设备生产、充装及检验检测单位事中、事后监管办法

>>>>>>

一、总则

为落实特种设备生产、充装及检验检测单位安全主体责任，依法履行监管职能，规范特种设备行政许可事中、事后监管工作程序和行为，形成法制化、规范化、科学化监管模式，特制定本办法。

二、依据

（一）《中华人民共和国特种设备安全法》

（二）《特种设备安全监察条例》

（三）相关特种设备安全技术规范

（四）上海市质量技术监督局工作标准

三、适用范围

本办法适用于由上海市质量技术监督局（以下简称市局）负责行政许可受理并颁发许可证的特种设备生产单位、气瓶和移动式压力容器充装单位和检验检测单位的事中、事后监管工作。

四、事中、事后监管方式

（一）事中监督检查

1. 特种设备行政许可申请单位鉴定评审合格后，市局于发证审核过程中的监督检查。

2. 特种设备行政许可申请单位现场鉴定评审过程中，各区、县特种设备监管部门的现场监督。

（二）事后监督检查

1. 市局对许可单位取证后的监督检查。

2. 各区、县特种设备监管部门依据《特种设备现场安全监督检查规则》实施的现场监督检查。

（三）由市局负责的事中事后监督检查工作，可委托相关专业行业协会、检验机构等（以下简称检查单位）开展检查工作。

五、工作职责

（一）市局特种设备监察处（以下简称市局特设处）

1. 组织实施事中事后监管工作，并制定相关管理办法。
2. 组织评定机构对许可单位进行分类分级和风险等级的评定工作。
3. 审核确定事中事后监督检查工作计划和检查方案。
4. 督促企业落实整改，及时通报检查和处理结果。

（二）区、县特种设备监管部门

1. 派员参加市局组织的事中事后监督检查工作，对检查发现的问题督促企业落实整改。

2. 按照质检总局《特种设备现场安全监督检查规则》制定实施细则，并对许可单位实施现场监督检查。

（三）检查单位

1. 编制年度事中事后监督检查工作计划和检查方案，并报市局特设处审核确定。
2. 组成现场检查组，开展现场检查工作。
3. 对检查情况进行汇总，书面报市局特设处，并抄送有关区县特种设备监管部门。
4. 协助特种设备监管部门做好整改确认工作。
5. 建立专家库，报市局特设处备案。
6. 编制年度工作经费预算等。

六、工作流程

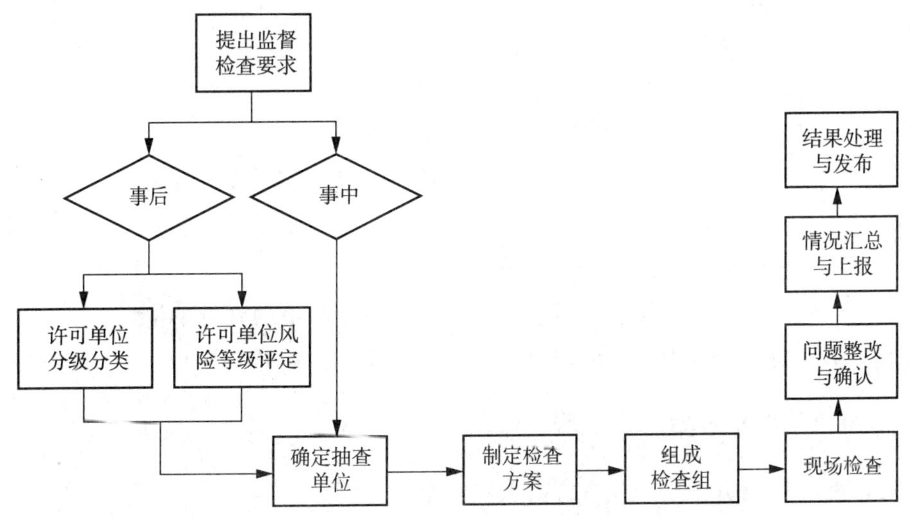

七、许可单位等级评定

（一）分类分级

1. 分类方式

根据特种设备种类和环节的不同，将许可单位分为八大种类［锅炉、压力容器、压力管道、电梯、起重机械、客运索道、大型游乐设施、场（厂）内专用机动车辆］和五个环节（设计、制造、安装改造修理、检验和充装）。

2. 分级方式

根据许可单位资源条件、质量保证体系运行情况、产品安全质量等指标，按满分100分，将许可单位分为A、B、C三个等级（$A \geqslant 90$；$70 \leqslant B < 90$；$C < 70$）。

（二）风险等级

根据许可单位的分级和违法、违规、举报投诉等风险指标，确定风险值P，并对许可单位进行风险等级评定（低风险：$P \leqslant 30$；中风险：$30 < P \leqslant 45$；高风险：$P > 45$）。

（三）许可单位的具体分类分级和风险等级评定工作按《上海市特种设备生产及检验检测单位分类分级和风险监督管理办法》执行。

（四）气瓶、移动式压力容器充装单位的等级评定按《上海市特种设备使用单位安全管理评价管理方法》执行。

八、被检查单位的选取原则

（一）事中、事后监督检查应覆盖八大类和五个环节。

（二）事中监督检查所抽查的单位每年不少于10家并覆盖所有评审机构，事后监督检查所抽查的许可单位每年不少于100家。

（三）满足下列条件之一的许可单位必须进行监督检查：

1. 分级等级评定为C级；
2. 风险等级评定为高风险。

（四）对于分级评定为B级和风险等级为中风险的许可单位，应按一定比例进行监督检查。

（五）专项整治中涉及的特种设备种类或环节。

（六）发生特种设备事故、产品质量召回或有投诉举报的许可单位。

（七）市局特设处认为有必要进行事中、事后监督检查的。

九、制定检查方案

（一）检查单位负责制定检查方案，内容至少包括：

1. 检查计划（抽查单位名称、抽查时间等）；
2. 检查要求（检查标准、内容、方法、问题的整改确认等）；

3. 检查组成员（人员组成、分工、职责等）；

4. 资料归档的要求。

（二）检查单位应在每年第一季度前将检查方案提交给市局特设处审核确定。

十、检查组的组成

（一）每个检查组应设立一名联系人，主要负责协调监督检查工作事宜。

（二）每个检查组成员人数应不少于为 4 人，包括 2 名持证特种设备安全监察员，2 名相关专业专家（从专家库选取，其中至少一名具备鉴定评审人员资格）。

（三）检查组组长由特种设备监管部门监察人员担任。

十一、现场检查

（一）检查告知

1. 在检查前 3 个工作日向被检查单位及其所在地的区县特种设备监管部门发出《特种设备事中、事后监督检查通知书》（见附件一，略）。

2. 检查组到达被检查单位后，应说明来意，出示相关证件和文件。

（二）首次会议

检查组组长主持，检查组成员、企业所在地特种设备监管部门代表及被检查单位有关人员参加。会议内容包括：

1. 检查组组长介绍此次检查的工作程序、内容、做法、工作计划安排及需要被检查单位配合的事宜等。

2. 被检查单位负责人简要介绍被检查单位情况，主要包括：企业基本情况、许可证管理、资源条件、质量保证体系运行和产品安全质量情况。

3. 回答检查组提出的问题。

（三）现场检查方式及内容

1. 检查方式

查阅资料和现场检查相结合。可采取巡视、听取汇报、交谈、询问、查阅资料、实物检查等形式进行。

2. 检查内容

检查内容参考《监督检查记录表》（见附件二，略），主要有以下四方面的内容：许可证管理、资源条件的保持、质量保证体系的运行和产品安全质量的检查等。

（四）检查记录

应按《监督检查记录表》如实填写检查记录，需整改的内容应填写《监督检查工作备忘录》（见附件三，略）。

（五）检查组会议

检查工作结束后，检查组内部交流检查情况，对发现的问题进一步分析研究，形成客观、准确的描述，并做记录。

（六）末次会议

1. 检查组组长主持，检查组全体成员、企业所在地特种设备监管部门的代表、被检查单位负责人及有关人员参加。

2. 检查组与被检查单位负责人核实、确认检查所发现的问题，由检查组长和被检查单位负责人在《监督检查工作备忘录》上签字确认。

3. 检查组长宣读监督检查工作报告。

（七）监督检查工作报告

包括：

1. 检查情况概述；

2. 对被检查单位的综合评价及存在问题，包括：许可证管理、资源条件、质量管理体系运行、产品安全质量情况等。

3. 检查结论分为满足许可条件、需整改、不满足许可条件。

十二、问题的整改与确认

（一）被检查单位根据《监督检查工作备忘录》，制定整改计划，落实整改时间并及时整改，并提供《整改报告》（格式见附件四，略）和见证资料。

（二）整改结果的确认工作由原检查单位负责，确认方式主要包括现场确认和书面确认。

（三）整改计划、整改报告和见证资料由被检查单位同时报市局特设处、所在地的特种设备监管部门和检查单位。

十三、检查情况汇总与上报

（一）检查单位应按要求将检查情况（包括被检查单位基本信息、检查发现的问题及问题整改情况、评审机构存在的问题等）进行统计汇总。

（二）检查单位在检查及整改工作完成后及时将汇总情况书面报市局特设处。

十四、检查结果处理

（一）市局应在检查工作结束后及时将检查情况发文通报。

（二）对检查过程中发现整改不力或存在严重的违法违规行为的被检查单位，市局将依法采取以下行政措施：

1. 出具监察指令书；

2. 政府约谈；

3. 挂牌督办；
4. 罚款；
5. 吊销许可证等。

十五、其他要求

（一）检查单位在检查工作结束后，应及时将相关资料归档。归档资料应包括：
1. 检查方案；
2. 检查组名单；
3. 特种设备事中、事后监督检查通知书；
4. 会议签到；
5. 监督检查记录表；
6. 监督检查工作备忘录；
7. 监督检查工作报告；
8. 整改报告以及整改确认材料；
9. 检查情况汇总等。

（二）各区县特种设备监管部门应结合对许可单位等级评定情况，按照《特种设备现场安全监督检查规则》和本办法，制定相应实施细则，开展现场监督检查工作。

（三）各检验机构应按照安全技术规范的要求，制定实施细则，开展监督检验工作。

（四）用于事中、事后监管工作机制的保障经费，由市局特设处的年度预算予以落实。

（五）事中、事后监管工作时，检查人员应严格按照国家有关法律、法规、规程进行，严守被检查单位商业机密，不得收受被抽查单位财物等。

十六、附则

（一）由质检总局发证的许可单位可参照本办法，现场检查要求按《特种设备现场安全监督检查规则》执行。

（二）本办法自公布之日起实施，由上海市质量技术监督局负责解释。

2016 年 7 月 15 日

上海市质量技术监督局
关于开展产品质量分类监管的指导意见

（沪质技监监〔2016〕279号）

各区（县）市场监管局（质量发展局）：

为进一步改革产品质量监管方式，提高产品质量监管效能，督促生产企业落实产品质量安全主体责任，根据《中华人民共和国产品质量法》、质检总局《工业企业产品质量分类监管试行办法》（2012年第74号公告）等规定，现就上海市全面实施产品质量分类监管工作提出以下指导意见。

一、指导思想

深入贯彻党的十八大和十八届三中、四中、五中全会精神，坚持运用法治思维和法治方式履行产品质量监管职能，推进监管方式转变，更多发挥市场机制和行业组织的作用，根据产品风险等级、消费者关注度、企业质量管控水平等指标，对产品及其生产企业实施分类管理并动态调整，差别化运用生产许可、监督抽查和风险监测等不同的监管措施，推进产品质量监管制度化、规范化、程序化，增强监管的针对性和有效性。

二、工作目标

进一步建立健全产品质量分类监管工作机制，完善信息化支撑平台，落实差异化监管措施，提高产品质量监管效能。在生产许可证获证企业已经实施分类监管工作的基础上，以消费品为重点，采取部分行业先行突破，到2019年，对法律法规和职能分工明确由质量技术监督部门负责监督的所有产品及其生产企业实施分类管理。

三、工作原则

（一）突出分级管理的原则。上海市质量技术监督局负责指导全市产品质量分类监管工作，制定企业分类原则和监管制度，建立分类监管工作信息化管理系统，对各区（县）市场监管部门实施分类监管工作情况进行监督检查。各区（县）市场监管部门根据本地实际，具体负责开展企业分类、实施监管措施等工作。

（二）突出消费导向的原则。把分类监管的对象扩大到以消费品为主的所有产品及其生产企业，将消费者的满意度和对质量安全的知晓度作为开展产品分级和企业分类的重要考量因素，使产品质量监管进一步贴近消费者的实际需要，进一步改善产品质量供给水平，增强人民群众的产品质量获得感，提升产品质量满意度。

（三）突出社会共治的原则。通过产品质量分类监管工作，监管部门转变工作方式，引导行业协会、检测机构以及其他社会中介组织充分发挥作用，主动参与和积极运用产品质量分类监管结果，开展行业调查、质量评测、消费者知晓度调查和质量提升示范公示等工作，提升行业质量水平，形成产品质量社会共治的工作机制，推进产品质量治理体系现代化。

（四）突出科学高效的原则。强化分类监管制度和工作方法研究，夯实制度基础，建立完善《上海市重点产品质量监控目录》管理制度、“双随机”检查制度、行业质量评测机制、企业质量状况调查机制；建立科学的消费者满意度及消费品质量安全知识知晓度测评模型，完善数据采集和分析方法；运用互联网技术，建设分类监管信息化平台和企业基础数据库、产品基础数据库、监管信息数据库，为分类监管提供高效信息化支撑；建立分类监管技术专家库，为分类监管相关工作提供坚实的技术支持。

四、工作任务

（一）建立生产企业数据库

运用信息技术手段，发挥市场监管体制改革后的优势，加强与相关部门的数据共享，综合采集法人库、监督抽查以及规模以上企业等数据库，采取数据自动比对和匹配等技术手段，建立生产企业基础信息数据库，基本掌握上海市产品生产企业底数，明确产品质量分类监管工作对象。

（二）识别产品风险及重要程度

根据产品与消费者关注程度、产品风险程度、市场流通量、消费者满意度与知晓度等指标，将产品划分为Ⅰ、Ⅱ、Ⅲ以及Ⅳ级共四个不同程度的等级，其中Ⅰ～Ⅲ级纳入《上海市重点产品质量监控目录》，其余产品归于Ⅳ级。分级标准为：

Ⅰ级产品：消费者关注度高，风险程度高，社会影响大。

Ⅱ级产品：消费者关注度较高，风险程度中等，社会影响较大。

Ⅲ级产品：消费者关注度一般，风险程度一般，社会影响一般。

Ⅳ级产品：消费者关注度低，风险程度轻微，基本没有社会影响。

（三）掌握企业质量管控状况

组织行业协会开展行业质量调查和产品质量测评，综合监管部门对生产许可证、强制性认证获证生产企业的证后监督检查情况，以及产品质量监督抽查和风险监测的结果，有条件的，可以采信企业质量信用评价结果，确定企业产品质量管控状况，将生产企业分为1、2、3、4档，标准分别为：

1 档：主动开展质量提升示范，质量承诺水平达到国内外先进水平，认真履行产品质量主体责任，有效运行质量管理体系。无违反质量技术监督法律法规记录，产品质量持续稳定合格，监督抽查或风险监测无不符合记录，产品不存在缺陷。

2 档：积极履行产品质量主体责任，较好运行质量管理体系，无违反质量技术监督法律法规记录，近 2 年内产品质量监督抽查或风险监测无不符合，能主动召回存在缺陷的产品；

4 档：不能履行产品质量主体责任，近 3 年省级以上产品质量监督抽查中出现 2 次（含）以上不合格情况，或存在逾期未完成整改行为，或存在拒绝产品质量监督抽查行为，或存在缺陷产品不能主动召回，或存在产品质量行政处罚记录，或存在经查实的媒体曝光及消费者反映强烈的产品质量问题。

不能归于以上档次的为 3 档企业。

（四）进行企业分类

综合产品重要程度分级和企业质量管控状况，初始采用矩阵法将企业分 4 个类别，分别为 A、B、C、D 类：

类别	Ⅰ级	Ⅱ级	Ⅲ级	Ⅳ级
1 档	B 或 A	A	A	A
2 档	C 或 B	B	B	A
3 档	C	B	B	A
4 档	D	D	C	B

（五）实施差异化管理措施

根据企业分类结果，采取不同的管理措施：

A 类：每年按不超过 20% 的比例采取“双随机”方法开展产品监督抽查或风险监测。对 1、2 档的 A 类企业实行示范管理，支持企业主动进行产品质量超越国内外先进标准的承诺公示，组织行业协会开展“比对试验”和“质量评测”，推广展示品牌好、品质高的企业和产品形象。

B 类：每年按 50% 的比例开展“双随机”的企业监督检查、产品监督抽查或风险监测。对 1、2 档 A 类企业实行引导型管理，引导企业进行产品质量达到国内外先进标准的承诺公示，组织行业协会开展“比对试验”，找出差距。

C 类：实行常态管理，每年按 100% 的比例开展“双随机”的企业监督检查、产品监督抽查或风险监测，推动企业不断完善质量管理体系。

D 类：实行加严管理，将其列为本辖区重点监管企业，按照加严监管的要求开展监督检查，对未有效履行产品质量主体责任的企业负责人进行履责约谈。不得列入品牌推荐对象，不得出具合规证明。

（六）企业分类的动态调整

区（县）市场监管部门应将企业分类结果告知企业，当产品的重要程度及企业质量管控状况发生变化时，应重新进行企业分类并调整相应监管方式，调整周期原则上为1年。分类监管措施不代替法律法规规定的其他监管措施，在实施分类监管中发现企业存在质量违法行为的，应依照相关法律法规及时处理。

（七）分类监管的信息管理

在现有移动监管平台的基础上，建设分类监管信息化管理系统，开展企业分类以及实施差异化管理措施均通过信息化管理系统实现。建立分类监管信息公示制度，对符合A类条件并自我质量承诺公示的企业，由行业协会组织在产品质量逐级提升示范公示平台统一公示。开放监管信息的外网和移动终端应用（APP）查询功能，让企业分类结果和监管部门开展分类监管的全过程接受消费者、新闻媒体以及社会各方面的监督。

五、工作要求

（一）加强组织领导。对产品质量实施分类监管，是新形势下改革质量监管方式，提升监管效能的重要举措，是强化产品质量事中事后监管，督促企业落实产品质量主体责任的重要抓手，也是解决监管力量不足、提高监管效率的创新手段，各区（县）市场监管部门要切实加强领导，确保组织有力，制定具体实施方案，落实责任，细化措施，积极有效地推进各项工作的落实。

（二）加强统筹协调。各区（县）市场监管部门要充分调动各方面监管力量，特别是综合发挥市场监管体制改革后的职能整合优势，加强分类监管与其他监管制度的联动配合，用现有监管措施去推进分类监管，以分类监管思想去改革和提升现有监管制度。产品质量分类监管的对象为上海市工业产品生产企业，流通领域的监督抽查仍按《上海市产品质量条例》及原与有关部门协商的机制运行。生产许可证获证企业的证后监管、分类监管办法和通则适当修订后，统一纳入分类监管制度体系。本意见中对应产品分级为Ⅰ、Ⅱ、Ⅲ级的A类企业，等同对应质检总局《工业企业产品质量分类监管试行办法》规定的AA类企业。

（三）加强方法研究。各区（县）市场监管部门要在推进分类监管过程中，注重发现实施中存在的问题、总结有益经验，进一步解放思想、创新思路，在已有实践的基础上，结合新情况、新问题，对关系分类监管工作的一些关键症结和深层矛盾，积极开动脑筋，拿出新办法，创造新经验。上海市质量技术监督局加快完善分类监管配套的制度规范，进一步加强对基层分类监管工作的指导和帮助，并采取有效措施，推动分类监管制度边实施、边完善、边提高。

上海市质量技术监督局
2016年7月11日

上海市质量技术监督局关于印发《上海市工业产品生产许可证证后监督检查管理办法》的通知

（沪质技监规〔2016〕498号）

各区、县市场监督管理局（质量发展局）：

《上海市工业产品生产许可证证后监督检查管理办法》已经2016年12月9日第13次局长办公会议通过，现予发布，自2017年5月1日起施行，请遵照执行。

上海市质量技术监督局

2016年12月20日

上海市工业产品生产许可证证后监督检查管理办法

第一章　总　则

第一条　为加强上海市工业产品生产许可证（以下简称生产许可证）证后监督检查管理，规范取得生产许可证企业生产、经营行为，保障产品质量安全，维护社会主义市场经济秩序，根据《中华人民共和国行政许可法》（以下简称《行政许可法》）、《中华人民共和国工业产品生产许可证管理条例》（以下简称《管理条例》）、《中华人民共和国工业产品生产许可证管理条例实施办法》（以下简称《实施办法》），结合上海市生产许可证工作实际，制定本办法。

第二条　在上海市行政区域内生产、销售或者在经营活动中使用实行生产许可证制度管理的产品的企业应当接受上海市各级产品质量监管部门的监督和管理。

食品相关产品不适用本办法。

第三条　上海市质量技术监督局（以下简称市质量技监局）负责上海市生产许可证工作的监督和管理，对各区市场监督管理局（以下简称区级市场监管局）的生产许可证产品监管工作进行指导和督查。

区级市场监管局负责本行政区域内生产许可证证后监督检查工作，依法查处辖区内生产许可证产品生产企业（以下简称“获证企业”）的违法生产加工行为，负责辖区内生产许可证产品质量安全突发事件的处置工作，负责辖区内生产许可证产品质量安全申诉举报案件的调查处理。

第四条　各级产品质量监管部门在从事生产许可证证后监督检查中应当遵循合法合理、高效便民、程序规范、公开透明的原则。

第五条　各级产品质量监管部门应当采用科技信息化手段提高监管效能，积极创新监管方式提高监管科学性。

第二章　企业分类

第六条　区级市场监管局对获证企业实行企业分类并执行相应的监管措施。

企业分类是区级市场监管局为实施产品质量分类监管措施，依据《工业企业产品质量分类监管通用规则的实施细则》[以下简称《实施细则》，见附件 1（略）]，对获证企业履行产品质量主体责任的保障能力和实现程度进行分类的活动。

第七条　各区级市场监管局在对辖区获证企业分类时，可根据需要，选派专家参与现场检查工作，对《实施细则》的评定项目进行核查。

第八条　根据《实施细则》的评定结果，本辖区的获证企业分为 AA、A、B、C 等 4 个类别。

AA 类企业：是指履行产品质量主体责任的保障能力强和实现程度好的优秀自律企业，能够认真遵守法律法规，有效运行质量管理体系，积极承担质量安全责任，保持产品质量持续稳定合格；

A 类企业：是指履行产品质量主体责任的保障能力较强和实现程度较好的良好自律企业，能够自觉遵守产品质量法律法规，有效运行产品质量管理体系，保持产品质量持续稳定合格；

B 类企业：是指具有基本的履行产品质量保障能力的企业，产品质量基本保持稳定，无经查实的媒体曝光和消费者反映强烈的产品质量问题；

C 类企业：是指履行产品质量主体责任保障能力较差的企业，在近 3 年省级以上产品质量监督抽查中出现 2 次（含）以上不合格情况，或存在拒绝产品质量监督抽查行为，或存在产品质量行政处罚记录，或存在经查实的媒体曝光及消费者反映强烈的产品质量问题。

AA 类企业的分类，须由企业作出书面承诺 [承诺书见附件 2：《工业产品质量 AA 类企业自我承诺书》（略）]，区级市场监管局按照实施细则对申请企业审核后，方可定为 AA 类企业。

所有企业必须完整真实地保存履行产品质量主体责任的记录。

第九条　对虚假承诺或不履行自我承诺的 AA 类获证企业，应动态调整为 B 类或

C 类企业，并在 5 年内不再接受该企业符合 AA 类企业条件的自我承诺。

第十条 对新申请生产许可证企业的分类工作，在企业取得生产许可证后两个月内，由企业生产地的区级市场监管局结合审查组实地核查情况，依据《实施细则》，开展企业分类有关工作。新申请生产许可证企业一般判定为 B 类企业。

第十一条 区级市场监管局应将企业分类结果告知本企业。

第十二条 依据质检总局发布的《全国重点工业产品质量监督目录》，将工业产品质量按风险程度分为Ⅰ级（高风险）、Ⅱ级（较高风险）、Ⅲ级（一般风险）等 3 个等级。

第十三条 各区级市场监管局可根据产品质量水平、行业状况、产业政策、社会关注等因素，开展产品质量安全风险等级评估工作，并结合本地实际，调整产品质量风险等级。

第十四条 对生产Ⅰ级（高风险）产品的获证企业，各区级市场监管局应按照从严监管的原则，原则上将监管方式相应依次下调 1 级；对生产Ⅱ级（较高风险）和Ⅲ级（一般风险）产品的获证企业，结合辖区内的实际情况，适当调整监管方式。

第十五条 注册地和生产地不在同一行政区域的获证企业，由企业生产地的区级市场监管局负责开展分类监管工作。注册地的区级市场监管局应及时将企业信息通报生产地的区级市场监管局，生产地的区级市场监管局应及时将企业分类和监管方式通报注册地的区级市场监管局。

第十六条 区级市场监管局依据《实施细则》，对辖区企业进行分类，实施分类监管，并将企业分类监管动态调整信息定期上报市质量技监局。AA 类企业分类监管信息由市质量技监局汇总后报质检总局。

第十七条 市质量技监局负责上海市获证企业分类信息的监督管理。区级市场监管局依据《工业企业产品质量分类监管通用规则》和《实施细则》，主要通过日常监管活动收集辖区企业的分类信息，并负责核实和更新。

第十八条 区级市场监管局应建立生产许可证企业产品质量分类监管档案制度，对企业分类和分类监管材料统一归档。

第十九条 企业分类情况属产品质量监督工作信息。获证企业不得将分类结果印制于产品标志，不得用于广告、推广宣传等商业行为。

第三章 监管方式

第二十条 获证企业应当保证产品质量稳定合格，不得降低取得生产许可证的条件。

第二十一条 区级市场监管局负责本行政区域内生产许可证日常监督检查和专项检查。

日常监督检查包括定期监督检查、不定期监督检查和回访。

第二十二条 定期监督检查是指区级市场监管局有计划地对本辖区内获证企业进

行实地核查，必要时进行产品质量抽查；不定期监督检查是指市质量技监局或区级市场监管局根据某类产品的质量安全状况以及预防突发事件的需要，结合某类产品存在的问题而组织对生产企业进行实地核查，必要时进行产品质量抽查；回访是产品质量监管部门对获证企业存在问题或违法行为整改情况实施的核查。

第二十三条　区级市场监管局应于每年1月制定获证企业的定期监督检查计划。

第二十四条　日常监督检查应有工作人员不得少于两人，并应当出示行政执法证件，企业应当予以配合。

第二十五条　日常监督检查依据为《工业产品生产许可证获证企业后续监管规定》（质检总局2011年第11号公告），检查重点是企业的原材料控制、生产必备条件、出厂检验等情况，包括：

（一）是否按照规定要求在产品包装上标注生产许可证编号和标志；

（二）生产条件、检验手段、生产技术或工艺是否已经发生变化，是否按照法定要求办理重新审查手续；

（三）原辅材料进货验收制度是否有效运行，有针对性地对企业原辅材料的采购进货、入库验收、保管和使用情况进行抽查；

（四）产品出厂检验的实施情况，重点检查出厂检验记录和报告；

（五）企业产品包装是否符合标识标注规定，存在误导、欺骗消费者的情况；

（六）获证企业执行产业政策情况。

第二十六条　检查人员在完成检查后，并做好相应记录，经检查人员和企业负责人员分别签字后，由区级市场监管局归档。

第二十七条　监督检查中发现企业存在产品质量等问题需要整改的，区级市场监管局应责令企业限期整改，并在规定的整改期限到期后对企业进行复查。

区级市场监管局在完成对企业的复查工作后，应将《获证企业巡查、回访记录》、企业整改资料等记录文书归档。

第二十八条　监督检查中发现企业违反法律法规及规章规定需要给予行政处罚的，检查人员应及时移交本机关行政执法部门按相关规定处理。

第二十九条　专项检查是指对获证企业违法违规较多的重点地区、重点产品和重点行业开展的专项监督检查。专项检查可由区级市场监管局自行组织开展，也可由市质量技监局统一组织实施。

下列情况应当对获证企业进行专项检查：

（一）企业在生产经营过程中被举报的；

（二）企业在生产经营过程中被媒体曝光的；

（三）企业涉嫌存在制假售假等违法行为和记录的；

（四）企业在生产经营过程中发生重大质量事故的；

（五）需要对实地核查组审查质量、获证企业持续保持生产合格产品能力、区级市场监管局证后监管质量进行抽查的；

（六）上级交办的检查。

第三十条 各区级市场监管局应结合本辖区实际，确定对不同类别的企业实施不同的监管方式。

（一）对AA类企业实施信用监管方式，主要监督检查企业落实自我承诺情况。

1. 企业每年定期向区级市场监管局报告自我承诺落实情况，并积极回应、有效解决社会各方面反映的产品质量问题；

2. 区级市场监管局根据需要对企业自我承诺落实情况进行检查，原则上每年以不低于20%的比例对AA类企业开展检查；

3. 区级市场监管局支持其积极落实产品质量主体责任，优先推荐其申报政府质量奖等质量奖励。

（二）对A类企业实施责任监管方式，主要监督企业落实产品质量主体责任情况。

1. 企业应积极回应、有效解决社会各方面反映的产品质量问题；

2. 区级市场监管局根据监管需要及社会反馈信息对企业落实产品质量主体责任情况进行监督检查，原则上每年以不低于50%比例对A类企业进行检查；

3. 区级市场监管局指导和支持其不断提升履行产品质量主体责任的能力。

（三）对B类企业实施常态监管方式，主要采取以下监管措施：

1. 企业应积极回应和解决社会各方面反映的产品质量问题；

2. 区级市场监管局根据本地实际开展监督检查，每年对所有B类企业至少开展1次检查；

3. 区级市场监管局指导企业不断完善质量管理、检验检测、计量和标准体系，增强履行产品质量主体责任的意识和能力。

（四）对C类企业实施加严监管方式，根据产品风险程度和企业实际，主要采取以下监管措施：

1. 企业应积极回应和解决社会各方面反映的产品质量问题；

2. 区级市场监管局每年对所有C类企业进行不少于2次检查；并根据需要开展产品质量监督抽查、定期监督检查和专项监督检查；

3. 区级市场监管局根据监督检查情况，对未有效履行产品质量主体责任的企业负责人进行履责约谈，并责令企业限期整改。

4. 如企业已获得质量奖励或其他质量扶持政策支持，区级市场监管局应依据相关规定取消或建议有关部门予以取消。

第三十一条 对生产多种许可证产品企业的监管方式规定如下：

同一企业生产同一类别、不同实施细则管理的生产许可证产品的，依据《实施细则》，按照从严监管的原则对其进行1次分类、采用同一监管方式；

同一企业生产不同类别生产许可证产品的，依据《实施细则》对其分别进行企业分类，并按照从严监管的要求，依据该企业最低类别对其实施相应监管方式。

第三十二条 获证企业在生产许可证有效期内，其产品标准、实施细则、企业生产条件、检验手段、生产技术或者工艺发生较大变化的，区级市场监管局应重新对其进行企业分类并相应调整监管方式。工业产品生产许可证企业存在产品质量监督抽查不合格等情形的，应将其调整为C类，实施加严监管方式。

第三十三条 各区级市场监管局应结合监督检查情况，对企业的分类和分类监管方式实行动态调整。调整周期原则上为1年。对企业的分类不允许越级上升，但可以越级下降。企业出现下列情形之一的，应当作降级处理，并相应调整监管方式：

（一）违反相关质量法律法规规定，受到行政处罚的；

（二）企业质量保证能力存在严重隐患的；

（三）产品质量监督抽查出现不合格的；

（四）发生经查实的消费者反响强烈或新闻媒体曝光的产品质量问题的；

（五）出现其他应当降级处理情况的。

第三十四条 区级市场监管局对企业实施监督检查时，可依法采取查阅资料、现场核查、产品抽样检验等方式。实施监督检查不得影响企业正常生产经营，不得谋取不正当利益。企业应当依法主动配合监督检查，如实提供有关资料、回答相关询问。

第三十五条 区级市场监管局应建立企业约谈机制，对产品质量问题突出的获证企业，应根据规定对企业法人代表进行约请谈话，敦促企业纠正存在的问题。

区级市场监管局可以根据实际情况需要，对分类监管中降级的企业负责人进行约谈，告知其降级的原因和事实，要求企业依法整改；或根据监督检查情况，对未有效履行产品质量主体责任的C类企业负责人进行履责约谈，责令企业限期整改，并作好书面记录。

第三十六条 区级市场监管局应建立健全获证企业证后监督检查档案管理制度，完善行政区域内获证企业数据库，掌握辖区内获证企业的数量、产品、生产条件、分级分类情况和产品质量状况等信息，做到一企一档。档案应包括企业营业执照（复印件）、许可证证书（复印件）、监督检查记录、产品质量监督抽查记录等内容。

后续监管情况和处理结果等各类记录应当及时归档。

第三十七条 区级市场监管局应将获证企业日常监管信息及时上网录入移动监管系统。

第三十八条 区级市场监管局应当督促企业对企业申请发证、延续、增项、生产条件变更等许可审查过程中发现的问题进行整改。

第三十九条 依法撤回、撤销、吊销、注销生产许可的决定由许可审批机关做出。

第四十条 撤回省级发证产品生产许可决定的送达由企业所在地市场监管局办理。

第四十一条 区级市场监管局在监督管理工作中，发现被许可人存在应当撤销生产许可的情形的，应当及时将建议撤销生产许可的事实、理由、依据以及有关证据材料上报市质量技监局。

作出撤销省级发证产品生产许可决定前，由区级市场监管局依法履行告知义务，说明撤销生产许可的事实、理由和依据，听取被告知人的陈述、申辩或者组织听证，并依法送达和执行撤销生产许可的决定。

第四十二条 区级市场监管局在监督管理工作中，发现获证企业存在应当吊销许可证的情形的，应当及时将建议吊销生产许可的事实、理由、依据以及有关证据材料上报市质量技监局。

作出吊销省级发证产品生产许可决定前，由市质量技监局执法总队依法履行告知义务，说明吊销生产许可的事实、理由和依据，听取被告知人的陈述、申辩或者组织听证，并依法送达和执行吊销生产许可的决定。

第四十三条 区级市场监管局对符合注销省级发证产品生产许可的事项，应当及时核查汇总，并上报市质量技监局，由市质量技监局依法办理注销手续。

第四十四条 国家发证产品生产许可决定的撤回、撤销、吊销、注销，按照质检总局要求办理。

第四章 监督检验

第四十五条 监督检验是指县级以上产品质量监管部门可以根据获证企业监督检查工作需要，对企业获得生产许可证的产品进行抽样检验。

有下列情形之一者，区级市场监管局可以组织对企业获证产品进行监督检验：

（一）监督检查发现企业产品涉嫌存在严重质量问题的；

（二）监督检查中发现企业不能持续保持应当具备的条件的；

（三）企业未完成不符合项整改，或经复查仍不合格的；

（四）其他需要抽样检验的情形。

抽样检验产品和生产企业名单应每年定期向市质量技监局上报。

第四十六条 对需要抽样检验的，应由检查人员按照产品生产许可证实施细则规定的抽样规则和要求填写抽样单，在企业成品仓库内或生产现场检验合格的产品中随机抽取和封样。

第四十七条 监督检验应按相关产品《实施细则》统一检验项目开展检验工作。检查人员应将抽封的样品在 7 日内寄送至有资质的许可证检验机构进行检验，特殊情况下需要企业配合送样的，应告知企业送样地点，许可证检验机构应在规定的时间提交检验报告，一式二份。产品监督检验不得向企业收取费用。

第四十八条 产品监督检验不合格的，按照《中华人民共和国产品质量法》的相关规定执行。

第五章 监督

第四十九条 市质量技监局应当加强生产许可证证后监督检查工作的日常指导，对区级市场监管局的许可证相关工作开展监督检查。监督检查结果将作为区级市场监管局生产许可证工作年度考评的重要依据。对区级市场监管局在许可证证后监督检查工作中存在较大失误的，责令改正；情节严重造成恶劣影响的，应当通报批评。

第五十条　企业在接受证后监督检查时，有权对监管人员的工作作风、纪律等情况进行监督，如监管人员的行为规范不符合规定，存在违规行为的，应如实向有关部门进行反映。

第五十一条　行业协会应发挥行业指导作用，引导获证企业自律，对发现的行业风险有权向监管部门发出预警。

第五十二条　监管人员要廉洁自律、秉公办事，严格遵守各项工作纪律。对在许可证相关工作中失察、失职、渎职的要依纪、依法追究责任。

第六章　附则

第五十三条　本办法由上海市质量技术监督局负责解释。

第五十四条　本办法自 2017 年 5 月 1 日起施行，有效期至 2022 年 4 月 30 日为止。2013 年 12 月 10 日发布的《上海市工业产品生产许可证证后监督检查管理办法》（沪质技监监〔2013〕652 号）和 2012 年 7 月 11 日发布的《上海市工业企业产品质量分类监管实施办法》（沪质技监监〔2012〕452 号）同时废止。

上海市质量技术监督局关于开展2017年上海市产品质量检验机构工作质量分类监管工作的通知

（沪质技监认〔2017〕197号）

各有关单位：

根据质检总局《产品质量检验机构工作质量分类监管办法》（2012年第26号公告）《关于做好2017年产品质量检验机构工作质量分类监管工作的通知》（质检监函〔2017〕32号）要求，为进一步规范产品质量检验机构检验行为，加强事中事后监管，提高产品质量监督抽查、工业产品生产许可证发证检验和风险监测等工作质量，上海市质量技术监督局决定开展2017年上海市产品质量检验机构工作质量分类监管工作。现将有关事项通知如下：

一、考核评价范围

2017年产品质量检验机构工作质量分类监管考核评价的范围为：上海市2016年度承担质量技术监督系统产品质量监督抽查、工业产品生产许可证发证检验、产品质量安全风险监测工作的检验机构，以及质量技术监督部门依法设置和授权的其他产品质量检验机构（附件1，略）。

二、分类标准

根据考核结果，检验机构工作质量由高到低分为Ⅰ类、Ⅱ类、Ⅲ类、Ⅳ类四个类别。其中，Ⅰ类检验机构比例不超过15%，Ⅱ类检验机构比例不超过55%，考核年度内检验报告数量低于300份的检验机构不得评为Ⅰ类检验机构，得分低于60分的检验机构为Ⅳ类检验机构。

检验机构存在以下问题之一的，应当评为Ⅳ类检验机构或者降为Ⅳ类检验机构：考核年度及考核期间检验工作造成不良社会影响的；考核年度存在超范围检验、出具虚假检验结果等违规违纪行为的；违规分包监督抽查、生产许可和风险监测等工作任务的；擅自租借其他单位检测设备开展监督抽查、生产许可和风险监测等工作的；泄露监督抽查、生产许可证发证检验、风险监测结果的；日常监督管理中发现其他严重质量问题的。

三、考核内容和组织形式

（一）对列入考核评价范围的所有检验机构，按照《产品质量检验机构工作质量分类评价细则》（附件2，略）的项目和标准进行考核打分，发现一个单项问题，按对应标准扣分，相同问题出现多次，累加扣相应分值，不能相同问题只扣一次分值。

（二）对承担2016年度产品质量监督抽查、工业产品生产许可证发证检验和风险监测的检验机构以其相应检验工作质量为考核评价的重点，对其他检验机构以2016年度委托检验工作质量为考核评价的重点。

（三）通过对检验机构的工作质量进行考核评价，确定检验机构的类别。一个法人单位具有多个国家中心、市级授权站的，以法人单位为考核评价单位，不再单独对法人单位所属的国家中心和市级授权站单独考核评价。

（四）本次分类监管工作中，现场考核工作由上海市质量技术监督局组织相关专家组成考核组实施，并对考核情况进行审查，根据审查情况调整考核分值。分类评价工作由上海市质量技术监督局资质认定部门会同相关部门进行，考核组名单、考核计划另行制定。

四、时间进度

自本通知印发之日起至2017年7月31日，完成对检验机构的现场考核和分类评价工作。

五、工作要求

（一）各检验机构要认真学习质检总局《产品质量检验机构工作质量分类监管办法》有关规定，按照《产品质量检验机构工作质量分类评价细则》的要求进行对照梳理和自查。

（二）各检验机构对考核中发现的问题应积极整改，分析问题产生原因，在考核后一个月内完成整改，并将整改报告（内容包括：存在问题、原因分析、整改措施）及证明材料送考核组长确认。

（三）各考核组要按照公平公正、科学严谨、认真负责的原则进行考核评价，做到现场考核过程公正廉洁，考核结果准确可靠。在考核过程中如发现检验机构有严重违法违规情况的，应立即报告，不得隐匿不报或越权处置。各考核组应于2017年6月30日前将《产品质量检验机构工作质量分类评价细则》《产品质量检验机构工作质量分类评价情况汇总表》（附件3，略）和现场考核工作总结（内容包括：总体情况、存在问题、考核情况的分析、改进工作的建议）等材料报送上海市质量技术监督局认证监管处，2017年7月31日前将确认的检验机构整改材料报送上海市质量技术监督局认证监管处。

六、结果处理

（一）上海市质量技术监督局将依据检验机构的分类评价结果，确定下一年度检验机构所承担的相关产品质量监督抽查、产品质量安全风险监测工作任务，以及相应后续监管措施。

（二）对不能按时完成整改，或整改后仍不能达到要求的检验机构，上海市质量技术监督局将根据《检验检测机构资质认定管理办法》等相关规定依法处理。

上海市质量技术监督局

2017 年 5 月 5 日

上海市质量技术监督局关于印发《上海市食品相关产品生产监督管理办法》的通知

（沪质技监规〔2018〕2号）

各区市场监督管理局（质量发展局），局属各单位：

《上海市食品相关产品生产监督管理办法》已经2018年1月2日局长办公会议通过，现予发布，自2018年4月1日起实施，请遵照执行。

上海市质量技术监督局

2018年2月12日

上海市食品相关产品生产监督管理办法

第一章 总则

第一条 为进一步加强上海市食品相关产品生产质量安全监督管理，督促企业落实主体责任，促进食品相关产品质量提升，根据《中华人民共和国产品质量法》《中华人民共和国食品安全法》《中华人民共和国工业产品生产许可证管理条例》《上海市产品质量条例》《上海市食品安全条例》等法律法规和质检总局的有关规定，结合上海市食品相关产品生产监管实际，制定本办法。

第二条 本办法适用于上海市食品相关产品生产监督管理工作。

第三条 食品相关产品生产质量安全工作实行生产地管辖、预防为主、风险管理、分类监管原则。

第四条 上海市质量技术监督局（以下称市质量技监局）、各区市场监督管理局（质量发展局）（以下称区市场监管局）、上海市质量技术监督局执法总队（以下称执法总队）等食品相关产品监管部门，按照各自职责对上海市食品相关产品生产实施监督管理。

市质量技监局负责组织上海市食品相关产品生产监督管理，组织食品相关产品生产许可工作，对各区市场监管局的食品相关产品生产监管工作开展情况进行指导和督查，指导全市食品相关产品安全突发事件应急处置工作，负责全市食品相关产品生产质量安全申诉举报的管理工作。

各区市场监管局负责本辖区食品相关产品生产监管工作，依法查处本辖区食品相关产品生产企业的违法生产加工行为，承担辖区内食品相关产品安全突发事件的处置工作，负责对本辖区食品相关产品生产质量安全申诉举报案件的调查处理。

执法总队根据职责和市质量技监局要求对上海市食品相关产品生产加工的质量安全实施督查，依法对上海市食品相关产品生产质量安全违法行为实施查处，处理食品相关产品生产质量安全申诉举报和咨询。

第二章　分类监管

第五条　食品相关产品生产监管部门对食品相关产品生产企业实行分类分级监管。

第六条　根据食品相关产品生产许可证发证范围，将食品相关产品生产企业分为发证企业和非发证企业两类。

对发证企业实行分级监管。

对非发证企业，主要采取确定年度重点监督目录和以监督抽查为主的方式进行监管，并按照相关规定开展安全评价工作。

第七条　区市场监管局按照食品相关产品生产企业质量安全等级评价原则（附件1）将发证企业分为A、B、C三个等级，仅作为内部监管依据。A级企业履行产品质量安全主体责任的保障能力较强和实现程度较好，具有较强的质量安全控制能力；B级企业具有基本的履行产品质量保障能力，具有一般的质量安全控制能力；C级企业符合最基本的质量安全要求，具有较弱的质量安全控制能力。

第八条　发证企业的分级初次评价由各区市场监管局根据新获取食品相关产品生产许可证企业的实地核查结果进行评价。

第九条　各区市场监管局根据评价情况，结合抽样检验、监督检查、行政处罚等监管情况，按照等级评价原则（见附件1，略），确定发证企业等级，并填写等级评价表（见附件2，略）。

第十条　发证企业生产多类食品相关产品的，均应当进行评价，并从严确定企业等级。

第十一条　发证企业等级每年调整1次。区市场监管局应在当年11月30日前完成年度分级调整工作，将结果报送市质量技监局，并据此编制下年度监督管理计划。

新获食品相关产品生产许可证的企业评价定级后，再次评价定级日期至获证当年11月30日不满6个月的，当年不再调整级别。

第十二条　各区市场监管局依据本办法，结合辖区实际，确定对不同等级发证企业实施不同的监管形式，原则要求如下：

（一）对A级企业实施责任监管方式，主要监督企业落实食品相关产品质量安全主体责任情况。

1. 企业应当按年度向生产所在地区市场监管局报告食品相关产品质量安全主体责任落实情况，积极回应、有效解决社会各方面反映的产品质量安全问题；

2. 各区市场监管局根据监管需要及社会反馈信息对企业落实食品相关产品质量安全主体责任情况进行监管；每年对A级企业实地检查频次不低于1次；

3. 各区市场监管局指导和支持企业不断提升履行食品相关产品质量安全主体责任的能力。

（二）对B级企业实施常态监管方式，主要采取以下监管措施：

1. 企业应当按年度向生产所在地区市场监管局报告食品相关产品质量安全主体责任落实情况，积极回应和解决社会各方面反映的产品质量安全问题；

2. 各区市场监管局根据本地实际开展监督检查；每年对所有B级企业实地检查频次不低于2次；

3. 各区市场监管局指导企业不断完善质量安全管理体系，增强履行食品相关产品质量安全主体责任的意识和能力。

（三）对C级企业实施加严监管方式，主要采取以下监管措施：

1. 企业应当按年度向生产所在地区市场监管局报告食品相关产品质量安全主体责任落实情况，积极回应和解决社会各方面反映的产品质量安全问题；

2. 各区市场监管局每年对所有C级企业实地检查频次不低于3次；

3. 各区市场监管局将企业质量负责人员纳入质量安全培训重点对象，逐步增强履行食品相关产品质量安全主体责任的意识和能力。

第十三条　根据行业特点、风险程度和监管实际情况，每年确定重点食品相关产品质量安全监督目录，对目录产品实施重点监管。

市质量技监局征求各区市场监管局，有关行业、部门等单位和专家的意见后，结合全国重点工业产品质量监督目录，制定公布上海市重点食品相关产品质量安全监督目录。

各区市场监管局可以在此基础上，结合本区域监管、技术保障能力等实际情况，制定本区域的重点食品相关产品质量安全监督目录。

目录实行动态管理，定期调整。

第十四条　食品相关产品生产监管部门应当增加对目录产品抽样检验的频次和样本数，同时加大抽查和处理结果信息发布力度。积极运用专项整治、风险因素调查分析、质量安全评价等食品相关产品质量安全监管工作职能和手段，加强对目录产品的质量安全监管，提高监管工作有效性。

第三章　监管方式

第十五条　食品相关产品生产监管部门开展食品相关产品生产监管工作，通过资料核查、实地检查、抽样检验等方式进行。

第十六条 执法人员按照有关规定，对企业提交的书面材料进行审（评）查，经书面检查合格的，可以不向企业书面反馈检查结果。

第十七条 执法人员可以通过询问有关情况、查阅文字材料、核查生产现场等方式进行实地检查。实地检查前要准备相关检查文书以及必要的设备，了解企业近期状况。进行检查时应按照下列程序进行：

（一）现场检查工作应由 2 名及以上执法人员开展，并向企业出示有效行政执法证，应当告知当事人检查的内容、要求以及相关的权利义务，确定企业的检查陪同人员；

（二）检查过程中记录检查的内容，对发现的问题应当要求企业相关人员进行确认。必要时可以对原料、半成品、成品进行抽样或对有关情况进行证据固定（如资料复印件、影视图像等）；

（三）检查中，应当制作现场检查笔录，笔录应当全面、真实、客观地反映现场检查情况。检查笔录经核对无误后，执法人员和企业负责人在笔录上签字或盖章。

第十八条 实施企业实地检查时，重点检查以下几个方面：

（一）食品相关产品生产条件、检验能力的变化情况；

（二）在年度企业书面材料检查中发现问题的相关情况；

（三）企业被责令整改后相关改进措施是否持续有效的情况；

（四）企业原辅料查验以及产品出厂检验情况；

（五）影响企业产品质量安全的关键控制点的控制情况；

（六）食品相关产品的标识标注情况；

（七）区市场监管局认为需要增加的其他内容。

第十九条 食品相关产品生产监管部门对食品相关产品进行定期或者不定期的抽样检验，必要时，可以对生产企业使用的食品相关产品原料、半成品等进行抽样检验。实施抽样检验应当购买抽取的样品，不得向被抽检单位收取检验费用和其他任何费用，抽检所需费用由同级财政列支。

第二十条 区市场监管局应建立食品相关产品生产企业以及检查人员名录库，采用随机抽查形式对食品相关产品生产企业开展日常监督检查，随机确定检查对象和检查人员，并及时向社会公开检查结果。

第二十一条 食品相关产品生产监管部门实地检查时，发现企业违反有关规定的，应当依法责令限期整改并跟踪复查整改情况；涉嫌违法的，应当依法进行查处。

第四章 监管措施

第二十二条 食品相关产品生产监管实施年度监督管理计划制度。区市场监管局应当制定本行政区域食品相关产品生产企业年度监督管理计划，依法做好食品相关产品生产监督管理工作。

区市场监管局可以根据工作部署、食品相关产品安全风险监测信息、企业食品相关产品安全信用状况、监管工作需要等，对年度监督管理计划进行调整。

第二十三条 食品相关产品生产监管实施监督抽查制度。食品相关产品生产监管部门应当依据有关法律法规，对本行政区域内食品相关产品生产企业生产的产品进行监督抽查，样品应当委托具有相应资质的检验机构检验。

监督抽查产品范围及检验项目可以根据本行政区域内食品相关产品质量实际情况确定。

对监督抽查不合格的，食品相关产品生产监管部门应当依法处理。

第二十四条 食品相关产品生产监管实施风险监测制度。各级食品相关产品生产监管部门应加强风险信息交流，通过食品相关产品安全风险信息收集和综合分析，由市质量技监局制定风险监测方案，组织开展食品相关产品安全风险监测工作。各区市场监管局可以根据工作实际，组织开展辖区内食品相关产品安全风险监测工作。

区市场监管局在日常监督和风险监测中发现重大食品相关产品安全隐患，应当及时报告市质量技监局。

第二十五条 食品相关产品生产监管实施生产企业报告制度。

取得食品相关产品生产许可的生产企业应当按年度向所在地区市场监管局提交自查报告。

企业在相关许可有效期内连续停产一年以上的，应当在恢复生产之前向所在地区市场监管局报告。区市场监管局接到报告后，应当对相关生产企业的生产经营条件进行核查，对不符合生产经营要求的，应当责令其采取整改措施；经整改达到生产经营要求的，方可恢复生产经营。

第二十六条 食品相关产品生产监管实施专项整治制度。食品相关产品生产监管部门根据监管实际和工作要求，针对企业可能或者已经出现问题的质量安全隐患开展专项整治，研究制定治理工作措施，重点排查和治理带有行业共性的隐患，防范系统性、区域性、行业性食品相关产品安全风险。

第二十七条 食品相关产品生产监管实施生产企业约谈制度。针对食品相关产品生产活动中存在的问题或者可能存在的质量安全风险，各级食品相关产品生产监管部门可以通过约谈企业法定代表人或负责人的方式，督促企业及时消除隐患，确保产品质量安全。

第二十八条 食品相关产品生产监管实施食品相关产品安全信用档案管理制度。各区市场监管局应当建立食品相关产品生产企业安全信用档案制度，收集、汇总辖区内食品相关产品生产企业安全信用档案信息，记录食品相关产品生产企业自查报告、实地检查、抽样检验、约谈和整改、违法行为查处等情况。档案保存期限按国家有关规定执行。

第二十九条 食品相关产品生产监管实施食品相关产品安全信息公开制度。

依据相关规定公开食品相关产品生产许可、监督检查、行政处罚等信息。增强信息公开的有效性，保障社会公众方便、及时地获取食品相关产品质量安全信息。

食品相关产品监管部门可以在食品相关产品生产企业生产经营场所醒目位置张贴生产许可、质量管理、年度自查、日常监督检查结果等信息，接受社会监督。

第三十条 食品相关产品实施应急处置制度。食品相关产品监管部门要按照上级部门食品安全事故应急预案的要求，制订本部门的食品安全事故应急预案或处置规程，开展必要的应急演练，提升应急处置能力。

第三十一条 食品相关产品生产监管实施食品相关产品安全举报奖励制度。鼓励公民、法人和非法人组织举报食品相关产品生产违法活动，符合有关条件的，按照规定予以奖励。

第三十二条 食品相关产品生产监管实施食品相关产品质量安全督查制度。市质量技监局对区市场监管局不定期组织开展食品相关产品生产监管督查。督查的形式包括查阅监督检查记录、组织开展交叉检查、随机抽查等。

督查的主要内容包括食品相关产品安全监管法律、法规、规定及重要工作部署的落实情况，食品相关产品安全工作会议决定的重要事项的落实情况，上级机关和上级领导的重要指示、批示及交办事项的落实情况，食品相关产品安全事故处置和重大案件查处情况，各单位履行食品相关产品安全监管职能情况等。

第三十三条 食品相关产品生产监管实施从业人员素质提升制度。督促食品相关产品生产企业落实培训工作，与产品质量安全相关的人员接受食品相关产品安全培训不少于规定时间，提升从业人员综合素质，增强质量安全责任意识和职业技能，提高食品相关产品生产企业质量安全管理水平。

第三十四条 鼓励开展食品相关产品生产企业质量安全保证自我声明，落实企业质量安全主体责任，营造公平竞争的环境，维护市场秩序，提升食品相关产品的质量。

第五章 附则

第三十五条 本办法由市质量技监局解释。

第三十六条 本办法自2018年4月1日起施行，有效期至2023年3月31日。原2015年1月5日发布的《上海市食品相关产品生产监管办法》自本办法施行之日起同时废止。

上海市质量技术监督局
修理计量器具诚信档案管理暂行办法

>>>>>>

第一条（目的和依据）

为了增强社会诚信观念，优化上海市修理计量器具许可行政审批程序，完善管理方式，提高行政效率，依据《中华人民共和国计量法》《中华人民共和国行政许可法》等法律法规和上海市行政审批制度改革相关要求，结合上海市实际，制定本办法。

第二条（适用范围）

本办法适用于区计量行政主管部门对辖区内经营修理计量器具的单位或个人诚信档案管理的全过程。

第三条（管理部门）

市计量行政主管部门负责制定诚信档案管理的相关制度、诚信档案信息系统建设、诚信信息汇总与分析，并指导区计量行政主管部门开展诚信档案管理工作。

区计量行政主管部门负责诚信档案具体实施工作，包括数据录入、核实、更新等内容。修理计量器具的监管原则上采用企业经营地原则。

第四条（档案内容）

诚信档案信息主要是指：修理计量器具单位或个人在修理计量器具的经营活动中，企业遵守法律法规、履约守信等信用记录。其主要内容为：

1. 企业基本信息。
2. 行政处罚信息。
3. 责任事故信息。
4. 违约信息。
5. 表扬奖励信息。
6. 其他与诚信相关的信息。

第五条（信息界定）

1. 企业基本信息主要是指：企业名称、注册地址、经营地址、所属行政区域、法人代表、统一社会信用代码（或营业执照、组织机构代码）等事项。

2. 行政处罚信息主要是指：企业存在违法行为，并依法受到行政处罚的事项。

违法行为包括：破坏计量器具准确度和伪造数据，给国家和消费者造成损失的；伪造、盗用、倒卖强制检定印、证的；妨碍监督检查；毁灭证据或者擅自破坏封存状态的行为。

3. 责任事故信息主要是指：修理的计量器具不合格，造成人身伤亡或者重大财产损失的，依照刑法有关规定，对个人或者单位直接责任人员追究刑事责任。

4. 违约信息主要是指：其他经营失信行为。

5. 表扬奖励信息主要是指：企业在修理计量器具领域作出重要贡献，并得到国家、省市或区级政府部门通报表扬和奖励的事项。

第六条（信息采集）

企业诚信信息主要来源于：

1. 上海市局和各区计量行政主管部门网站、有关文件；
2. 原修理许可信息系统；
3. 各区计量行政主管部门事中事后监管信息；
4. 对其诚信状况有影响的其他信息源。

第七条（档案管理）

1. 区计量行政主管部门负责注册所在地企业的档案管理工作，并可根据实际工作情况，采取政府购买服务方式，委托社会中介组织开展企业诚信档案管理工作。

2. 以每家企业为单位，按本办法要求建立企业诚信档案。

3. 以遵循有章必循，有诺必践为原则，企业诚信信息采集应真实、公正、及时。采集的书面材料应按规定存放。

4. 为推动企业树立诚信意识，区计量行政主管部门在实施监管时，可依据企业诚信档案信息制定相应的工作方案，实施诚信监管。

5. 区计量行政主管部门负责提供企业基本信息以及行政处罚、责任事故、违约、表扬奖励等信息；上海市质量技术监督局执法总队可提供行政处罚信息；上海市计量行政主管部门负责建立全市统一的企业诚信档案管理系统，并适时与外界信息进行对接，实现信息互通、信息共享。

6. 企业诚信档案信息应每年定期更新，如有重要信息变化应及时更新。

7. 有下列行为之一的，应追究相关人员责任。

（1）擅自修改诚信档案信息；

（2）擅自向他人提供诚信档案信息；

（3）违反商业秘密、个人隐私以及其他需要保密的信息等规定。

第八条（附则）

本规定自 2018 年 6 月 1 日起试行，由上海市质量技术监督局负责解释。

上海市质量技术监督局
修理计量器具分类和风险监督管理暂行办法

>>>>>>

第一条（目的和依据）

为了增强企业主体责任，完善上海市修理计量器具的管理方式，提高监管针对性和有效性，依据《中华人民共和国计量法》《中华人民共和国行政许可法》等法律法规和上海市行政审批制度改革相关要求，结合上海市实际，制定本办法。

第二条（适用范围）

本办法适用于上海市各区计量行政主管部门对修理计量器具单位或个人分类和风险监督管理的全过程。

第三条（管理部门）

上海市计量行政主管部门统一负责上海市修理计量器具分类和风险监管相关政策的制定和具体实施的监督检查。区计量行政主管部门在上海市计量行政主管部门的领导下，按照本办法负责本行政区域内修理计量器具的监督管理工作。

修理计量器具的分类和风险监管原则上采用企业经营地原则。实施证后监管的区计量行政主管部门应将产生的监管类数据实时上传综合监管平台，通过证照信息共享，实现部门监管衔接。

第四条（分类标准）

按照产品质量不合格可能产生社会风险的程度，根据目录中的计量器具分为2类：

1. 中等风险：涉及安全、人身健康的计量器具类别（共29类）；

2. 低风险：不涉及安全、人身健康的计量器具类别（共46类）。

第五条（分级标准）

按照企业的日常监管情况、投诉情况等，将企业分为A、B、C三个级别。

A级：具有完善的质量、计量保证体系，有很强的质量保证能力，并在最近1次的监管中发现问题数量少于2项（包括2项）。

B级：建立了质量、计量保证体系，有较强的质量保证能力；并在最近1次的监管中发现问题数量是3到4项。

C级：建立了质量、计量管理制度，产品质量保证能力一般。并在最近1次监管中发现问题数量为 5 项以上（包括 5 项）。

分类分级管理实行动态管理的原则，每年分级评价 1 次，各区计量行政主管部门每年根据上一年度监管情况确定获证企业分级等第。

第六条（监管方式）

各区计量行政主管部门可根据对企业执行日常监督检查的情况，对获证企业按照不同分级实施监管，具体为：

1. A 级企业以企业自主管理为主，优先推荐创优、创名牌，每年应检查的企业数不少于 A 类总数的 30%；

2. B 级企业以自主管理和监督管理相结合，每年应检查的企业数不少于 B 类总数的 50%；

3. C 级管理企业以监督管理为主，要通过加强日常检查等监管措施，对企业实施重点监管，每年应检查的次数每个企业不少于 2 次。

各区计量行政主管部门应对辖区内的企业三年内至少进行 1 次现场核查，组织进行日常监督检查时，可委托行业协会、相关专家协助审查技术性、专业性内容，涉及重大问题的应当及时向上海市计量行政主管部门报告。

第七条（档案管理）

实施监管的区计量行政主管部门负责经营地企业的建档管理工作，并通过上海市统一的网上政府大厅、综合监管平台、公共信用信息服务平台等统一收集、汇总、评价、发布、归档企业分类等第等信息。

第八条（附则）

本规定自 2018 年 6 月 1 日起试行，由上海市质量技术监督局负责解释。

第三部分

创新实践

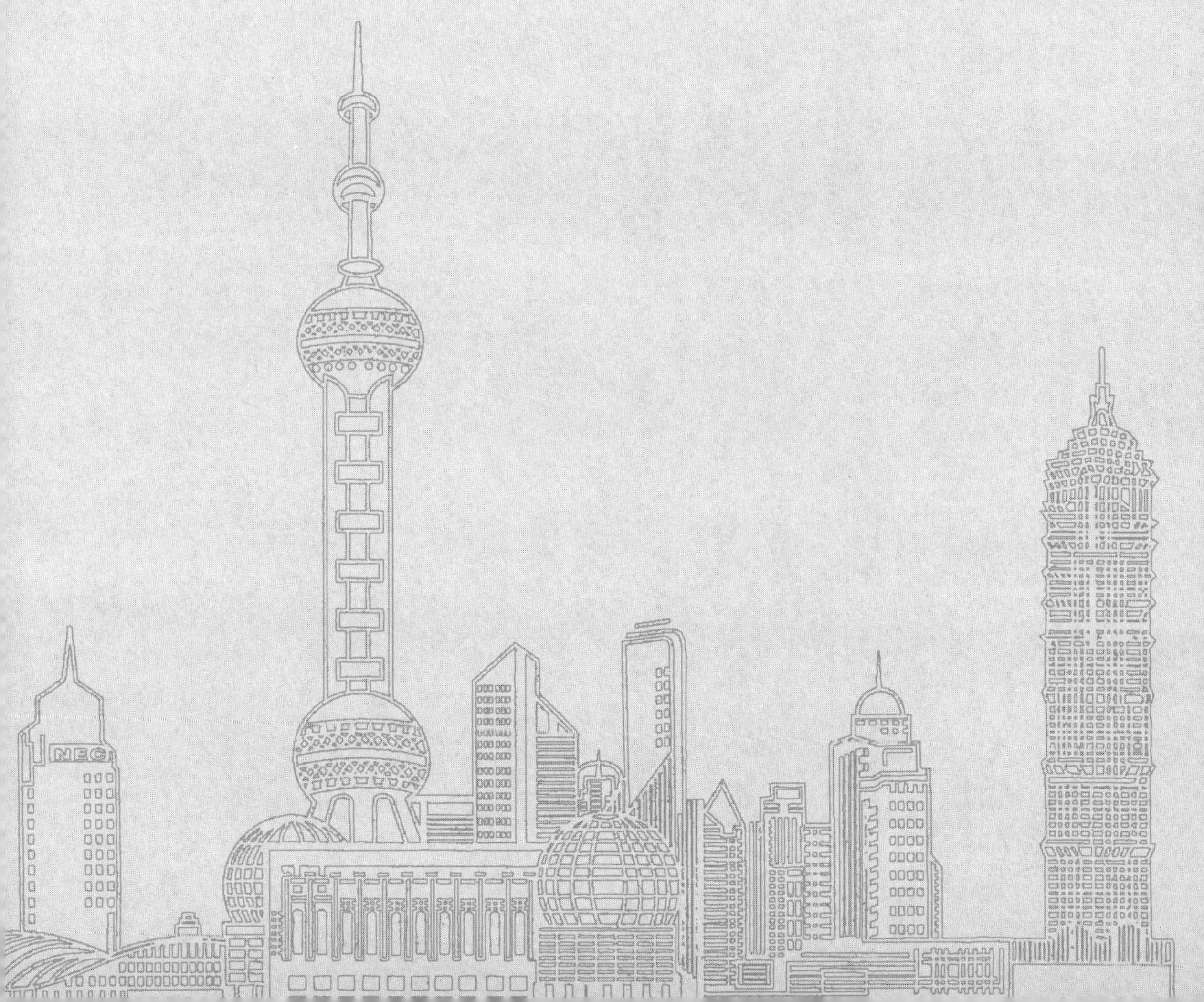

上海市质量技术监督局组织上海市行业协会制定全国首项共享单车团体标准

>>>>>>

2016年4月起，全国开始出现互联网租赁自行车，俗称"共享单车"，随着共享单车在全国投放范围不断扩大，使用过程中各种乱象不断产生，如单车押金管理不规范、车辆乱停乱放、未成年儿童用车安全等问题。为解决乱象问题，规范行业发展，上海市质量技术监督局（以下简称"市质监局"）按照"放、管、服"改革要求，探索实施标准化手段，在前期充分调研基础上，指导上海市相关行业协会，研究编制了全国首个共享单车系列团体标准，通过市场化和商业自律行为解决了大部分问题，为共享单车在全国规范发展奠定了技术基础。

共享单车作为新生业态，面世开始就发展迅猛。从上海情况看，2017年2月，全市已有超过30家企业开展共享单车业务，投放量超过45万辆，注册用户超过450万人次，2017年10月投放185万辆，注册人数超过1亿人次。投放量和注册用户数均处全国首位。作为新生事物，共享单车管理、服务、使用中产生的各种问题随之而来，有的甚至成为社会热点。单车虽小，却折射出背后的大治理问题。

为解决乱象问题，规范行业发展，市质监局按照"放、管、服"改革要求，探索实施标准化手段，在前期充分调研基础上，指导上海市相关行业协会，研究编制了共享单车系列团体标准，并向社会公开征求意见。8月份通过专家审定，并在国家标准委团体标准注册，2017年10月1日正式实施。

现将有关做法汇报如下：

一、调研中发现的问题和分析

共享单车面世伊始，市质监局就密切关注，2016年年初以来，会同相关单位开展了一系列调研，针对产品质量和服务质量，专门开展风险评估。发现，共享单车产品和服务质量存在一定风险。产品质量方面，突出表现在单车使用频率高，停放条件差，骑行距离大大超过常规自行车，按现有国家标准生产的产品无法满足共享需求，随着时间推移可能会产生人身安全风险。服务质量方面，突出表现在运营企业服务水平和能力远跟不上车辆投放水平，存在车辆乱停乱放、一线运营服务管理人员偏少、押金管理不明确、企业社会责任缺失等问题。我们分析认为，共享单车作为新生事物，需要在发展中规范、在规范中发展，既离不开政府的引导和规范，也离不开市场主体的

自律和良性竞争。

通过调研发现，团体标准是规范共享单车健康发展的重要手段。制定和实施共享单车产品和服务的团体标准，有助于强化市场主体自律，鼓励良性竞争，有效促进新生行业的规范发展。

二、认真研究制定高标准、包容性的团体标准引导共享单车规范发展

此次共享单车团体标准的调研、制定过程中，重点坚持了高标准、包容性和多方参与的工作原则。一方面，上海市自行车行业协会、主要共享单车运营企业、主要自行车生产企业和质量检验机构的共同、平等参与相关工作。另一方面，鉴于国内共享单车主要产地在天津，为从源头上控制单车质量，上海市质量技术监督局指导、支持上海市自行车行业协会，联合共享单车主要生产地的天津市自行车电动车行业协会，共同开展共享单车团体标准的制定工作。

目前，全国首次依托区域协作制定的《共享自行车服务规范》《共享自行车技术条件第 1 部分：自行车》等 2 项共享单车团体标准已完成编制并公开。其中，《共享自行车技术条件》产品标准主要针对共享单车产品质量和安全要求，不但要符合国家强制性标准要求，还根据共享单车特点增加了车辆维修要求和报废时限要求，实现产品质量全过程管理。《共享自行车服务规范》包括民众关心的平台建设、运营要求、设施设备维护要求、计费方式、押金管理、投诉举报使用人诚信体系管理和使用者伤害赔偿等内容。这 2 个团体标准将为共享单车规范有序发展奠定坚实的技术基础。

共享自行车团体标准出台后，在全国引起强烈的反响，各大媒体、电视台均纷纷报道，中央电视台和上海卫视专题采访上海市局相关人员，探讨标准如何规范共享单车问题，上海市局也将有关共享单车团体标准情况上报质检总局和上海市委、上海市政府。专报得到中共中央政治局委员、市委书记韩正同志的批示，同时我们报国家局的专报被质检总局评为 2017 年地方局最佳专报。

团体标准出台后，有效实施是关键，这项工作离不开社会各方的协同配合。团体标准作为市场主体自主制订和承诺实施的技术规范，既是参与共享单车领域各方所共同遵守的契约，更是共享单车运营商遵守经营行为的依据。上述团体标准正式发布实施后，上海市质量技术监督局将积极指导、会同相关部门和单位，以团体标准为依托，引导和规范共享单车企业市场行为，使标准要求真正落实到企业日常运营管理之中。同时，上海市质量技术监督局也将积极会同相关部门，将经过实践检验、成熟的团体标准作为政府部门实施有效管理的依据之一，在推进“放、管、服”改革中建立符合市民需求和城市管理要求的共享单车社会共治模式。

上海市质量技术监督局推进市场监管所标准化建设

>>>>>>

为巩固市场监管体制“四合一”改革成果，以标准化为手段推动基层由“合”向“融”转变。上海市质量技术监督局综合业务处自去年8月起联手各方，组织研发基层所建设相关标准3部（其中2部已正式实施），并在上海市44个基层所试点运行。2017年8月，上海市府办公厅印发《关于上海市加强市场监管所标准化建设的实施意见（试行）》，将试点经验向全市复制推广。

一、背景

上海市各区市场监管体制完成“四合一”改革以来，得到了中央充分肯定和社会各界的认可，改革红利进一步释放，民众获得感明显增强，有力地推动了经济社会发展。但是，随着市场监管领域机构改革和政府职能转变的全面展开，作为履行市场监管职能的前沿阵地和组织基础的市场监管所，还面临着不少问题和挑战。2016年8月起，根据上海市市场监管工作联席会议的统一部署，由上海市质量技术监督局牵头，联合上海市工商局、市食品药品监管局、市物价局以及各区市场监督管理局等部门开展市场监督管理所标准化建设工作，旨在通过推行地方标准《市场监督管理所通用管理规范》（以下简称《通用规范》），进一步加强对上海市基层所的规范化建设和运行管理。

二、主要做法

组织保障。为充分发挥各方合力、扎实推动基层所标准化建设，基层所标准化建设工作启动之初，成立了由上海市质量技术监督局主要领导牵头，上海市工商、质监、食药监、物价四部门（以下简称“市级主管部门”）分管领导参加的“市场监督管理所标准化建设专项工作领导小组”，领导全市基层所标准化建设工作。同时，设立了基层所标准化建设推进工作组（由上海市质量技术监督局分管领导和四部门相关处室负责人组成）和《通用规范》地方标准编写组（由市级主管部门、市质量和标准化院及部分基层所的同志组成），分别负责全市基层所标准化建设工作的组织推进和地方标准编写。

广泛调研。为确保《通用规范》最大限度地汲取基层所建设的经验成果，分片区开展了覆盖全市16个区市场监督管理局的意见征询会，发放针对基层建设现状和工作需求的调查问卷3000份，实地走访了近30个基层所，广泛听取基层意见。同时，对市级主管部门和区市场监管局提供的事权清单以及80余份相关工作规范（指南）进行研究对比，力求准确把握各层级、各部门的共性要求和个性需求，形成最大限度协调一致的统一标准。

沟通协调。在推进地方标准制修订实践中，我们探索建立了核心编写组每周一次分组讨论、全体编写组每月一次集中讨论、推进工作组每月一次推进、领导小组每季度一次集中审议的工作机制。并通过微信群、公共邮箱等实时提供信息、交换意见。在44个所的试点实践中，我们明确1位核心编写组成员作为对口联系人，实时了解试点部门的意见和需求，并提供及时的技术保障。

凝聚共识。经统计，在《通用规范》编制过程中，共收到基层所以及社会各界专家学者通过信函、网络等方式提出的修改意见和建议近300条，其中近九成被采纳。此外，向上海市府法制办、编办、公务员局、机管局以及各区政府等单位书面征求意见，共收到相关修改意见40余条，均被采纳或部分采纳。

试点推进。2017年1月至4月，浦东、黄浦、静安、闵行和嘉定等5个区的44个基层所对照《通用规范》率先开展试点工作。2月，5家试点区局全部完成试点动员暨《通用规范》宣贯培训工作，培训人数近1000余人次。试点期间，各试点区局开展组织机构、设施设备、运行管理等运行管理制度建设，按照职权法定原则和工作实际，重新梳理并明确下沉到基层所的事权，并根据4个市级行政主管部门提供的31个专业业务指导书，在跨业务事权整合的基础上，统一业务标准和执法程序，明确基层所“如何做”的问题，着重避免以市级条线重复布置检查任务情况的发生。同时，还对基层所办公用房进行改建，着力推进快检室等硬件建设。

舆论宣传。通过《质量与标准化》杂志、市级主管部门和市质量和标准化院官方微信同时发布了《一张图看懂市场监督管理所标准化建设》和《市场监督管理所标准化建设怎么干，听听局长怎么说》等系列宣传报道，微信宣传阅读量达4.6万余次。3月1日，《解放日报》对浦东新区市场监督管理局陆家嘴所进行了专题采访，3月2日，刊登了《全国首个市场综合监管“正面清单”在沪实施》相关报道。

三、结语

党的十九大报告指出：我国社会主要矛盾已经转化为人民日益增长的美好生活需要和不平衡不充分的发展之间的矛盾。基层市场监管工作紧贴民生，上海市质量技术监督局将持续运用标准化手段，促进职能转变、形成监管合力，提高政府治理能力、优化基层监管效率，确保人民群众满意度和获得感不断提升。

上海市质量技术监督局探索电能表管理创新实践

>>>>>>

为加强资源集约利用，保护生态环境，上海市质量技术监督局借鉴国际先进经验，开展电能表创新管理实践，组织编制上海市地方计量检定规程和地方计量技术规范，取得了国内领先的经验成果。

一、工作背景

电能表是电能贸易结算的计量工具，随着电力被现代文明所广泛运用，电能表计量的准确与否关系着几乎每一个人的切身利益。为保障贸易公平，世界各国普遍将电能表列入法制管理范畴，一些市场发达国家已普遍在对电能表规定了使用期限的基础上，采用了基于抽样统计的方法确定表具是否延期使用的规定。根据《中华人民共和国计量法》《中华人民共和国计量法实施细则》以及《中华人民共和国强制检定的工作计量器具明细目录》等法律法规的规定，目前我国对电能表实行“首次强制检定，限期使用，到期轮换”的管理制度。按照现行国家计量检定规程，电能表的检定周期一般不超过8年。这一要求意味着电能表在运行满8年后就必须强制更换。我国现有在网电能表约4.8亿台，平均每年报废近6000万台。根据统计，1台电能表大约包含塑料420克、金属350克，每年仅报废时产生的电子垃圾就达到1.2万吨，所需的更换经费更将近100亿元，总体来看，现有管理方式资源消耗较高，环境污染较大。

随着技术的进步，国外发达国家已逐步摈弃“一刀切”式的管理方式，而是普遍采用抽样检测的方法进行电能表更换的管理。美国、法国、德国、加拿大、英国等在这方面积累了丰富的经验。比如，美国在用电能表最长使用时间已经超过30年；德国则从安装一定年限后开始抽样5%，以后每年再抽5%，如果合格就继续使用。2010年,国际法制计量组织TC3/SC4工作组起草了《采用抽样方法对使用中民用仪表进行后续检定》的文件，建议若有效期即将到期的民用电能表抽样检测合格，可进一步延长50%的使用期限。

二、上海的探索和实践

进入21世纪后，上海广泛使用电子式电能表替代机电式电能表。与传统电能表相比，电子式电能表的计量性能更为可靠，入网运行更为稳定。随着国外先进经验陆续被介绍到国内，在质检总局计量司的指导下，上海市质量技术监督部门对这一创新方法高度重视，成立了课题小组开展研究，希望能够在上海实现类似的创新方式。课题研究时间累积持续10余年，期间，由上海市质量技术监督部门牵头，组织了对国际组织以及发达国家制订的电能表管理和技术文献的集中翻译，借鉴了国际法制计量组织TC3/SC4工作组推荐的技术路径，参考了德国、英国等发达国家的先进做法，建立了电能表主要元器件加速失效的实验设施，累计对60多万台在网运行和到期拆回电能表开展了检测并收集汇总了相关检验数据，克服了试验周期长、现场拆装用户配合度较低以及国内没有经验可循的诸多困难，掌握了上海市在网运行电能表质量和到期拆回电能表计量性能持续可靠的第一手资料。2016年，上海市质量技术监督部门发布上海市地方计量检定规程JJG（沪）56—2016《电子式交流电能表使用中检定规程》，该规程在我国第一个提出可以根据抽样检定结果，对符合极限质量水平的电能表批延长不超过4年的检定时间间隔。2017年，上海市质量技术监督部门又主动开展了上海市地方计量技术规范《电子式交流电能表状态更换管理规范》的起草，明确了在电能表抽样检定工作中相关各方的工作职责和操作流程，进一步保障了有关工作实施的公平公正。目前，该规范已通过专家审定，包括来自质检总局计量司以及上海市消保委的专家一致认为该规范具有前瞻性、先进性、适用性。

三、下一步工作

下一步，上海市质量技术监督部门将进一步推动基于统计抽样开展电能表计量管理的方法在全市应用，为全国的制度创新提供经验和借鉴；进一步提升上海市电能表入网要求，提高供沪电能表的原材料、工艺水平以及使用寿命等关键指标的招标要求，推动上海市电能表实现全周期管理；进一步加强宣传，主动邀请媒体，做好信息公开，打消社会疑虑。通过建立有效便捷的信息查询路径，确保每一位电能表用户都能够及时、公开、方便地查询到电能表强制检定及其更换信息，保证社会大众的知情权，把好事办好。

四、工作简介

电能表是电能贸易结算的计量工具，为保障贸易公平，世界各国普遍将电能表纳入法制管理范畴。根据规定，我国电能表使用满8年后就必须更换。目前，发达国家已逐步采用抽样统计的方法判断电能表的运行状况，并以此判断是否延长电能表的使用期限，进而最大限度地利用电能表工作寿命。国际法制计量组织也在开展这一领域的研究。为加强资源集约利用，保护生态环境，多年来上海市质量技术监督部门开展了持续研究，在借鉴国际先进经验的基础上，2016年发布了地方计量检定规程，2017年组织开展了地方计量技术规范的起草，相关创新成果属于国内首创，符合“放管服”改革方向，对节约社会资源，推动绿色发展有重要意义，体现了上海行政部门精细化的管理水平。

上海市质量技术监督局推行“互联网 + 质监政务服务”提升行政服务效能

>>>>>>

为进一步推进上海市质监信息化建设，上海市质量技术监督局科技信息处认真组织研究并积极探索实施了“互联网 + 质监政务服务”，积极推进行政事项的网上办理、政府信息的网上公开，探索质监政务与微信、市民云等手机应用深度融合，做好信息安全防护及法律宣贯，进一步提升了质监政务服务效能。

为贯彻落实《国务院关于加快推进“互联网 + 政务服务”工作的指导意见》和《上海市落实〈国务院关于加快推进“互联网 + 政务服务”工作的指导意见〉工作方案》的有关要求，进一步推进上海市质监信息化建设，上海市质量技术监督局科技信息处认真组织研究并积极探索实施了“互联网 + 质监政务服务”，具体情况如下。

一、制定质监政务服务方案

结合上海市质监工作实际，上海市质量技术监督局科技信息处研究制定了《上海市质量技术监督局“互联网 + 质监政务服务”工作方案》，将工作任务细化到具体责任部门，着力打造以现代信息技术为支撑，网络安全可靠、信息资源共享、应用功能完备、服务便捷高效、辅助决策有力的“互联网 + 质监政务服务”体系。同时，发挥市局与中国移动通信集团上海有限公司的战略合作优势，探索推进电梯物联网建设、推进新一代网络与信息产业发展、加强质监信息宣传发布等方面的深入合作。

二、推动行政事务网上办理

依托市局门户网站，局科技信息处积极整合政务服务资源，着力推进审批事项集中受理的政务服务管理平台建设，并加强与网上政务大厅的工作对接，着力构建一体化互联网政务服务平台，为市民提供一站式办理和查询服务，实现统一用户管理、统一待办事项、统一信息提醒功能。目前，市局所有行政审批事项已全部接入网上政务大厅，部分管理类事项也已接入网上政务大厅。同时，局科技信息处积极配合推动电子证照、电子签章等在政务服务中的应用，建设统一的电子签章管理与服务平台，为业务管理和审批系统提供统一的电子签章服务接口，深化事项网上办理深度。

三、促进数据资源共享开放

依托上海市政府数据资源服务平台，局科技信息处组织开展信息化项目中已编目数据资源和已开发数据接口的全面清理，及时归并了有重合内容的数据项，进一步明确了数据资源的指向和范围，提高了数据共享的辨识度和匹配性，完成了2017年度部门拟新增向社会开放数据资源计划。在深入推进法人库数据资源开放和共享方面，局科技信息处重点把握业务系统数据抽取、数据入库问题反馈和入库质量改进等关键环节，实现数据质量的稳步提升。市局还积极推进市公共信用信息平台与金质工程系统的数据对接，更好地服务跨部门协同应用。此外，局科技信息处以市局门户网站为载体，全力做好质量技术监督监管信息、产品质量监督抽查结果信息、产品质量风险预警信息，主动公开全部行政处罚案件信息等政府信息的网上公开工作。

四、探索政务信息“指尖”查询

局科技信息处运用“互联网＋质监政务服务”思维，探索推动质监业务和微信、市民云的深度融合，依托“上海质监发布”微信订阅号和市民云APP着力打造“指尖上的查询大厅”。2017年6月微信订阅号的信息查询功能上线，2017年10月“市民云”APP的“质监服务”栏目上线，市民通过手机使用“查查品质”“电梯检验信息查询”“游乐设施检验信息查询”等11大类信息查询功能，就能了解质监相关业务的信息。截至2017年10月中旬已有4203人次使用过查询功能，市局的办事透明度和公信力得到了进一步的提升，质监业务的社会影响力得到了进一步扩大。

五、持续强化信息安全防护

按照关键信息基础设施检查和重要信息系统等级保护的要求，局科技信息处组织相关部门做好局门户网站系统和局金质工程系统三级等保的安全测评，以及对两个重要信息系统的等保定级升级、备案更新工作。同时，局科技信息处充分发挥网络安全监管平台作用，借助第三方信息安全专业技术支持，做好日常网络、信息系统安全的监控、巡检及应急演练工作。十九大期间，局科技信息处组织局信息中心、信息系统运维公司做好7×24小时的系统设备及网络安全保障服务工作，确保质监信息系统在十九大期间的正常平稳运行。此外，局科技信息处以“网络安全为人民，网络安全靠人民”为主题，组织开展了为期一天的信息安全日活动，各区市场监督管理局、局属各单位、局机关各处室等共计70余人参加。活动从《中华人民共和国网络安全法》宣贯、大数据安全、安全态势感知三个方面做了深入浅出的培训讲座，进一步提高了与会人员的网络安全意识。

上海市质量技术监督局执法总队
积极探索电商领域质量监管新模式

>>>>>>

2017 年，上海市质量技术监督局执法总队在电商领域质量执法监管过程中，积极创新执法方式，提升质量监管效能。在“3·15”“质量月”期间，结合行业专项整治针对性、持续性地打击电商违法行为，查处了多起电商制假售假案件；注重打扶结合，与上海市电商协会、多家电商平台及企业签订合作备忘录，建立密切协作联动机制、合作共治双赢机制及质量提升研究机制。

随着电商平台的迅速发展，网购产品质量良莠不齐，消费投诉呈逐年上升态势。为打击利用电商平台实施的质量违法行为，上海市质量技术监督局执法总队按照质检总局和上海市局部署要求，加大对电商产品质量的执法监管力度，主动排摸电商违法线索，对恶意违法行为严查重处；针对行业共性问题开展专项整治，积极探索打扶并举、社会共治的质量监管新模式。2017 年以来共查处电商领域相关案件 10 余起（其中移送公安机关 2 起，外地市场监管部门 1 起），货值金额 250 余万元，查处电商领域产品质量违法行为初见成效。

一、深入调研排查，完善电商产品质量监控

由于电子商务产品交易渠道与传统模式不同，质量申诉举报案件“取证难、调查难、定性难”的矛盾较为突出；同时，由于监管部门多、职能交叉重叠，客观上也给电商的监管带来难题。为切实提升执法监管有效性，上海市质量技术监督局执法总队成立课题攻关组，对电商领域质量违法行为开展深入调研，一方面赴阿里巴巴、1 号店等电商企业了解电商平台质量控制的主要措施、存在的问题和对政府监管的意见、建议，与市电商协会就如何形成对电商平台质量安全“齐抓共管”的工作格局进行交流与沟通。另一方面，加强与质检总局电商产品质量 12365 举报处置指挥中心的信息沟通，及时掌握网络销售产品源头质量信息，对淘宝、京东等国内主要电商平台进行网购产品质量监控，通过风险监测、网上买样、执法抽查、受理消费者投诉举报等多种形式，排查电商质量违法行为，查处了一批大案要案。2017 年 1 月，会同宝山公安查获一家假冒康普、安普品牌的弱电产品的淘宝网店。现场查获该公司待销售的标注有“AMP”“COMMSCOPE”注册商标的弱电产品，涉案产品达 49 个型号品种 2 万余件，涉案产品货值逾 30 万元。

二、开展行业整治，严打电商质量违法行为

为了最大限度排除电商产品质量安全隐患，促进消费品质量提升，2017 年以来，总队以行业整治为抓手，以民生产品为重点，运用网络大数据，通过对电商平台、电商协会的产品质量风险数据、电商产品质量投诉举报信息和执法打假数据等进行梳理，对京东、淘宝、苏宁、1 号店等平台网上销售产品如家电、电子电器、儿童用品等商品加强监测，通过线上买样、线下确认，第三方检测等方式进行执法抽查、风险监测，对不符合产品质量要求的电商违法行为采取严厉打击，取得良好效果。“3・15”期间，会同市公安局经侦总队查获一家销售水晶饰品的淘宝网店，查获涉嫌销售假冒“SWAROVSKI”（施华洛世奇）品牌的水晶饰品、车用香水等产品 100 余只，产品外包装及质保卡等 100 余件。“质量月”期间，联合公安部门对上海市静安区一销售假冒硒鼓、墨粉盒的网络店铺进行了突击检查，对其仓库内待销售的假冒粉盒 160 余个，假冒硒鼓数个及假冒某品牌包装盒 1 箱进行扣押查处。执法过程中，采用新闻全程现场直播的方式，实时、立体、透明显现执法人员执法现场情况，引发社会的广泛关注，解放日报、新民晚报、网易、新浪等各大媒体网络都第一时间转载报道，极大提升了质监执法工作的社会贡献率和广大市民的质量获得感。

三、推动社会共治，探索电商领域监管新模式

电商产品质量问题既是民生问题也是社会问题，不仅需要执法部门，更需要电商主体以及全社会积极参与质量监管工作，推动产品质量社会共治。为此，在对电商产品质量违法行为严查重处的同时，总队积极探索与相关企业、检验机构、行业协会等加强协作深化质量监管共治机制。年中分别与京东商城、1 号店签订了合作备忘录，督促指导其加强对网店的管理，落实商品质量管理责任，互通电商平台数据和总队的产品质量监测信息；质量月期间，组织召开空调生产、销售企业集体约谈会，与会 17 家企业均承诺表态并签订产品质量承诺书；并与上海市电商协会签署协议，建立密切协作联动机制、合作共治双赢机制及质量提升研究机制，创新了行业协会与政府部门的合作交流，共同推进和提升电商产品质量建设。这些创新性的举措经央视、新华社等多家媒体连续报道后，引起社会广泛关注，彰显了质监作为，提振了消费信心。

上海市特种设备监督检验技术研究院整合上海市特种设备作业人员考试机构提升考试工作质量

>>>>>>

上海市特种设备监督检验技术研究院（以下简称“市特检院”）立足上海市特种设备安全工作实际，坚持放、管、服相结合，开展上海市特种设备作业人员考试机构整合调整，负责全市特种设备作业人员的考试报名、申请资料审查、统一安排考试、考试成绩评定与通知，合理布局考场，实施考培分离，提高了考试质量和服务水平，确保考试公正公平，实现上海市特种设备作业人员考试工作规范及有序运行。

一、实施时间及范围

根据上海市质量技术监督局《关于上海市特种设备作业人员考试工作调整和规范的意见》（沪质技监特〔2017〕20 号）要求，为确保特种设备作业人员考试质量，2017 年对全市特种设备作业人员考试机构进行整合，由市特检院集中对全市特种设备作业人员进行考试，并于 2017 年第四季度统一实施，实现考试工作的统一规范管理。

二、具体做法

1. 加强组织领导，明确任务目标。为认真落实作业人员考试工作改革，积极指导改革工作目标的有效推进，市特检院将“关于特种设备作业人员考试工作调整的落实推进”作为考试中心年度党风廉政责任项目加以监督落实，要求专项小组严格把握上海市局的 4 项基本原则，认真落实 6 项工作任务，按时间节点完成工作目标。2007 年年初，成立专项课题组，由院长任组长，分管副院长、质量管理处、考试中心相关负责人任组员，负责课题的各项工作。同时，成立专项任务组，通过每周工作例会布置工作、汇总问题、讨论方案、修改文件，为有效落实各项工作任务起到了积极的指导作用。

2. 规范工作流程，落实工作责任。规范上海市现行作业人员考试、制证工作流程，实行统一的考试程序和考试标准。2017 年 3 月，市特检院针对特种设备相关管理、锅炉作业、压力容器作业等 10 个作业种类、38 个作业项目的考试工作，制定了《特种设备安全管理负责人考试实施细则》《锅炉安全管理和司炉考试实施细则》及《锅炉水处理考试实施细则》等 10 本考试实施细则。6 月，修订完成《特种设备作业人员考试资料审核管理办法》《理论考场纪律和注意事项》《操作考场纪律和注意事项》《考试监控录像管理办法》《考试中心突发事件应急处置办法》等15个制度，全面梳理、调整和完善考试工作流程，实现考试工作的统一规范管理。7月，坚持科学规范、合理衔接、方便快捷原则，通过提出改进需求、修改完善功能、系统模拟测试等环节，对考试管理系统进行深度优化，增设了网上报名、自动排班、考试全过程查询等更加便民的功能，为满足全市集中考试提供更加优质的服务。

3. 统筹兼顾资源，合理布局考场。针对叉车考试人数较多、区域分布广的特点，2月，市特检院明确设置叉车考场的条件和办法，深入现场调研，综合考察待选地址的考场地形、基础设施配备、路况交通、周边环境等情况，对选用考场实行优胜劣汰制度，通过委托招标、机构推荐、网上查找、会议决定等方式，于9月完成浦东、宝山、松江等三个叉车考场的选址工作，三个新考场目前按照考试要求紧锣密鼓地进行布置改造，将进一步改善上海市特种设备作业人员考试工作的基础设施条件。年底将完成其他特种设备作业人员考试项目的集中管理，有序推进全市作业人员考试工作改革。

4. 实施考培分离，提高考试质量。以坚持公开、公正、公平为原则，切断以营利为目的的利益链，确保考试工作的独立性和非营利性，实行统一的考试申请受理、考试组织安排。根据《中华人民共和国特种设备安全法》《特种设备安全监察条例》和《特种设备作业人员监督管理办法》等规定，结合上海市考试责任主体与专业培训进行社会分工的要求，8月，市特检院培训中心逐步停止了所有与考试项目有关的培训任务，有助于提高作业人员考试质量，确保考试公正公平。

5. 加强监督抽查，确保公平公正。深化特种设备作业人员考核管理委员会办公室建设，加强对作业人员考试各项工作的监督管理和日常抽查。研究制定一套合理全面、操作性强的考评员管理测评系统，切实加强对考评人员的监督管理。开展岗位监督检查，对内部考试现场和9个外点考试现场实时进行跟踪抽查，指定专人通过视频监控实施监督检查，发现问题、及时纠正，及时处理，并做好记录，确保了特种设备作业人员考试工作“公平、公正、安全、规范”地顺利开展。

三、取得效果

1. 统一了考试标准。市特检院全面梳理、调整和完善考试工作流程，实行统一的考试程序和考试标准，严格依法依规和落实工作责任，严把考试质量关，实现上海市特种设备作业人员考试工作的规范有序运行。

2. 方便了广大考生。市特检院通过信息化手段，实现考生网上报名、资料上传及审核、考试信息查询等功能。理论考试考场紧贴地铁13号线大渡河路站3号出入口，交通便利。

3. 加强了政府监管。市特检院充分利用上海市作业人员考试资源进行择优选用、合理布局、加强日常管理，有利于监管部门集中对考试工作质量进行监督抽查，实现有效监管。

市特检院将认真学习贯彻党的十九大精神，以提升考试工作质量为主攻方向，忠实履职、严格把关，为维护特种设备安全运行和城市公共安全作出新的更大贡献。

四、图片资料

（一）最佳实践实施过程

根据上海市质量技术监督局《关于上海市特种设备作业人员考试工作调整和规范的意见》，市特检院修订考试中心《质量手册》《程序文件》（见下图），实现了上海市特种设备作业人员考试工作的规范有序运行。

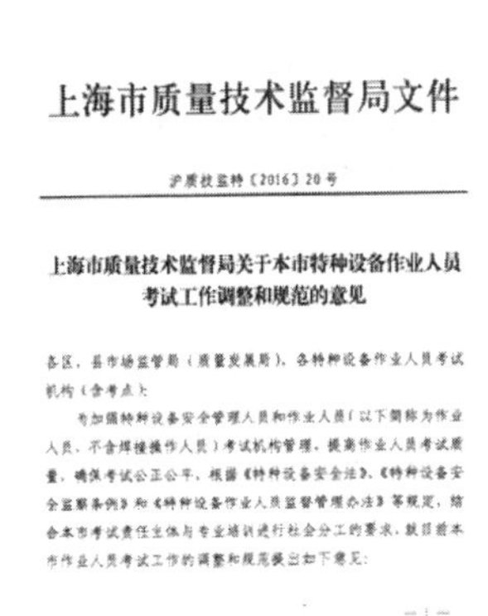

上海市质量技术监督局文件

沪质技监特〔2016〕20号

上海市质量技术监督局关于本市特种设备作业人员考试工作调整和规范的意见

各区、县市场监管局（质量发展局），各特种设备作业人员考试机构（含考点）：

为加强特种设备安全管理人员和作业人员（以下简称为作业人员，不含焊接操作人员）考试机构管理，提高作业人员考试质量，确保考试公正公平，根据《特种设备安全法》、《特种设备安全监察条例》和《特种设备作业人员监督管理办法》等规定，结合本市考试责任主体与专业培训进行社会分工的要求，就目前本市作业人员考试工作的调整和规范提出如下意见：

— 1 —

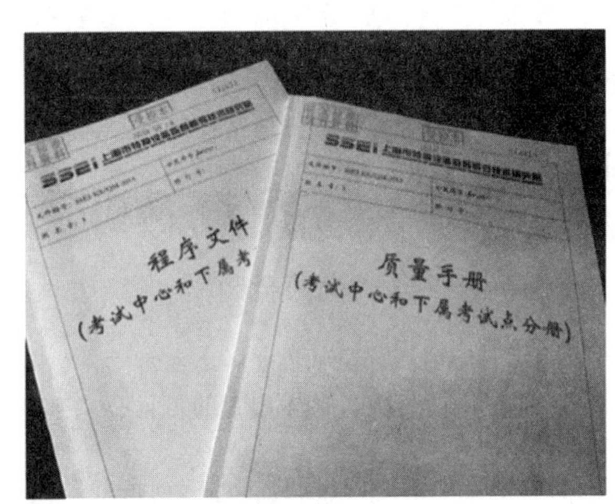

（二）最佳实践实施效果

通过信息化手段，实现考试全程视频监控（见下图），有效提高考试质量和服务水平，确保考试公平公正。

上海市质量技术监督局执法总队事中事后监管工作实践

长乐路在上海人的心中是有一些份量的，法桐树和老洋房已使其成为上海文化的标志之一。但长乐路的份量不止是充满文艺气息的美景，因为这里还有一群质量卫士，默默坐镇沪上一片沃土，守护着百姓一方安康，他们用二十多年如一日的坚守，用辛勤的工作和无畏的勇气守护着这个城市的质量安全，于无声处见证伟大。

一、拳头上长出“火眼金睛”

2016 年 3 月的申城，空气里还带着丝丝寒意。上海市质量技术监督局执法总队三支队的队员们在一大波新闻媒体记者的见证下，来到人流熙攘的城隍庙，对附近的三家金银饰品店开展突击检查。

不出一个小时，《上海质监抽检城隍庙贵金属饰品：五百双银筷连接部位掺杂铜铅》《小细节处藏猫腻上海质监部门查获 500 余双问题银筷》等相关消息便见诸各网络报端。

接下来的三周时间里，随着“3 · 15 质监在行动”紧锣密鼓地进行，诸如“上海质监部门查处 20 余万包劣质餐巾纸、查处砖桥贸易城大量山寨电器”等一篇篇执法报道被电视和网络媒体密集播出，上海市质量技术监督部门的“技术执法”威力在令广大市民叹服的同时，也不断刷新着他们对质量的认知。

质监利剑，所向披靡！然而，任何成功都非偶然，技术执法探索之路一开始并不那么一帆风顺。

2003 年起，为切实提升执法的精准度和有效性，总队率全国同行之先，专门装备了技术执法车。但现场检测项目涉及品类繁多，怎么才能做到花最少的成本，达到最大的执法效能？此项课题攻坚重任最终落到了刚从部队转业的熊信坚身上，他二话不说，与执法人员、实验室技术人员一道，开始了立项、实验、失败、再实验的漫长过程，熬夜加班成了家常便饭。经过数年艰辛努力，这支几乎全部由非专业人士组成的质监执法队伍，个个都练就了一双“火眼金睛”，快速检测技术和检测设备一次次在执法实践中大显神威。

“技术执法”作为质监执法“重炮武器”所显示出来的威力，从熊信坚牵头办理的“上某油气站有限公司销售不符合保障人体健康和人身、财产安全的国家标准的

93 号车用汽油案”中可见一斑。

2012 年 5 月 8 日，上海莲花南路某加油站发生严重的油品质量事故，导致数百辆汽车出现怠速抖动、加油熄火等异常现象。一百多位车主前往加油站讨要说法且情绪激动，尽管有多名公安人员现场维持秩序，仍不能有效控制。市领导指示质量技术监督局前往处理，熊信坚第一时间率执法人员赶赴现场，一边做集聚驾驶员的情绪稳定工作，一边收集证据，展开执法检查，事态迅速得到控制。

在后来三天两夜的时间里，执法人员连续奋战，饿了就吃一点干粮，困了就在桌子上趴一会，白天他们走访质检技术机构、行业协会、石化专家，晚上找资料做调查，行车几百千米，从油品的来源、运输、储运、加注等各个环节展开仔细调查。

然而，检测结果却出乎所有人的预料，所有油品经检测，全部符合国家标准，这下难倒了执法人员。问题出在那里？现象几乎都是车辆怠速不正常、加油加不起来、有时候还会导致车辆熄火，并且越是旧车、低档车，出现故障越多。

根据在部队油库多年的工作经验，熊信坚立即通知质检站按照三大公司的外采指标对有关项目继续检测，得出的结论是，送检的 93 号车用汽油都含有甲缩醛。经专家深入分析和反复论证，一致认定甲缩醛是导致本次车辆无法正常运行事件的非正常添加物。

本案的成功办结，及时有效地化解了事件可能引发的各种风险，对社会稳定做出了积极贡献，得到了市领导的充分肯定。同时也给质检系统处理类似案件提供了可参照的处理办法，展示了总队关键时刻从容应对突发事件、出色完成执法任务的风采。

经多年实践，上海市质量技术监督局执法总队的技术执法工作在全国质检系统处于领先地位，从金银饰品的金属含量、电动自行车的最高车速、塑料杯的承重性能、餐巾纸的荧光析出量、塑料袋的厚度等项目中成功开发出 30 余种产品的现场快速检测方法，查处了大量涉及安全、民生、环保类案件，通过技术执法手段查获的案件已占总案件数的 20%。近年来质检总局专门向总队征集了 6 项行之有效的快速检测技术，在全国质监系统予以推广应用。

二、“资料交给我们，我们来跑”

从杨浦到位于奉贤、金山交界的上海化工区，往返 150 多千米，这是郑文婷每个工作日的通勤距离。在上海市质量技术监督局执法总队化工区支队，像她一样家住市区、上下班需横穿大半个上海的同事还有很多。但距离的遥远和奔波的辛苦没有阻挡队员们的热情。

在这个“离上海市区很远离世界很近”、占地 29.4 平方千米的化工区里汇聚了英国石油化工、德国巴斯夫、拜耳等一大批世界 500 强及著名公用工程公司，遍布着 7400 余套压力容器、近 2000 千米压力管道及数以百计的锅炉、起重机械和电梯。由于化工区内部产业关联程度很高，一家企业的产品很可能就是另外好几家企业的原料。一旦因安全原因造成生产停车，将牵一发而动全身，所产生的损失无法估量。

面对安全监管难题，化工区支队在2014年12月成立后，第一时间建立了党支部，以打造特别能吃苦、特别能战斗、特别能奉献的“特种尖兵”为目标，两年多的时间里，这支平均年龄不到35岁的年轻队伍交出了一份令人满意的答卷。

“我们来跑”是支队入驻化工区后的第一个承诺。

以前，企业办理特种设备行政业务都需要跑到位于市区的上海市质量技术监督局业务受理中心办理，来回折腾不说，有时填错一张表格或忘记盖公章，还需要往返好几次。支队入驻以后，在最短时间内实现了园区特种设备“一站式”服务和归口管理，园区企业只要填好相应表格提交至支队，支队青年党员就会集中前往市质量技术监督局完成后续的审批、盖章等工作，受理服务效率也由原来的一天缩短到半小时。

随着工作的开展，“我们来跑”的范畴越拓越宽，支部党员“主动出击”，对自己提出了三个“跨前一步”的服务要求。他们主动前往企业，现场提供协助和指导。同时在合法合规的基础上，简化办事程序，加快设备的登记办证。最多的一次，短短三天就完成了数千台设备的登记换证工作。

节假日期间，为便于及时沟通，化工区支队和园区企业的负责人们建立了一个微信群，“7×24”小时的服务模式确保企业的任何问题都可以在第一时间里得到回应和解答。

在园区里，11名队员要管理接近30平方千米内数以万计的特种设备，继续采取“保姆式”管理方法，不合理也不可行。转变监管方式势在必行。

经过多次“头脑风暴”，支队决定要牵住企业有效落实安全主体责任这个牛鼻子，将监管重心放在企业是否设立管理体系、是否严格依照管理体系运行、人员是否都持证上岗、责任制度是否落到实处上。为此，支队积极探索分类分级的监管模式，推进企业安全隐患的自查自纠，推行全面隐患排查试点。通过这项工作，企业主动上报安全隐患40多处，其中有3处属于重大安全隐患，主动补齐各种证照40多起，化工区支队的工作已经成为上海市特种设备监管领域的样板。

用党建引领发展，用真情服务园区。2017年6月，化工区支队党支部被上海市委组织部命名为100家“上海市党支部建设示范点”之一。

三、365天，天天为民服务不间歇

深夜1点，值守晚班的黄淑为正忙着将一天的申诉情况录入电脑作数据分析，突然一声急促的电话铃声划破了夜晚的寂静，电话那头传来一位男士惶恐焦虑的声音：“我现在一个人被困在大楼的电梯里了，电梯一动不动，门无法打开，我该怎么办啊?”这位“上海好声音”的获得者当即用训练有素的专业知识安抚对方：“先生，您先不要害怕，电梯有通风设施，不会造成窒息，您千万不要试图强行打开电梯门，以免发生不必要的危险。”待其情绪稍缓后，她又立刻帮助其向外求援。整个救援过程中，黄淑为一直通过电话陪伴对方。在安全走出电梯的那一刻，被困的那位先生感慨地说：“想不到在这样的深夜，在我最无助的时候，还能得到12365如此及时的帮助，质监局果然是好样的!”

用心服务，收获感动；用心体会，传播感动！中心像这样真心为消费者排忧解难的故事数不胜数。无数次倾诉和倾听，无数次沟通和理解，12365 用一条无形的热线架起了政府与百姓之间的沟通桥梁，用辛勤的汗水和热情的服务谱写了一首民生的青春之歌。

作为上海市质量技术监督局面向社会的服务窗口，总队的 12365 中心一直以“服务标准化、服务最优化、服务便民化”为工作目标，用真心真情，将“一年 365 天，天天为民服务不间歇”的质监服务理念洒播到百姓的心田。为最大程度满足群众对产品质量鉴别的需求，每年 12365 中心都会组织志愿者深入广场、社区、公园，开展不同主题的现场咨询活动，把质监的法律法规知识和日常家居、家电、汽车、服饰等消费品的使用、鉴别知识送入寻常百姓家，打通为民服务“最后一公里”。哪里有呼唤，哪里就有 12365 的服务；哪里有需要，哪里就有总队人员的身影。

“申诉企业直通车”作为质量技术监督部门为市民提供质量维权的绿色通道，在全国首创，也是最受老百姓欢迎的服务品牌之一。为更好更快地处理知名企业产品申诉，中心工作人员深入企业调查，通过开展党支部共建等方式，组织上海知名度高、信誉较好的企业签订长期协议。对于产品更换、退货，只要诉求合理，一天内联系，一周内处理，两周内办结。截至目前，已累计吸纳 212 家企业，通过直通车处理的申诉达 6100 余件，案件处理时限平均缩短 12 天，为消费者挽回损失 4600 余万元。而搭上这班“直通车”，也意味着企业在消费者维权情况处理上更加省时省力，极大提升了品牌的影响力和市场满意度。

精益求精是 12365 中心工作态度的真实写照。2016 年年初，面对政府热线并线以及市场监管体制改革后沟通不畅、案件办理时效降低等情况，12365 的姑娘、小伙们没日没夜，加班加点起草了督办、考核、回访、约谈等一系列新制度，全面规范业务处理的服务用语、处理流程和管理制度；历时三个多月梳理出各类标准 117 项，建立了 12365 质量热线公共服务标准化体系，实现 12365 标准化服务全覆盖，为 12345 市民服务热线的标准化工作提供了参考模板。

长乐路说长不长，在总队的执法路线上，只是一个小小的起点；22 年说短不短，在总队的成长历程上，取得了累累硕果。先后被评为全国质检系统“双打”先进集体、上海市第二批依法行政示范单位，连续 9 届荣获上海市文明单位，连续 3 届荣获上海市平安示范单位。有 8 人获得全国质检系统执法办案能手，1 人荣获全国最受欢迎的法治人物称号，2 人荣获上海市“五一”劳动奖章、1 人获上海市“五四”青年奖章、1 人获上海市“巾帼建功标兵”称号。12365 中心被授予全国和上海市“三八红旗集体”、全国和上海市“用户满意服务明星班组”、上海市“青少年维权岗”等称号；2010 年，被党中央、国务院授予“上海世博会先进集体”。

这支朝气蓬勃、战功赫赫的队伍骨子里流淌着长于创新的干劲和乐于奉献的精神，他们是平凡的公务员，静静地从事着普通的工作；他们是勇敢的质监人，默默地守护着百姓的安全。

进入新时代，迈向新征程。在全面决胜建成小康社会和质量提升的号角声中，他们将不忘初心，矢志不渝，牢记使命，砥砺前行，用责任和信念，为上海的质量事业谱写新的篇章。

上海市质量技术监督局执法总队查处以不合格产品冒充合格产品的驱蚊产品案

>>>>>>

一、案例情况

2015 年 8 月，上海市质量技术监督局执法总队执法人员对网络平台销售的驱蚊环、驱蚊贴产品进行风险监控，发现某网络平台在售的艾草娃娃户外防护贴及户外防护环产品涉嫌存在严重质量问题。产品外包装标注“委托方：上海 A 生物科技有限公司，受托方：上海 B 工贸有限公司”。

2015 年 9 月 7 日，上海市质量技术监督局执法总队执法人员对上海 A 生物科技有限公司进行现场检查，对该公司库存用于销售的户外防护贴及户外防护环产品抽样送检。经检验，上述产品含有农药“驱蚊酯”成分，不符合标准规定的强制性条文要求，为不合格产品。经调查，该公司自 2013 年 7 月至 2015 年 9 月生产、销售以不合格产品冒充合格产品的驱蚊产品 193084 袋，货值金额 590757. 74 元。

上海 A 生物科技有限公司生产以不合格产品冒充合格产品的驱蚊产品行为违反了《中华人民共和国产品质量法》第三十二条的规定，依据《中华人民共和国产品质量法》第五十条的规定，上海市质量技术监督局对上海 A 生物科技有限公司作出了相应的行政处罚。

二、案例分析

根据外包装的标识标注描述，上海 A 生物科技有限公司与上海 B 工贸有限公司存在委托生产加工的关系，上海 A 生物科技有限公司为委托方，上海 B 工贸有限公司为受托方，产品质量责任应由委托方上海 A 生物科技有限公司承担。鉴于两公司存在产品的委托加工生产关系，执法人员通过深入调查，查明以下事实：1. 上海 B 工贸有限公司于 2011 年发布了驱蚊产品的企业标准，并同时期在互联网上对外宣传推荐驱蚊产品；于 2013 年 6 月始向上海 A 生物科技有限公司销售驱蚊产品。2. 上海 B 工贸有限公司完成了从配方开发、原料采购、组织生产、产品检验等所有生产流程，且对外开具销售发票。3. 上海 B 工贸有限公司对外保密产品配方，独自享有配方的知识产权。4. 上海 B 工贸有限公司擅自在产品中添加驱蚊酯，造成产品不合格。5. 上海 B 工贸有限公司的销售对象并不单一，生产的相同驱蚊产品既销售于国内市场，也接受外贸订单。

从上海A生物科技有限公司与上海B工贸有限公司的关系分析，根据包装袋的标识标注外观表述，双方当事人存在委托加工的生产关系。事实上，产品不合格的原因是配方中含有驱蚊酯，而产品配方是上海B工贸有限公司独立掌握并对外保密的，上海A生物科技有限公司尽管在验收环节也对产品进行抽样送检，但在不知道配方的情况下客观上难以针对性地找到违法添加物。上海B工贸有限公司在这一过程中负有责任，上述事实作为对A生物案自由裁量的考量因素之一（上海B工贸有限公司以自己名义对外生产、销售不合格产品的行为已另案处罚）。

三、疑难问题

（一）违法行为的定性

涉案产品不符合国家强制性标准中的强制性条款，且产品对外明示“无毒”，但从案件证据中可以判断出，产品中添加了驱蚊酯，会使得产品带有微量毒性，最初执法人员拟定性为生产不符合保障人体健康和人身财产安全的驱蚊产品。随着调查的深入，执法人员发现，驱蚊酯没有触发毒性，其虽被列入国家食品药品监督管理总局《已使用化妆品原料名称目录》，但在农委进行登记备案后是允许在驱蚊产品中添加的。经过充分的讨论，执法人员认为，企业在履行了相关手续后，添加少量驱蚊酯的产品是允许的，不宜认定产品不符合保障人体健康或人身财产安全的要求。由于涉案产品不符合明示担保内容，定性为生产以不合格产品冒充合格产品的驱蚊产品。

（二）涉案产品数量的确认

在质量案件的办理过程中，批次问题长期困扰着执法人员。产品检验报告是针对某一批次或某一特定生产日期的产品所作的质量状况认定。依据检验报告，执法人员在统计违法产品数量的时候只能认定同批号或同一生产日期的产品金额，产品覆盖面受限制。因此，在案件办理过程中执法人员对实际生产企业“B工贸”的生产工艺、验收出厂流程、驱蚊液的研发过程及成分明细、原材料的采购情况等生产、经营细节进行较为全面的调查核实，将事实锁定为因工艺原因导致该型号全部产品存在质量问题。

四、前沿探讨

（一）关注网媒，重视舆情，开展产品风险检测

随着移动互联时代的到来，网络媒体成为人们生活中主要的信息渠道。为了切合社会需求和人们的关注热点，执法人员应以网络媒体为主渠道，广泛收集产品质量安全舆情信息，加大对产品质量风险信息采集力度，提高问题发现能力，及时发现、密切跟踪关乎质量安全的敏感信息，开展舆情信息深度分析工作。

驱蚊手环、防蚊贴是市场上出现的较新式的驱蚊产品，由于该类产品携带、使用方便，销量逐年递增。目前市场中该类产品鱼龙混杂品牌繁多，许多产品外包装印有

“天然”“不含杀虫剂”“不含农药”、甚至有“孕妇、儿童用”等宣传字样，生产标准大部分为企业标准。随着该类产品在市场上销量的提升，有关该产品质量问题的投诉也相应增加，网上不时有消费者对此类产品是否添加化学驱蚊剂发起询问并引发讨论。该类产品关系民生，上海市质量技术监督局执法总队将此类产品列为当年的风险检测产品，为更好地验证收集来的风险信息准确性，我们先以消费者的身份从流通领域购买样品对其质量进行先期检验。在购买过程中我们发现实体超市中往往品牌较为单一，量也较少，大部分消费者会采用网购的方式购买此类产品。因此我们主要从 1 号店、苏宁易购、飞牛网等大型电商购物平台购买检测样品，并送检验机构进行检验。根据初次送检取得的结果，发现部分产品中含有杀虫剂等物质。

（二）线上发现，线下查处，注重上下游证据收集

通过对线上样品的风险检测我们发现，某电商平台在网上销售的艾草娃娃户外防护贴及户外防护环涉嫌存在严重质量问题。执法人员对某电商平台、A 公司、B 公司同步开展执法检查，对某电商平台及 A 公司库存的艾草娃娃户外防护贴及户外防护环抽样送检，对 B 公司的生产车间、原料仓库、溶剂仓库、半成品仓库、成品仓库进行重点检查，在原料仓库中发现了无纺布；溶剂仓库中发现了孟二醇、香奈儿香精、驱蚊酯、酒精；在半成品仓库中发现未经溶剂滚刷的半成品；生产车间发现了涂刷防蚊液用的胶水机等；执法人员在包装材料上发现“不含杀虫剂、DEET（避蚊胺）和重金属”的明示字样。执法人员还在现场查获了产品的生产配方，在案件办理过程中通过上下游企业经营数据的比对印证，客观真实地还原了涉案产品的经营情况。

（三）传统监管模式如何适应互联网时代的需求

电商产业是时代发展的必然产物，加强电商质量监管工作是新形势新常态的需求，同时带给了我们行政执法部门很多突发的问题，如：相对于线下实体经营，网络销售更具有隐蔽性，易逃避监管，执法人员在确认违法主体难、收集涉案证据、追溯产品来源时都存在诸多困难，而且不合格产品更多是第三方商户及个人店铺销售的产品，多数产品无法提供正规销售发票，产品的发货地与商铺登记信息也多有不一致，即使被查处也不妨碍其改头换面再次销售，这在一定程度上助长了销售不合格产品的行为。受取证手段、属地管辖权等因素的制约，传统的监管方式已难以适应互联网时代需要，必须在加大行政监管和处罚力度的同时创新管理思维与方式。

上海市质量技术监督局执法总队查处擅自销售列入目录但未经强制性产品认证的数字电视机顶盒案

一、案例情况

2016年3月23日，上海市质量技术监督局执法总队执法人员会同上海市公安局长宁公安分局展开雷霆行动，对非法销售数字电视机顶盒的犯罪嫌疑人李某的住处进行突击检查，现场控制人员两名。在客厅暗门背后近5平方米的暗室中，当场查获数字电视机顶盒共45台。

数字电视机顶盒（俗称网络播放器）是列入国家强制性产品认证目录的产品，也是最高人民法院、公安部、国家新闻出版广电总局等联合发布的《关于依法严厉打击非法电视网络接收设备违法犯罪活动的通知》中严厉打击的目标。犯罪嫌疑人李某为了掩人耳目，在网络平台上，借贩卖塑料扎束带之名，行贩卖数字电视机顶盒之实，其非法销售的数字电视机顶盒具有接受境外非法电视和网络视频的功能。根据初步调查，仅2015年1月至案发，李某累计销售列入目录但未经强制性产品认证的数字电视机顶盒近200台，违法所得约10万元，已达最高人民法院、公安部、国家新闻出版广电总局等联合发布的《关于依法严厉打击非法电视网络接收设备违法犯罪活动的通知》（新广电发〔2015〕229号文）货值金额5万元以上的刑事立案追诉标准，据此，上海市质监执法总队将该案移送公安部门处理。目前，李某已被公安部门刑事拘留，得到了法律的制裁。该案件的查获是自2015年来，总队注重网络售假新动向，开展电商领域质量违法行为难点问题分析调研，查处电商领域违法行为的一个缩影。

二、案例分析

行政执法人员在网上通过大数据比对，发现市场上售价大约在10元500根的塑料扎束带在网络销售平台上竟然有人卖到了1元1根，而且该商户的销售量非常大，这一异常现象引起了执法人员的注意。1元1根的塑料扎束带价格离奇却销售火爆，背后究竟藏着什么样的猫腻？为了摸清背后的真相，总队借助相关的专业调查机构深入对涉案相关人员背景材料进行了调查。通过假扮买家买样、长时间定点观察、配合快递公司送快递等手段，逐步掌握了当事人的违法线索。通过调查，发现当事人表面上是以1元1根的不合理价格售卖塑料扎束带（正常价10元500根），且销售非常火爆的情况，实则是在销售未取得强制性产品认证证书且具有接收境外非法电视和网络视频的功能的电视接收产品。得知这一情况后，上海市质量技术监督局执法总队在公安的配合下，以外围取证、跟踪侦查等手段，逐步掌握李某销售违法产品的证据，并且掌握了李某为了达到销售目的所利用的多个不同的网址和两个固定的QQ号。至此，李某的违法行为已完全被执法人员掌握，其行为已触犯了《中华人民共和国刑法》，构成了非法经营罪。

在充分掌握了证据后，上海市质量技术监督局执法总队会同长宁公安分局适时展开行动，对李某的住处进行突击检查。刚进入李某的住处时，李某矢口否认自己的违法行为，现场也并未发现异样，但当执法人员发现了客厅处隐藏的暗门，并从门后近5平方米的暗室中，当场查获非法销售的数字电视机顶盒时，李某已无法狡辩。为了防止李某销毁自己的违法证据，执法人员现场打开电脑，锁定了李某在网上销售非法电视接收产品的页面、销售记录、销售聊天记录等。同时找到了李某用于收款的银行账号，复印了收款明细，从而将证据固定。在证据面前，李某不得不承认了自己的犯罪事实并最终受到了法律的制裁。

三、疑难问题

一是行政执法部门办案调查手段有限，特别是在电商领域质量违法行为整治行动中，该短板劣势尤其凸显。在发现了网络销售平台上可能存在的违法行为后，如何才能掌握完整的信息至关重要。在这一案例中，执法人员发现了网上销售平台销售的产品存在的异常情况，但无法掌握更多信息，难以确定当事人是否存在违法行为，存在什么样的违法行为，其违法行为危害程度如何，是否涉及刑事犯罪等。为了弥补这一短板，及时掌握信息，打击网络上存在的违法经营行为，在该案的前期调查过程中，需要借助相关的专业调查机构，深入有效地对涉案相关人员背景材料进行调查。而调查公司也有效弥补了政府公职人员在案件基础线索的获取、相关信息排摸方面的局限性，采取专业的手段，充分掌握了当事人违法犯罪的信息。再配合公安以外围取证、跟踪侦查等手段，逐步掌握李某销售违法产品的证据。

二是在掌握了当事人的违法犯罪事实后，现场检查过程中，如何控制好人、物、事，将犯罪嫌疑人一网打尽是执法人员需要充分考虑的问题。作为行政执法人员，在对个人信息的掌握上存在一定难度，在控制现场的强制手段上也较单一。为了保证办案效率，该案中，上海市质量技术监督局执法总队与长宁公安分局治安支队分工合作，制定了详细的案件办理流程，双方还充分利用各自的数据库，对犯罪嫌疑人的信息进行了充分摸底，做到心中有数，形成了良性的办案模式。公安分局对人、物、事的控制进行了明晰的划分，确保控制现场，并将犯罪嫌疑人一网打尽；总队则从案件的背景资料、适用标准、技术保障等方面充分做好技术保障，确保第一时间固定证据，让犯罪嫌疑人认罪伏法。这一办案模式很好地解决了个人信息收集及现场控制较为局限的问题，有效打击了网络非法销售行为的蔓延，在行业内起到了一定的震慑作用。

四、前沿探讨

上海市质量技术监督局执法总队高度重视电子商务领域执法打假的重要性，汇集业务骨干的经验，汇聚年轻执法人员的智慧，在电商领域进行调研、探索、研究。通过这一案件的办理及对电商产品质量违法行为难点问题的分析，总结出三点经验：

一是增强反向追溯、网上追踪的意识。针对越来越多的违法当事人借用网络平台发布货品信息的情况，行政执法人员在执法过程中要充分利用大数据分析工具，从中找出可能存在的异常情况，在追踪过程中牢牢抓住细节，如：快递单、电脑收藏夹、货品包装盒等信息。并在案件笔录中，明确记载其在网络销售的情况，当场对证据进行固定。

二是增强基础信息、重点信息的收集。行政执法人员先期对电视购物网站、网络交易平台中涉嫌批发、销售、安装的相关公司进行排摸筛选，运用网络聊天工具、聊天群进行初步接触，逐渐成为工作一种“新常态”。这也是目前查处电商平台违法行为的重要手段之一。

三是增强事前、事中、事后全过程管理。在外出检查前，行政执法人员充分做好准备，对相关信息尽早进行查阅和整理，并对同一电商平台的类似案件信息做好梳理和整合；在检查过程中，现场执法组与后方保障组充分对接，确保能第一时间查询到想要的企业信息；在案件结束后，总队案审委及时总结经验，触类旁通，寻找共性，为今后工作做好铺垫。虽然这些“自选动作”增加了工作的流程和步骤，但工作效率大大提高，行政执法的效能也得到了提升。

电子商务领域近些年的高速发展，对政府监管部门在制度设计层面、监督管理层面都带来了很多挑战，也是不得不直面的问题。许多办案的困境的形成和解决不是一朝一夕或者靠单个部门能够解决的。我们所做的就是，在日常的执法检查中，在思想上多一些“互联网＋”“大数据分析”的思维；在行动上，秉承细心、细致的态度，时刻把控好细节。

上海市质量技术监督局探索“互联网 + 移动监管”深彻转变传统监管方式

>>>>>>

身处改革开放最前沿，始终引领全国发展新理念、新思维的上海，上海市质量技术监督局（以下简称该局）在2009年就前瞻性地把握世界新技术发展趋势，率先探索将移动互联网应用于“食品安全”“特种设备安全”“产品质量安全”三大安全监督检查。2012年重点建设了基于互联网信息技术的特种设备移动监管系统，充分应用移动通信、电子地图、智能终端、数据推送等前沿技术，以推进特种设备安全监管无纸化、即时化、智能化、标准化、精细化为目标，有效实现了上海市特种设备现场监督检查全过程规范化闭环管理。自2013年2月开始，各块业务陆续上线投入运行。自移动监管系统2013年全面投入运行以来，运行良好，得到基层执法人员欢迎，起到了提高行政效能的作用。以2013年当年为例，系统运行仅8个月上海市各级监管人员共完成监督检查任务3699次，其中1389次检查中发现了问题，并进行了回访工作，做到了检查工作的闭环。

一、主要做法及成效

（一）结合基层监管实际，实现既定目标。一是属地化监管目标。从有利于监管的角度出发，移动监管系统采用“条块结合、以块为主”的方式，区级市场监管部门作为日常监管主角。各级单位按职责分工落实监管区域和监管责任。二是专业化监管。由于质量监督涉及大量的行业，对不同行业需要进行的检查内容和要求各不相同，监管过程需要有较高的专业技术知识。系统引入知识库管理，将现场检查所需知识进行条目化细分，嵌入现场检查项目，方便监管人员检查时迅速获得监管知识，从而提高监管效率。三是分级分类监管。在移动监管系统中，对监管对象进行了分级分类，实行有差别的监管措施。采用初次分级和动态分级相结合方式。初次分级是根据企业登记和发证申报的信息作出初次评价。动态分级是根据本年度对企业现场检查综合情况进行评定。做到了企业监管信息的动态更新。

（二）加大示范应用，逐步完善系统。系统推广以来，上海市质监系统食品生产安全、特种设备安全、产品质量安全各条线每年度都组织开展了多次培训。经过培训，各区市场监管部门监管人员逐步熟悉了移动监管系统，开始全面应用到三大安全监督检查中。随着应用的全面推广，系统的问题也会显现出来，对系统使用中发现的问题，及时予以改正升级。另一方面，根据防控廉政风险的要求，在系统中突出对廉政风险点和管理风险点的监控，如增加满意度评价功能，通过系统向被检查单位发送满意度评价征询信息，由被检查单位直接向系统反馈发送满意度评价状况等。

（三）分析监管要点，丰富监管知识库。进一步梳理和归纳企业现场监督检查中可能发现的问题，努力使得各检查项中可能发现的问题标准化，尽量通过选择操作，减少文字输入，提高检查效率。

（四）改进功能，提高系统易用性。随着系统的不断运行，技术的不断更新，进一步提高系统的智能化程度，使监管人员在现场能便捷的使用系统工作，提高工作效率。比如结合“双随机”监督检查要求，移动监管系统经过升级即可满足需求。此外，食品生产安全条线组织的食品安全突发事件应急演练和食品生产监管技能大比武决赛中，也将移动监管系统应用情况作为应急演练和比武考核的重要内容。

二、以特种设备监管为例的分析

2012 年以前，上海市特种设备监管一直以两人一组固定搭配，采用手填现场检查记录、《特种设备安全监察指令书》等纸质文件、文书，并于检查后回单位录入监察数据系统，再进行纸质文档、见证材料归档的传统方式开展。该局于 2009 年开始制定区域特种设备监管系统建设方案，于 2011 年选择青浦区和长宁区进行试点。虽然受限于当时移动互联网流量费高昂、数据传输速度慢、所需软硬件基础建设不足等客观缺陷，该系统未能取得预期成效，但却为 2012 年启动建设的上海市“互联网＋移动监管”系统（即特种设备移动监管系统）的建设，作出了积极而有效的创新尝试。2012 年，该局建设了特种设备移动监管系统并于 2013 年投入使用。这一方式改变了原有监管方式的不足之处，避免了检查计划设置的随意性，规范了检查流程，提高了检查效率，便利了监管中法律适用，提高了数据统计分析能力，有利于隐患整改闭环。

（一）系统基本情况

移动监管系统基于“云＋端”的云计算模式架构，分为后台管理系统和移动终端 APP（见图 1）。

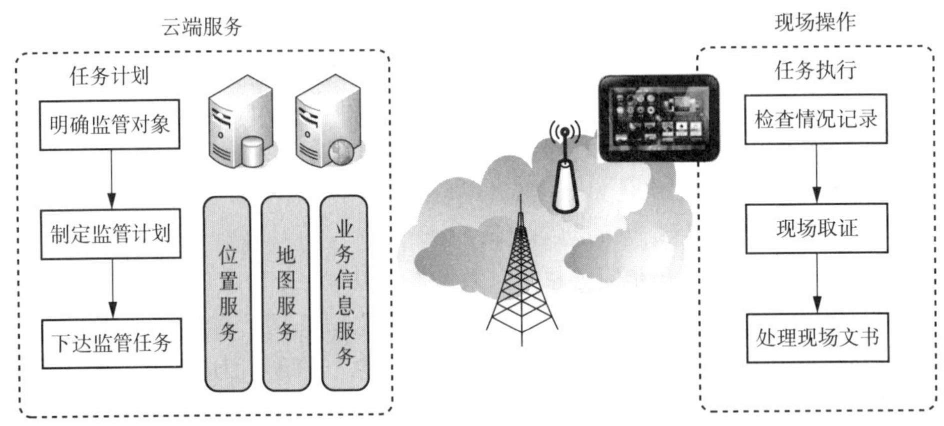

图 1　移动监管系统架构图

后台管理系统（见图2）面向管理人员和决策者使用，提供监管组织体系管理、监管知识库管理、企业和设备信息管理、监管计划与任务管理、查询与统计分析、监督指挥、行风调查等模块，侧重于计划任务指定分派、知识管理和统计分析，涵盖绩效考核和风险预警功能。

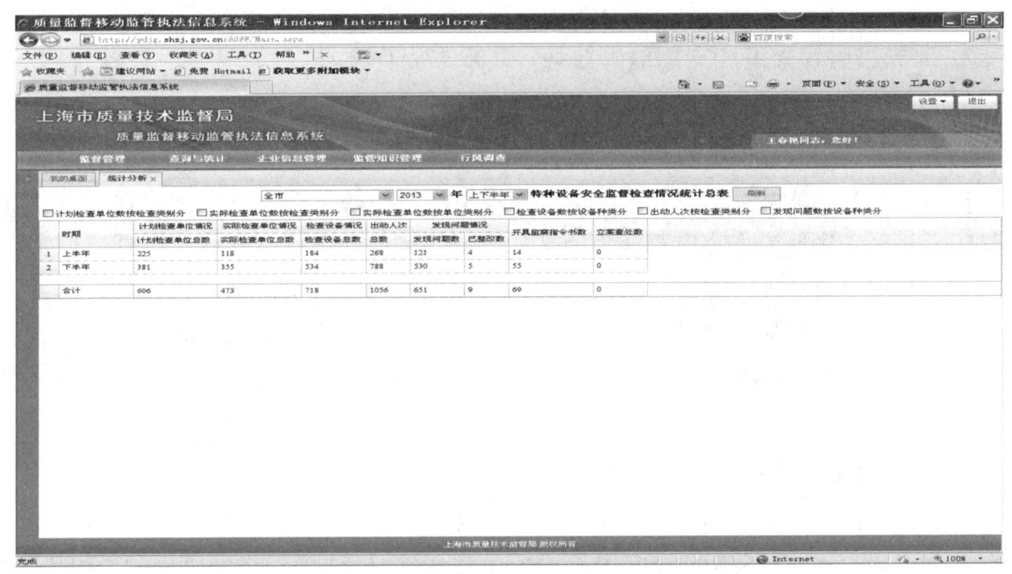

图2　移动监管系统后台管理系统工作界面

移动终端APP主要面向一线监管人员，基于安卓系统研发，有手机版和PAD版。手机版便携，PAD版实用。提供任务管理、现场检查导航、信息录入、文书处理、现场取证、信息查阅、工作提醒、位置服务、即时通信等模块，侧重于现场操作和隐患跟踪整改。

移动监管系统通过后台管理系统和移动终端APP的有机结合，实现了特种设备监管工作从监管计划制定与分派、监管任务执行与录入，到法律文书制发与打印、安全隐患跟踪与整改的全流程闭环管理，不仅显著提升了监管的综合效能，也有效规避了监管人员可能的廉政风险和履职风险，从技术上实现了让权力在阳光下运行的目的。

同时，移动监管系统所配置的法律法规知识库、企业信息实时查询、历史监管记录汇总查询、监管人员实时轨迹定位、实时实地现场影像留证等功能，也为特种设备监管提供了极大的便利与实时展示能力。下一步，随着“双随机”检查任务一键完成、互联市区两级“六个双”工作平台、互通企业信用平台等新功能的加入，移动监管系统的“互联网+”特点将更加鲜明与实用。

（二）系统在同行业内做到了五个“率先”

1. 率先以科技手段固化监管流程，实现规范化要求

移动监管系统严格按照《特种设备现场安全监督检查规则》梳理并制定规范化的检查流程，对于日常监督检查，首先必须在后台管理系统先行制定检查计划（包括被

检查单位、检查实施时间和检查人员等)，随后使用移动终端APP实施现场检查；先行录入现场检查记录随后规范生成监察指令书；先有问题记录后有整改报告的上传与复查。前后环节顺序相扣，确保法定程序规范执行，只要留有问题、隐患，就必须限期整改确认，否则特定检查任务就始终无法闭环。有效通过科技手段将制度、流程固化，避免了因能力不足、业务不熟、责任不清造成的程序不合规情况。

2. 率先以监管知识库支撑监管业务，实现专业化要求

移动监管系统建设的特色之一是建立了定期更新的监管知识库，对实现监管队伍专业化具有重要意义：一是构建了监管知识共享平台，形成了覆盖上海市监察员队伍的知识共享机制，及时发布相关政策法规、规章制度、技术规程等，供监管人员随时查阅；二是格式化现场监督检查知识条文，形成知识库融入检查流程，监察员在实际应用中，只要跟随系统步骤逐步实施检查，并根据检查对象的违法违规行为，就可以简单易行地选择规范准确的违法行为描述和适用的法律法规条款，碰到疑难问题还可以使用即时通讯系统请求专家支持。这些措施使移动监管系统成为了特种设备监管的专家系统，即使是新取证的特种设备监察员也能顺利完成检查，避免重大失误。

3. 率先以电子签章技术实时生成电子签名文书，实现高效化要求

依托该局的统一电子签章管理与服务平台和统一的电子签章服务接口，移动监管系统实现了通过移动互联网将电子签章应用于现场文书处理，实现在现场“一键”生成电子签名的特种设备安全监察指令书并打印的功能。不仅节约了行政成本，又简化了操作环节，解决了传统监管方式中监察员需随身携带各类盖章的空白法律文书的问题，有效规避了文书使用、管理中的诸多问题，显著提高了综合监管效能。

4. 率先以多平台互联实现分级分类监管，体现智能化要求

移动监管系统的基本功能之一是可以和现有的特种设备动态管理系统、特种设备隐患排查治理系统进行数据交换，通过互联、分析、应用上海市特种设备大数据，实现各类提醒、预警、报警、设定监管优先级。将来该系统还将对接长三角其他省市特种设备信息管理系统，实现省际信息互联共享，届时将实现对叉车、流动作业起重机械等流动作业特种设备的跨行政区域监管，有效整合长三角区域特种设备监管、检验等资源，实现长三角区域特种设备一体化智能监管的现实需求。

5. 率先以技术手段规避廉政与履职风险，实现廉洁化要求

移动监管系统的位置服务功能可以实时定位、记录监察员的工作轨迹，并整合了短信服务功能，将被检查单位对监察员实施检查过程的满意度、执法程序的合规性和廉洁履职的严肃性，通过短信反馈，作为纪检部门开展纪检工作的依据，有效防范了廉政风险。同时，标准化的操作方式、规范化的法律适用，以及闭环式的隐患跟踪整改，也极大规避了监察员的履职风险。

（三）系统应用成效

自特种设备移动监管系统上线运行以来，在上海市“16+1”个区（16个行政区，

1 个该局自管的化工区）已全面应用并取得了显著成效，有效保障了上海市特种设备安全的总体可控。

1. 特种设备监管成效显著。该局将各区应用该系统开展特种设备监管的工作成效纳入了年度考核，上海市近 2500 名监察员都使用该系统实施现场监督检查。据统计，自投入使用至 2017 年年底，上海市监察机构通过移动监管系统累计检查企业 59599 家，出动监察员 126181 人次，发现并整改安全隐患 59115 项次，出具监察指令书 6607 份；各区针对辖区特种设备实际运行状况，通过系统部署实施各类专项整治数十项，有效提升了上海市特种设备的安全监管水平，在保障市民生产生活安全的同时，力保数十项国家级、上海市级重大活动的安全顺利举行。

2. 行政效能明显提升。移动监管系统的全面应用，不仅简化了日常监管的流程和过程，极大减少了监察员填写、制发、归档法律文书的案头工作，还明显提升了数据汇总、更新、统计的效率和质量，在方便监管对象的同时，也极大提升了行政部门的工作效能。下一步，随着对移动监管系统中基础数据和日常检查数据的深入分析、应用，有望实现上海市特种设备的精确分级分类监管和风险、隐患的科学排查治理，将特种设备安全监管关口不断前移，全面实现对特种设备安全的“预警”，将事故事件防患于未然。

3. 履职风险有效防范。自移动监管系统应用以来，检查要求、检查流程通过系统固化，尤其是在各区市场监管体制改革中，通过系统的充分应用使现场监督检查工作不断不乱，并很好地辅助了各区新取证监察员开展日常检查工作。同时，通过系统预警和绩效考核使得所有监察工作形成闭环，上海市特种设备现场监督监察按期整改率逐年提高（见图 3），有效防范了履职风险。

年份	应整改总数	按期整改	整改率
2013	941	608	64. 61%
2014	6326	5493	86. 83%
2015	5232	4404	84. 17%
2016	20130	18554	92. 17%
2017	26486	25304	95. 54%

图 3 上海市历年特种设备隐患按期整改率

浦东新区市场监督管理局事中事后监管工作实践

>>>>>>

想打一场漂亮的胜仗，需从打磨一把刀开始。在中国浦东，市场监督管理局的这把刀已打磨四年之久，如今它该出鞘了。

一、一把刀的锻造史

锻造一把刀需要花费多少时间精力，苏国平大概最有发言权。

2013 年 12 月 31 日，浦东新区市场监督管理局（以下简称“浦东局”）挂牌成立。自此，浦东工商、质监、食药监三股力量拧成一股绳。也就是在那一年，四十五岁的苏国平接受组织安排，从原浦东食药监局副局长岗位调离至浦东局，任副局长，分管局稽查支队及公平交易处，负责全局执法办案工作的监督指导。从单一的食药监局到三合一的市场监督管理局，业务范围的十倍速增长让苏国平倍感压力。怎样才能快速熟悉各条线业务，同时给同志们执法办案把好关呢，苏国平天天都在思考这个问题。工作学习是无捷径可走的，在食品监管工作中摸索了二十年之久的苏国平比谁都明白这个道理。他唯一可做的就是沉下心来，埋头钻研。日后，苏国平回忆起那段时光总是很感慨，他跟同事打趣说，三局合并让他又年轻了一把，每天鸡血满满，整个人的状态直奔二十多年前去了。短短几个星期下来，苏国平就把各条线办案流程及法律法规剥皮拆骨，吃进了肚子里。在苏国平的带领下，浦东局“执法打假”工作形势喜人，成立一周年，全局质监条线累计查办案件 36 起，罚没款总计 820 余万元人民币。

三局合并后，执法干部在日常执法时要用到的法律法规非常多。基层所队人员少，事务杂，日常查阅法律法规占去了大量时间，干部们苦不堪言。苏国平在得知这一情况后，火速召集公平处业务骨干开专题协调会。会上，一名年轻同志提议开发一个常用法律法规汇总 APP，供全局执法干部使用。这个提议吸引了苏国平，他决定试一试。漫长的筹备期开始了。作为程序开发的总统帅，苏国平要做的事情很多。他先将资料收集的任务布置给公平处，又马不停蹄地在全局搜寻技术人才。在处理完早已安排好的事务之后，苏国平的全部时间都扑在这个未成型的 APP 上。2016 年 7 月 15 日，取名为“PDMSA 执法助手”的 APP 正式上线。APP 界面设计美观，各条线常用法律法规及经典案例几乎一网打尽。困扰全局多时的问题终于解决了。然而，苏国平还没来得及欣慰一下，新的任务又来了。

“质检利剑”执法打假专项比武是质检系统延续了多年的优良活动，通过大比武，执法干部可以及时查缺补漏，提升办案水平。2017 年度的专项比武活动锐意创新，采取了手机端答题的新形式。手机端答题不拘泥于固定时间跟场地，灵活高效。但这种形式却也意外滋生了一些问题。手机端答题需要先用微信关注“质检利剑”公众号，完成认证后方能继续操作。这样一来，一些平时不大用微信的同志有怨言了。风言风语很快传到了苏国平耳朵里。得尽快解决，苏国平悄悄想起了对策。他让处室年轻干部告诉他大致操作流程，然后再自己摸索。一套答题流程走下来，他发现操作并不繁琐，很多干部可能就是在第一步的微信认证上少了点耐心。于是，他亲自指导公平处编制详细的操作指南，并动员年轻干部发挥能动性，多动手多帮忙。最终，浦东局共有 814 名一线执法干部关注了“质检利剑”微信公众号。其中，594 人参加了在线答题考试。在线考试人数及平均分均排名上海市第一。

如果有人问苏国平，浦东局是怎样成为市场监管系统中的排头兵。苏国平一定会告诉他，是因为浦东有一支拉得出打得响的队伍。浦东局近一千名执法干部就像一把把锋利的尖刀，而他，只是在这些尖刀的锻造过程中淬了几次火而已。

二、刀锋 1980

同为 80 后的华斌与马德明几乎是前后脚踏进浦东质检系统，三局合并后，俩人又一同被安排进入浦东局稽查二大队，分别担任二大队第三、第四组的办案组长。

自嘲“老黄牛”的华斌自打 2006 年进入浦东质检系统，这一干，就干了十多年。据不完全统计，华斌十年来查办案件总计 160 件，罚没款共计 1404.5 万元人民币，案件类型遍布产品质量、认证认可、计量、特种设备等各个领域。由于工作成绩突出，华斌获评 2011 年度上海市质量技术监督局“青年文明岗”、2013 年度全国质检系统执法打假“办案能手”等荣誉称号。同时，在 2012 年、2014 年度年终考核中获评“优秀”等次。支队的同事开玩笑说，华老师家可能要专门弄一个房间来放这些奖章了。2016 年 6 月底，华斌与他的同事一起对辖区某汽车公司进行常规检查。检查中，发现该公司根据客户需要，在客户送来的整车（客车）基础上进行改装升级，将内饰、座椅等升级为豪华型。华斌敏锐察觉到这其中肯定有问题，但他一时还无法对这种行为定性。于是，他做好现场拍照取证与检查笔录就回了队里。归队后已经是午间用餐时间，本已饥肠辘辘的华斌没有第一时间跑到食堂，而是先到办公室整理上午取证的材料，同时在网上搜索中国质量认证中心（CQC）上海分中心的咨询电话。一切忙完后，华斌才匆匆赶去食堂扒拉几口饭菜。下午上班时间一到，华斌立马拨通了 CQC 上海分中心的咨询电话，确认该公司的改装车辆需经 3C 认证后方可出厂、销售，该公司出厂、销售未经 3C 认证改装车辆的行为涉嫌违法。挂完电话后，华斌心里有底了，随后的案件调查工作也有序展开来。这个案子还在调查中，华斌又在一次监督检查中，发现了某冷链设备有限公司改装的冷藏车未经过 3C 认证的违法线索。两件案子查办下来，华斌觉得很欣慰，总计 30 多万元的罚没款在华斌以往的办案履历中当然不算什么，但改装车质量问题这种人命关天的事情能在源头上被遏制住，他觉得自己的工作是有意义的，有意义让他快乐，也让他可以永葆工作热情。

马德明是个实干家，队里的同事这样评价他。他沉稳、踏实、上进、努力。进入质检系统后，他为了提升自己，利用业余时间先后拿到了会计与律师从业资格证书。考证的目的很简单，一则能对自己的工作起到辅助作用，二则可借由考试让自己一直保持学习状态与热情。三局合并后，担任二大队第四组组长的马德明相较以往压力大了不少。从一个人的单打独斗变成一个小团体的带队者，他肩头的担子更重了。先做好自己，才能带好一个队伍，这是马德明的原则。他带领组员对辖区内企业挨个进行走访、巡查，发现问题该整改整改，该处罚处罚。当然，他的努力最终通过成绩体现了出来。2014 年至今，他办理各类案件 23 起，累计入库罚没款 680 余万元。他办理的两件大案分别在 2014 年、2015 年度获评上海市质量技术监督局“优秀案卷”。同时，由于办案能力突出，他本人也在 2016 年度获评全国质检系统执法打假“办案能手”。过往的成绩固然喜人，但马德明也并没有躺在功劳簿上停滞不前。他在 2016 年查办的某公司进口、销售未经国务院计量行政部门型式批准的进口计量器具案取得较大社会反响，该案件最终也成为浦东局 2016 年度“十佳案件”之一。

浦东局有一大批 80 后的执法标兵与办案能手，华斌与马德明只是其中一个代表。这批带着“迷茫”标签出生的 80 后们终于到了大展身手的时候。这一把把锃亮的尖刀，成就了浦东局的刀锋 1980。

三、初试锋芒

2016 年 6 月 16 日，上海迪士尼乐园正式开园。迪士尼小镇、奕欧来购物村、迪士尼世界商店等配套商业体相继投入运营。浦东局迪士尼执法打假的战役正式打响。

为更高效做好迪士尼度假区的日常监管工作，早在 2016 年年初，浦东局便开始积极筹划设立度假区分局。2016 年 4 月 25 日，陈为庆与他的三十多名同事成为首批入驻度假区分局的上海市监卫士。自打进了分局，陈为庆就再也没有过一整天都待在办公室里办公的这种人生体验。辖区 400 多家企业，得一家家查，白天查不完，晚上接着来，实在做不完的就周末补上。为第一时间解决园区各种突发状况，度假区分局实行“24 小时全天候值守”工作制度。每晚都会有两名干部留守值班室，周末则会有三分之一的执法干部加班值守。碰上节假日或者大型活动期，度假区周边的各市场所也会安排干部备班，全力保障迪士尼乐园的正常运行。

度假区 400 多户企业中，外资企业占了三分之一，为解决好监管执法时的语言沟通问题，分局的干部们决定自学英语。几位年轻干部利用休息时间加紧编制出了一本《监督执法英语常用语汇编》，该汇编囊括了执法干部在与外方打交道时的一些常用专业术语及程序性用语，被分局的干部们奉为“执法宝典”。同志们学英语热情高涨，每个人都先给自己取了个英文名，张贴在办公桌的左上角。同时，还利用午间用餐时间交流学习心得。有干部开玩笑说，这英语学得，比上学时还认真。学习英语的成效最终还是在实践中得到了检验。一次票务检查中，美方工作人员一开始对执法干部的到访表现出质疑与不理解，执法干部现场用流利的英语向其说明了来意以及此次检查的法律依据，最终得到了美方的理解与配合。检查后，他们还对分局干部的专业性表达了赞誉。

产品质量抽检也是度假区分局在日常监管中常用的执法方式。成立至今，分局已对辖区内的各商户开展了五次专项抽检，根据商圈热点和季节特点，抽检不同的产品，已被抽检到的产品有儿童文具、服饰、玩具、酒店配套用品、金银饰品和箱包产品等。对于抽检后的不合格产品，分局也及时进行了跟踪处理，目前，分局已对三家生产销售不合格产品的企业进行了立案查处。

陈为庆跟他的新搭档朱洪军都是老工商人，分局成立时，他们这批业务骨干从四面八方汇聚而来。这一年来，寒来暑往，度假区的每一寸土地上都留下过他们的脚印。苦，当然是苦的。然后却又是欣慰的。成立至今，迪士尼度假区始终保持零安全事故、零质量风险的稳定局面。这一切都得益于分局三十多把锋利的尖刀。在迪士尼执法打假的这场战役中，这三十多把尖刀未辱使命，首战告捷。

四、好刀还需好鞘护

一把刀要想拥有持久的战斗力，得配副好鞘。如果说，浦东局近千名执法干部是一把把锋利的尖刀，那么遍布浦东各地的六十多位后勤干部就是这刀的好鞘。

“大姐，下午去局里帮我带点材料回来。”“大姐，我们马上出去检查要用车，找你拿个钥匙。”……“大姐”朱卫的上班生活就是在一声声亲切的呼唤中开始的。作为曹路所综合组组长兼内勤，朱卫总是很忙。她的忙不同于一般执法干部监督检查的忙，她的忙很琐碎，有时候连她自己也说不清楚究竟忙了些什么，一天竟兀自过去了。所里干部们的制服需要她去局里拿回来，干部们日常使用的办公用具需要她去采购，办公桌椅出问题了需要她去联系维修。久而久之，干部们养成了这样的习惯：门禁密码不记得了，找大姐；打印机里的纸没有了，找大姐；制服毛衣脱线了，找大姐……也是在无形中，干部们才发现，原来自己的生活已经完全离不开大姐了。

2016 年，曹路所所在的办公楼面临拆迁。所长陈燕敏早早做好准备，在多方协调下，终于取得了另一处办公大楼的承租权。新大楼还在兴建，曹路所需要参与到办公区域的修建过程中。这下子，大姐更忙了。一周总有两三天穿梭在两点之间。盯装修选材，盯施工现场，桩桩事情都需亲力亲为。这边在忙的时候，原来的工作也没有落下，这是大姐厉害的地方。2017 年 3 月 10 月，曹路所正式搬家。新家窗明几净，视野开阔，干部们都很开心。来办事的老百姓都说新环境很“清爽”。这当然是大姐的功劳。

人常说，后方稳固了，一切都好办。在浦东局，前方的千把尖刀只管全心厮杀，因为这后方的刀鞘，足够结实，绝对稳固。

浦东局成立四年来，立案查处质监类案件 685 起，累计罚没款 3317. 45 万元人民币；开展各类产品质量监督抽检 5213 次；检查生产经营单位 5 万余户次，出动执法人员 10 万余人次。

东方渐拂晓，号角已吹响，利刃待出鞘。

浦东新区市场监督管理局查处销售不符合保障人体健康和人身、财产安全的国家标准的童装案

一、案例情况

A 公司注册在浦东新区，实际经营地在外省，其在苏宁易购平台开设“A 母婴专营店”，主要从事母婴产品的网络销售业务。在 2017 年第一季度网络商品质量抽查检验中，质量监督管理部门对其经销的标注为 B 品牌的纯色三件套（童装）进行抽检，该商品规格型号为 160/76，款号：KQ1706，产品标签标注产品执行标准为 FZ/T 81003—2003，产品安全类别为 GB 18401—2010B。经检测该商品所检项目（1. 产品使用说明，2. pH 值，3. 耐湿摩擦色牢度）不符合标准要求，被判为不合格产品。检验依据和综合判定规则为 FZ/T 81003—2003 及 GB 18401—2010B，当事人对检验结果予以认可。

经查，2017 年 2 月 23 日买样人在“A 母婴专营店”下单订购标注为 B 品牌的纯色三件套（童装）3 件，该商品规格型号为 160/76，款号：KQ1706。调查期间，A 公司自述对该商品实行无库存管理，接买样人订单后，A 公司于 2017 年 3 月 9 日通过阿里巴巴平台向供应商浙江 B 电子商务有限公司订购该产品 3 件，并由供应商直接发货至买样人。A 公司向供应商购进该商品的价格为 77 元/套，合计 231 元，A 公司销售给买样人的价格为 161. 5 元/套，货值金额为 484. 5 元，销售获取违法所得 253. 5 元。

依据《中华人民共和国产品质量法》第四十九条、第五十条及第五十五条规定，对 A 公司销售违反国家强制性标准产品及销售禁止销售商品的行为进行行政处罚。

二、案情分析

买样人在“A 母婴专营店”上购买抽检用商品，虽然 A 公司实行无库存管理，向供应商订购商品，并由供应商直接发货至买家，但买卖合同双方当事人还是 A 公司与买样人，故 A 公司是销售者。A 公司系注册型企业，尽管其经营地、发货地等不在注册地，但注册地质量监督管理部门具有电商领域质量违法行为的管辖权。

由于 A 公司是注册型企业，故注册地执法人员未能到公司经营地、发货地进行检查，无法确认经营地、发货地是否有同一批次的商品，因此，本案在商品数量认定上，仅限于本次买样的数量。

针对 A 公司所述的无库存管理经营模式，执法人员调取了 A 公司与供应商的交易

记录，以确定商品购进数量及价格；执法人员调取了A公司针对买样人订单提供给供应商的买样人寄送地址信息及物流信息，以确定该订单商品由供应商直接发货至买样人，并核实商品数量；执法人员调取了针对此次订单的进货截屏及销售截屏，综合以上证据，认定了涉案产品的数据及货值金额。

本案中，A公司销售的童装，涉及违反强制性标准和推荐性标准，对数个违法行为，行政处罚中并没有明确的“数罪并罚”原则，质量监督管理部门在办案时一般参考刑法的“数罪并罚”原则。具体至本案，对销售违反强制性标准的商品的行为，依据《中华人民共和国产品质量法》第四十九条“生产、销售不符合保障人体健康和人身、财产安全的国家标准、行业标准的产品”定性处罚。对销售违反推荐性标准的商品的行为，依据《中华人民共和国产品质量法》第五十条及第五十五条关于销售者销售禁止销售的商品（不合格产品冒充合格产品）的规定进行行政处罚，最后，分别定性，合并处罚。

三、疑难问题

（一）产品包装明示的推荐性标准是否可以作为行政执法的依据

本案中存在三个不符合标准要求的指标项，其中耐湿摩擦色牢度一项，检验机构依据的检验标准为推荐性标准，检测结果推荐项为不合格或不符合。而本案产品包装明示产品执行标准FZ/T 81003—2003，在此情况下，推荐性标准是否可以作为行政执法的依据。

第一种意见认为，《中华人民共和国标准化法》第十四条规定“强制性标准，必须执行。不符合强制性标准的产品，禁止生产、销售和进口。推荐性标准，国家鼓励企业自愿采用。”① 因此，强制性标准是执法部门监督检查的依据，推荐性标准不是必然的执法依据。

第二种意见认为，监测的商品质量判定依据只能是被检商品的强制性国家标准、强制性行业标准和强制性地方标准，以及商品包装明示的企业标准或者质量承诺。因此，企业自愿采用推荐性标准，并在商品包装明示的，即成为执法部门监督检查的依据。

执法人员认为，推荐性标准一经企业接受并采用，就成为企业对其产品的质量承诺，一般认为企业在产品或其包装上标注推荐性标准，则产品必须符合推荐性标准，该推荐性标准具有法律上的约束性。

（二）对违反推荐性标准行为的定性处罚

第一种意见认为，A公司违反推荐性标准的行为不构成《中华人民共和国产品质量法》第四十九条的规定。但是，本案中，产品标签明示产品执行标准为FZ/T 81003—

---

① 判定时以当时现行有效的《中华人民共和国标准化法》为依据。

2003，故可以作为企业承担质量责任的依据。经检测，本案产品中推荐项目检测确系不合格，故可以依据《中华人民共和国产品质量法》第五十条，“以不合格产品冒充合格产品的”相关规定定性处罚。同时，可以按照《中华人民共和国产品质量法》第五十五条规定：“销售者销售本法第四十九条至第五十三条规定禁止销售的产品，有充分证据证明其不知道该产品为禁止销售的产品并如实说明其进货来源的，可以从轻或者减轻处罚。”

第二种意见认为，依据国家推荐性标准检验结果为不合格，销售者无主观过错和过失，无法定性为“以不合格产品冒充合格产品销售”，不适用《中华人民共和国产品质量法》第四十九条、第五十条罚则；销售者行为不属于严重质量问题，属于一般质量问题。依据《中华人民共和国产品质量法》第十七条第一款“依照本法规定进行监督抽查的产品质量不合格的，由实施监督抽查的产品质量监督部门责令其生产者、销售者限期改正。逾期不改正的，由省级以上人民政府产品质量监督部门予以公告；公告后经复查仍不合格的，责令停业，限期整顿；整顿期满后经复查产品质量仍不合格的，吊销营业执照。”的规定，责令限期改正，不予行政处罚。

执法人员认为，《中华人民共和国产品质量法》第四十九条规定的“不符合保障人体健康和人身、财产安全的国家标准、行业标准”显然是强制性标准，不是推荐性标准，因此，上述案件中对于销售者销售违反推荐性标准的商品的行为不适用该条款来定性。

质检总局文件国质检法〔2011〕83 号规定：有严重质量问题包含 6 种情形，其中一种情形就是以不合格产品冒充合格产品。故案件 A 公司的行为不属于一般质量问题，应参照检验数据，并最终以 A 公司的主观过错程度等综合裁量处罚基准。

综上，A 公司所销售的违反推荐性标准的商品不符合《中华人民共和国产品质量法》第二十六条第二款第（三）项“产品质量应当符合下列要求：（三）符合在产品或者其包装上注明采用的产品标准，符合以产品说明、实物样品等方式表明的质量状况”的规定。A 公司销售了《中华人民共和国产品质量法》第五十条规定的“以不合格产品冒充合格产品”的商品，属于销售禁止销售的产品的违法行为。根据《中华人民共和国产品质量法》第五十五条和第五十条规定进行行政处罚。

四、前沿探讨

（一）探索网络电商质量违法跨区域执法机制

网络电商，普遍存在着注册地、发货地、经营地（开票地）等地址不一致的现象。根据《中华人民共和国行政处罚法》的违法行为地管辖原则，以上地址所处各个相关区域的质量监督管理部门均有管辖权。一般而言，作为注册地的质量监督管理部门具有兜底的管辖职能。但是，实践中，注册地往往是虚拟的招商地址，网络电商的经营地、发货地都不在注册地辖区内。目前，注册地部门因为仓库不在注册地，无法进行线下抽检，仅依据网上抽检的数量及当事人的线下确认，作为执法办案的依据，从执法的效果而言，并不显著，无法触痛商家，网抽的线索并没有发挥其线下的扩大效应。跨区域执法机制成为打击电商质量违法行为亟待解决的问题，包括线索移送、案件通报、联合执法等机制，在整体上形成打击电商产品质量违法执法合力。

（二）规定电商平台在质量违法交易中的协作义务

目前，电商质量违法行为更多的发生在入驻电商平台的个体工商户或者小微型企业，这类经营者存在日常交易账目不清、刻意隐瞒交易数据等情况，因此，在获得当事人提供的证据材料之后，执法人员还需要进一步调查核实。由于电商平台的互联网特点，交易数据等相关信息均以数据的形式储存在平台数据库里，平台具有获得真实数据的天然优势。但毕竟，电商平台是经营者，趋利是必然的，其是否愿意提供以及是否真实提供交易数据等信息存在不确定性。因此，必须强化电商平台的社会责任及法律责任，在法律法规中规定电商平台在质量违法交易中的协作义务。在《中华人民共和国电子商务法》二审稿第二十二条规定，国家有关部门依照法律、行政法规的规定要求电子商务经营者提供有关电子商务数据信息的，电子商务经营者应当提供。不过此条规定还是过于原则，而实践若需操作的话，还需要配套的法律和行政法规的跟进。

（三）建立一套电子商务领域的诚信体系

近年来，随着互联网技术的迅猛发展，电子商务发展迅速，由于其虚拟性，失信问题频现，假冒伪劣、虚假宣传、倒卖个人信息现象凸出，成为日常投诉举报的热点重点问题。为此，国家发改委 2017 年 1 月发布了《关于全面加强电子商务领域诚信建设的指导意见》，明确将构建全链条电子商务信用体系。作为质量监督管理部门应当探索在这一体系中的作为，充分调动政府、经营者、社会各方面的力量，构建网络诚信共治格局。质量监督管理部门至少可从几方面着手。一是运用好自身掌握的大量电商质量信息，可综合充分运用互联网技术、大数据等手段，与其他政府部门、平台之间打造信息互联互通机制，解决“信息孤岛”问题，使违法者“一处受限、处处受限”。二是做好电商质量信息的公示，及时向社会公众发布处罚信息、抽检结果、投诉分析等预警信息，供消费者参考使用，让社会公众的消费选择倒逼电商讲究诚信。三是加强电商质量的服务与监管。指导电商企业自律，自建质量投诉处理流程、内部产品质量抽查机制体系等，同时加大对电商质量违法行为的打击力度，建立电商诚信奖惩机制。

浦东新区市场监督管理局查处销售不符合保障人体健康和人身、财产安全的国家标准的电源转换器案

一、案例情况

根据群众举报，2014 年 5 月 28 日执法人员对 A 公司位于浦东新区某村里的经营场所开展现场检查。检查发现该公司是一家电商小微企业，注册地在奉贤区，在天猫网站开设“A 家居专营店”，主要从事电器插座等产品的网络销售业务。现场发现被举报的电源转换器共 246 只，执法人员对被查产品抽样送检，经检验机构检验，被查产品不符合 GB 2099. 1—2008、GB 2099. 3—2008、GB 1002—2008 标准，为不合格产品。当事人对检验结果予以认可。

经查，该批不符合保障人体健康和人身、财产安全的国家标准的电源转换器是当事人 2014 年 4 月 5 日从生产厂家浙江 B 公司通过物流直接进货，共购进 280 只，进货价格 8. 5 元/只，在天猫上售价 13. 1 元/只（包邮）。当事人自称邮费平均 7 元/单，并解释是为搞活动而亏本销售的“爆款”，实际平均售价只有 6. 1 元/只。至案发当事人在天猫上共销售 14 只，另有 20 只因仓库管理不善而遗失。办案人员调取了进货凭证、交易记录等证据后，认定当事人销售不合格电源转换器的货值金额为 3668 元，销售 14 只获违法所得 64. 4 元。依据《中华人民共和国产品质量法》第四十九条的规定处罚如下：1. 责令停止销售不符合保障人体健康和人身、财产安全的国家标准的电源转换器；2. 没收违法销售的电源转换器 246 只；3. 处违法销售产品货值金额等值的罚款 3668 元；4. 没收违法所得 64. 4 元。

在作出处罚决定的同时，办案人员向浙江 B 公司所在地相关部门通报了不合格产品生产厂家及产品批次等情况。不合格产品没收后，在期限届满后作统一销毁。

二、案情分析

（一）主体方面认定

本案违法主体为 A 公司。根据《中华人民共和国产品质量法》第四十九条的规定，该违法行为的处罚对象应当是生产者或销售者。本案中，A 公司作为涉案不合格电源转换器的销售者，理应认定其为该违法行为的主要责任主体。虽然 A 公司不注册在我

辖区内，A 公司的经营行为也是通过互联网发生的，但 A 公司的仓库、收发货、实际开发票地点均在我辖区某村租赁的临时厂房内，属于浦东区局管辖，故浦东区局对 A 公司进行立案查处。

（二）主观方面认定

行政处罚适用“不问主观状态”原则，但并非所有行政处罚都不问主观，具体要结合该违法行为的法律构成要件来进行判断。本案所涉及的法条，《中华人民共和国产品质量法》第十三条第一款、第四十九条，虽然并未涉及对违法行为主体的主观认定，但在实际办案中，主观故意或过失，还是作为衡量自由裁量的尺度。本案中，A 公司片面追求“爆款”，用超低价来吸引眼球，而没有向厂家索取产品的质量合格证明，以至于产品质量不过关，虽不能认定其有销售不合格产品的故意，但存在主观过失构成违法。

（三）行为危害性认定

A 公司在天猫网站销售的电源转换器，经检验机构检验被判为不符合国家标准的产品，存在危及人体健康和人身、财产安全的风险。案发后，A 公司尚能积极改正错误，利用销售记录中的信息通知消费者停止使用，并作退款处理，减轻了违法行为危害后果。根据《中华人民共和国行政处罚法》第二十七条第一款第（一）项的规定，从轻处罚。

三、疑难问题

（一）电商包邮问题存在异议

本案 A 公司是电子商务经营者，其销售的不合格电源转换器对外售价含全国包邮快递费。当事人在调查中提出，全国包邮快递费平均每单 7 元，实际售价理应去除快递费，每只电源转换器实际售价只有 6.1 元/只，低于进货价。但具体每一单的快递费是多少，当事人在调查过程中并无证据加以证明，存在包邮快递费难以认定的问题。本案货值金额以标价 13.1 元/只（共计 3668 元），还是按照当事人口述的实际售价 6.1 元/只计算（共计 1708 元）存在异议。

《中华人民共和国产品质量法》规定的货值金额是指生产者、销售者以及法律规定的其他责任主体，违法经营产品（货物）的总价值。该总价值是违法生产、销售、使用产品的单价与其数量的乘积。违法生产、销售、使用产品的单价，以违法者对产品（货物）的标价进行计算。本案中，A 公司违法销售的不合格电源转换器，其网上对外标价 13.1 元/只，理应按照标价计算。包邮只是当事人销售产品时无偿赠送给顾客的服务，只能属于经营成本的一部分，计算货值金额时不能直接扣除。如果商家标明产品标价时，同时标明了运送该产品的快递费，那快递作为一种有偿服务，不应当将快递费计入产品的货值金额。

（二）违法所得计算问题存在异议

本案A公司在经营过程中，会产生各种经营成本。在计算违法所得时，当事人又提出包邮快递费、房租、人工、税收作为经营成本在计算违法所得时应扣除，但当事人同样无法提供证据证明销售的14只产品到底产生了多少经营成本。

《工商行政管理机关行政处罚案件违法所得认定办法》第四条规定，违法销售商品的违法所得按违法销售商品的销售收入扣除所售商品的购进价款计算。本案中，A公司仅提供了产品的进货凭证及销售记录，参照上述规定，计算违法所得时只扣除了购进价款。从合理性角度考虑，快递费、房租、人工、税收都是实际产生的经营成本，有些是直接成本，有些是间接成本，一刀切都不予扣除却有不合理之处。如果当事人能够提供证据证明单个商品的经营成本的，可以适当扣除。

但在实际执法办案中，电商往往都是小微企业，票据不全的情况十有八九，难以取证认定违法所得的情况更为普遍，当事人往往因为没有凭证证据矢口否认存在销售收入、违法所得，造成违法所得难以计算。这方面，在上海的地方法规中已有突破性尝试。《上海市产品质量条例》第四十七条规定，有本条例所列违法行为，无销售收入、违法所得或者因不如实提供有关资料，致使销售收入、违法所得、货值金额难以确认的，可以处一万元以上十万元以下罚款。这样的规定，较好地解决了票据不全难以计算违法所得的问题，对于规范电商行为具有借鉴意义。

（三）不合格产品召回落实不到位

如何采取有效措施，减轻流入市场的不合格产品对社会的危害性，是电商普遍存在的经营风险。本案中，A公司通过交易记录信息，采取告知的方式通知购买顾客，并以主动退款的方式赔偿顾客，在一定程度上降低了产品可能危及顾客生命财产安全的风险，已属于做得相对较好的，更多的小微电商并不愿意去做，但当事人所做的还不属于严格意义上的召回，顾客仍然有继续使用的风险。而相关电商平台，虽然都有内部关于问题产品强制下架的监管措施，但实际执行差强人意，部门与电商平台间又相对闭塞，无法做到及时下架召回。现有关召回的法律法规只有部门规章，并无《产品召回法》来明确各自责任，造成召回无法落实。

四、前沿探讨

（一）我国电子商务市场监管工作主要存在的问题

我国电子商务市场监管主要存在以下三方面问题：

1. 单一主体监管模式与新的社会发展形势的不适应

我国当前的市场监管体制脱胎于计划经济时代，其以政府为单一的监管主体，带有明显的历史痕迹。现阶段市场监管的单一主体作用，强化监管手段的纯强制性，而忽略被监管者的能动性和监管手段的多样性。尤其面对电子商务这一新模式的崛起，突破了传统商业模式在时间、地域的限制，传统的单一主体监管模式已显得力不从心。

2. 监管思想和监管方式滞后

我国现阶段的对电子商务市场监管工作，突出存在重事后查处，轻事前监督；重微观管理，轻宏观调控的问题。市场监管主体将大部分精力用于对电子商务第三方平台及电子商务经营者的具体监管中，对于宏观管理和服务型监管的思想理念认识不到位，基本上仍停留在以直接管理为主的模式中。

3. 监管法规不健全

《中华人民共和国电子商务法》至今还没颁布①，对于电子商务市场监管的法律法规至今还不健全。对于电子商务这一新的交易方式和新型市场的出现，我国仍适用传统市场监管模式下的法律法规。虽然现行法律法规经历了几次大的清理，但仍不适应社会主义市场经济发展的需要。

（二）政府介入电子商务市场监管的必要性

1. 随着全球经济一体化的趋势，电子商务已成为我国经济贸易中重要的一部分。这就要求政府部门充分发挥职能，制定完善相关法律法规，保证电子商务经营规范化。

2. 电子商务的快捷性、隐蔽性，以及在电子商务交易过程中所具有较强的虚拟性，导致政府对市场的监管造成很大的难度。例如：交易双方是否具备订立合同的条件；交易双方是否具备民事责任能力；对具体交易时间、地点等相关证据的收集等。因此，在日益复杂的电子商务环境中，必须明确政府各部门的监督职能。

3. 对于电子商务交易中所存在的违法违规行为，例如：以假充真、以次充好、以不合格产品冒充合格产品等产品质量问题；虚假广告误导消费者；利用部门的地域管辖原则开展违法违规电子商务活动等。因此，为保护消费者的合法权益，维护电子商务市场环境，政府必须要强化对电子商务市场的监管。

（三）对我国电子商务市场监管的具体对策

1. 加速推进立法工作

《中华人民共和国电子商务法》草案已提请全国人大二审，相信不久的将来这部法律将颁布施行。同时，各地方也应当根据本地区电子商务的特点，通过立法调研、起草文稿、意见征求、专家论证的方式，尽快完成地方立法，规范地方电子商务活动。突破市场监管部门现有的地域管辖的限制，明确电子商务第三方平台的权利义务，赋予电子商务第三方平台对其平台上商户的管理权利及义务，明确参与各方责任以最大限度保障消费者的合法权益。

2. 开展电子商务监管创新试点

根据全国各省、自治区、直辖市的优势及产业特点，选择部分省、市进行电子商

---

① 《中华人民共和国电子商务法》已于2018年8月31日正式出台，于2019年1月1日实施。本文在该法出台前编写。

务分类创新发展。

（1）各地方市场监管局成立网络监管分局，网络监管分局负责电子商务的专业监管，基层市场局（所）负责日常综合监管，各自发挥优势和专长，维护电子商务健康发展。

（2）国家层面建立网络市场监管数据库，直接从电商平台、各监管部门采样数据，通过运用大数据对电子商务市场进行分析，有的放矢指导各地方局加大网上巡查力度。各地方局通过数据库数据分析，主动出击排摸线索，严查电子商务交易中存在的违法违规行为。

（3）明确电商企业权利义务，通过行政约谈、监督检查等形式，督促电商企业履行监管自身平台的义务，健全规章制度，加强内部监管，严格依法自律。

（4）构建网络市场监管数据平台，直接通过平台加强公安、通信管理等部门的沟通协作，实现信息互通共享、协同管网、联合执法，精确打击线下制假、网络售假行为。

3. 发展行业组织与市场监管“双层监管”新模式

基于我国国情，在短时间内，不可能建立起一个如同美国那样的“行业自律型”市场监管模式。因此，针对目前电子商务市场监管现状，我们应当努力建立起一个行政执法与行业自律并重的“二者兼顾型”的市场监管模式。政府、行业协会中的每一方既是调控主体，又都是受控主体。两方相互制衡，合作协商确立共同的监管目标。通过电子商务协会与行政部门对电子商务市场的“双重监管模式”，实现对电子商务市场的有效监管。

徐汇区市场监督管理局事中事后监管工作实践

\>>>>>>

上海以“海纳百川、追求卓越、开明睿智、大气谦和”城市精神闻名世界，城市精神根植于城市内每个人的灵魂，影响着人们的言行举止和价值体现——公正、包容、诚信、责任。不择细流，乃成其海，开放包容，创新求善，人们把理想、个性、激情融入这座城市，在工作、生活中不断提炼、整合。

奔流向东的黄浦江之滨、上海西南，有一座厚重历史与澎湃活力交汇出地璀璨多彩的城区——徐汇。这里集聚着 120 多家国家级或市级科研机构、10 余所高等院校，106 位“两院”院士工作或居住在徐汇；这里拥有全国闻名的“漕河泾高新技术经济园区”，是国家大众创业万众创新示范基地；这里的徐家汇、环贸广场等传统商圈吸引世界各地人们纷至踏来。在这片人杰地灵、科技发达、商贸便捷的地方，有一支队伍肩扛维护市场秩序和市民利益的重责，走街穿巷、仗剑执法，默默地守护着这片区域地良好市场，保障着市民的高质量享受——它就是上海市徐汇区市场监督管理局。

一、责任担当　不忘初心

望前窗外高耸的脚手架和绿纱网罩着的高层建筑，看着脚下哄鸣而过的火车机头，周拥民咽下口中略带苦涩的茶水，耳中还回响着父亲刚刚在电话中的话语“医生说经过六次化疗，癌细胞块已经得到控制，肺已经变得干净，治疗效果还不错……”，茶的回味似乎比以前甜了些。后来在老家的父亲被确诊得了肺癌，他把老父亲接到上海治疗，希望可以多尽些孝道。可老父亲看他工作忙，毅然回到老家治疗，留下话说“目前还能自理，能不影响你工作就尽量不影响，你要认真把工作做好。”他把对家人的愧疚转化为工作动力，继续埋头撰写检验检测机构专项监督检查情况分析报告，分析检验检测机构违法违规行为系统性、共性的原因，以便下阶段有针对性地督促企业整改，这是他多年养成的工作习惯。

周拥民，上海市徐汇区市场监督管理局质量认证科副科长，9 年前抱着一颗“为质量事业献身、为百姓利益奋斗”的初心从部队转业而来。刚开始从事执法打假工作，他在这个岗位上一干就是 6 年。执法打假工作要与违法分子斗智斗勇，需要深入现场、一线，经常加班加点、忍冻挨饿，有时甚至需要冒着生命危险，但是他从来没有退缩，也毫无怨言。记得那是 2010 年，有群众举报辖区内一个城中村中聚集了大量外来人员集体制售假冒水泥，特意提醒村口有人对进出人员进行检查。为了掌握制售假冒水泥现场环境和证据又不惊动违法分子，他乔装成安全检查员冒着危险进入生产窝点踩点获得制假第一手情报，又带领同事连续蹲点跟踪运输车辆掌握假冒水泥的去向。待时机成熟后，与公安同志合作深夜进场扣人、做调查笔录、清点涉案物品、运输涉案水泥异地查封等，场面很是壮观。然而等到现场扫尾时，才发现一个个灰头土脸，连嘴里都是水泥，都成了“泥人”。此案上了新闻媒体，成了当年质检总局的典型案例，他现在想起来还是很自豪，说像是打了一场胜仗。但是大家不知道的是，那时他女儿刚满周岁需要人照顾，而他父亲正在医院做心脏手术需要家属到场。但为了不再让假冒水泥流入市场影响工程质量，在案件箭在弦上的关键时刻，他毫不犹豫地选择了工作。但他说成功的最大“秘诀”，是因为有一个团结协作、追求卓越的团队，正是同事们毫无怨言、没有条件地支持，才会有今天的局面。多年来，他办理了数十件大案要案，撰写了几十篇执法打假和业务研讨性文章发表，分别在2014年、2016年获得优秀公务员嘉奖，他和局里另一位同事先后还获得全国执法打假“办案能手”称号。

机构改革后，质量认证科上要对接上级产品质量监管、认证监督、特定产品、执法协调四个处室的工作，下要指导13个市场所和1个执法大队开展业务工作和执法检查，科里本身还承担着许可企业、检验检测机构等部分监管业务，条线多工作任务重，周拥民和科里每个人的工作都排地满满的。任国祥，还有二年就退休了，上班第一件事烧水吃药，因为他2008年被查出得了胃癌，手术后一直需要药来维持治疗。胃病反反复复，中间有几次严重的又进了医院，身体一直不太好，这几天身体又出现新症状——小便出血，然而医院检查完后，他又立马返回到了工作岗位，工作一直也没有落下。他说：“科里人少，我再不来，你们要忙不过来的”，语言朴素却体现着责任担当。2016年，身患癌症的妻子永远地离开了他，留下了还未成家的孩子和有着重病的他。料理了爱人后事后，他立即回到工作岗位，与同事们一起参加检查，从不要特殊照顾。2017年9月，在全国质量安全隐患大排查中，他与同事一起参与一家企业无证生产公交读卡器违法行为的查处。为了固定违法证据，防止不合格产品流入市场，保障市民乘坐公交车的安全和利益，从早上一直工作到下午一点，因为过了饭点，他胃疼痛的全身虚脱，仍坚持把工作做完，他在平凡工作岗位上用自己的行动真实地践行着尽忠职守的真正内涵，徐汇局市场监管人用自己的方式诠释上海的城市精神。

二、默默耕耘　无私奉献

“历史保护不是对历史建筑进行博物馆冻结式保护，而应该成为城市发展中的一个重要战略组成部分。”作为上海保护规模最大的地区，徐汇区衡复历史文化风貌区总面积7.66平方千米，有950幢优秀历史建筑，1774幢保留历史建筑，2259幢一般历史建筑，拥有深厚的历史人文底蕴，是上海城市文脉的发源地和承载区。衡复复兴计划不仅涉及历史遗产保护、地域文化复兴，而且同社会发展、民生改善、经济繁荣等紧密结合，这也是实现城市可持续发展的现实要求。

陶冬，徐汇区市场监督管理局主任科员，目前新身份是市场监督管理局驻衡复风貌保护工作小组成员。此前，他一直是公平交易科的骨干，负责指导各市场所和大队办理各类复杂疑难案件，平时工作繁忙，但为了衡复风貌保护这项重要工作，他毅然主动请缨，前往一线，配合街道和市场监管所开展相关工作。

衡复保护是项复杂的工作，首先，逐幢逐个为老宅做档案，包括产权人、产权性质、建造年代、房屋类型、改造装修过程、待修复细节等，逐一归档；而后，根据实际情况列出“个性化修缮”内容列表，据此排出修缮资金，确保老宅在保留风貌特征的基础上提升居住功能。这其中需要花费大量的时间和精力，还要克服历史遗留和老百姓不理解、不支持的问题，陶冬带领小组成员逐门逐户地宣讲政策，化解矛盾和心中的疑团，让百姓理解政府的良苦用心并对未来充满憧憬。

工作初显成效，下一步将进入攻坚阶段。休息日，陶冬去看望母亲，母亲身体一直不好，最近去看的少了。母亲似乎又瘦些了，咳嗽也比前段时间厉害了些。他一直叮嘱母亲。“妈，要按时吃药，等我这段时间忙好，好好陪你到医院看看。”母亲还是慈祥地对他说：“哎，老毛病了，不碍事的，你工作要紧，不用太担心我”。陶冬心里一阵酸楚，想多赔了母亲一会儿，没想到工作组电话又来了，他只能匆匆和母亲道个别，就又披星戴月地赶到一线。就这样不知不觉过了两三个月，由于整个拆违保护工作进入攻坚阶段，陶冬每天都工作到很晚，回去的次数更少了。他心里一直牵挂着，想休息天回去看看，可是休息日反而比工作日更加忙，因为工作对象都是双休日休息，所以看母亲的日子一拖再拖。

转眼又过了个把月了，许多老宅、弄堂在个性化修缮中挥别了“陋室时代”。以往频遭吐槽的“居住不安全、设施不配套、物业管理不到位”等问题，在个性化修缮中被逐个“销项”：电线更换一新，下水道重新排布，安上了铁门，连老宅周边的弄堂路面也被拾掇平整，1299 只残存于老宅中的马桶也彻底被消灭了。看着自己和同志们的工作成效逐渐显现，陶冬心里油然升起了成就感，也树立了将这项工作做到底、做完美的决心。他想马上把这消息告诉母亲，就在去的路上，家里打电话来说母亲突然病情加重，住院了。他一下慌了手脚，连忙赶到医院，母亲已进入重症监护室，医生说情况可能不太好，要他有时间多陪陪。此时他多想向领导请个十天半月的假，陪陪母亲，母亲辛苦了一辈子，现在不多陪陪的话，恐怕将来机会不多。那个晚上，他在病房外面一夜不眠，因为他知道，明天有更重要的工作在等着他，他必须到场，一定要让工作对象配合，否则将拖延整个工作的进度。他一边祈求医生要用最好的药，用最好的治疗手段，一边祈求上苍再给目前多一点点时间，再多一点点时间。

终于经过不懈努力，整个衡复风貌保护区的面貌焕然一新，不见了无证无照摊位，不见了群租，老洋房在夏日的树影婆娑中焕发了新的面貌。老百姓的获得感和满意度极大提升，对工作组的工作给予了肯定和支持。位于五原路上的张乐平故居，二楼书房里，阳光洒在屋子正中的大书桌上，一旁的砚台、笔墨依旧是当年的模样。在陶冬和街道及相关部门共同努力下，这里被成功置换出来，即将启动装修布展，张乐平先生的后人将定期提供其原作向公众开放。柯灵故居的保护进展“更有料”。陶冬透露，老房子里先后搬出 134 箱书籍、1000 余封珍贵书信，包含钱钟书、杨绛等大家的亲笔信等，文化史料价值极高。目前这里正在进行文档清理工作，之后将向公众开放。

就在工作推进取得显著成效的时候，很不幸，我们陶冬的母亲终因年老不治，不幸去世。陶冬赶到医院，看到慈祥睡去的母亲，心里再想叫一声母亲，再想和母亲说说话，聊聊家常，他知道都已经不可能了。家里人说，老母亲一直叫家里人不要通知他，让他安心工作。他泪如雨下，老人家一辈子都在为晚辈着想，从来不想麻烦晚辈，只希望晚辈能清清白白做人，踏踏实实做事。他觉得他对得起老母亲的教导，只是没有能推着手推车让母亲看看整治后的衡复风貌保护区，她肯定会很惊讶于现在的变化，也会为儿子奉献其中感到自豪。“文化遗产是留给世人的宝贵财富，保护好这些文化遗产是我们的重要责任。徐汇被誉为海派文化发源地，留有诸多珍贵的文化遗产，要对此保持敬畏、保持感情。”陶冬就是这样一直心存这份敬畏，这份感情。

在黄浦江畔这块历史与创新碰撞出火花，传统与科技交汇出新乐章的地方，正在重新焕发出勃勃生机。在这生机的背后，正有无数个徐汇市场监管人的默默付出，无数个感人至深的故事发生，无数个创新举措的实施，形成一股为民众利益、护市场秩序、谋经济发展的磅礴力量，如滚滚东去的黄浦江水“毅然不回（悔）”。

宝山区市场监督管理局事中事后监管工作实践

\>>>>>>

上海是改革开放的热土，这里一直担负着为改革创新探路的重任。宝山区是上海的北大门，区域面积300平方千米，拥有中国最大的精品钢生产基地和有享有“东方之睛”美誉的吴淞口国际邮轮港。一批重要的部市属企业也落户宝山，港口物流、集装箱储运、加工贸易等产业快速发展，逐步形成了“一业特强、多业并存”的产业发展格局。

对宝山区市场监督管理局（以下简称“宝山局”）来说，2015年既是一个起始之年，也是一个考验之年。这是一个由原工商局、质监局、食药监局、物价局物价检查职责合并而成的新局，内设20个科室，综合执法大队和15个市场所，干部500余人，管辖区域涵盖九镇、三街道、两个工业园区及航运经济发展区。从筹备阶段到运转初期，全局上下团结一致、拼搏争先、奋斗在市场监管的主战场，无声奉献在经济建设的最前沿。

2年多的寒来暑往，宝山局经历了体制改革初考，面对人民群众的质量安全需求日益增长，经受住了考验。宝山局坚持深化改革，拓展优势，切实承担起激发市场活力和维护市场秩序的双重任务，当好审批改革的“排头兵”，攻坚克难的“先行者”，促进发展的“实践者”，体制改革的效益正在逐步显现。宝山局相继荣获多项荣誉，荣获2016年上海市质量技术监督局“质检利剑”执法打假专项比武“技能标兵集体”称号、3名同志被授予“技能标兵”和“优胜个人”荣誉称号、1名同志荣获2017年上海市质监执法打假“办案能手”；青年突击队荣获上海市市级机关优秀青年突击队称号、综合执法大队青年办案组被团市委授予“2015—2016年度上海市青年文明号”称号、青年安全监察组获区级“青年文明号”称号；被上海市食品药品安全委员会办公室授予“3·22案件查办先进单位”称号；区局注册许可科被授予“全国工商、市场监管部门企业登记工作成绩突出窗口单位”，全面展现市场监管队伍昂扬向上的精神风貌。

一、不竭力量，做改革的开拓者

党的十九大报告明确提出了“深化商事制度改革”“完善市场监管体制”。为着力深化体制改革，宝山局明责确权，构建“3369”为重点的工作运行体系（三张清单、三级事权、六张报表、九项考核重点）和“五个一体化”为核心的工作机制。为激发各类市场主体活力，2016 年全区企业量突破 12 万户大关，高新技术企业总数达 320 家，平均每 6 分钟诞生 1 家企业。窗口整合以来，共受理注册登记、特种设备、行政许可等各类申请近 6 万户（件），占区行政服务中心业务总量的五成以上。

体制改革以来，宝山局追求改革的“过程自觉”，也讲究改革的“落地效益”，提升区域经济发展。宝山局牵头制定《宝山区质量发展十三五规划》，树立质量标杆。宝山区区长质量奖成为上海首个涵盖产品、工程、服务、人居四大质量领域的政府质量奖，2017 年两家企业获此殊荣，这与市场监管人的从严监管、勇于创新分不开。“区长质量奖”的设立，极大地增强了企业的质量责任感和勇于竞争的信心，激发质量强区活力。

在 2015 年、2016 年度区政府质量工作考核中，宝山区连续两年取得 A 类等级。目前，宝山已有上海名牌企业 40 家企业，名牌企业（产品类）生产总值达 134.7 亿元。现有国家级标准化示范试点项目 4 个，市级项目 41 个。吴淞口国际邮轮港授予“上海市服务业标准化示范单位”铭牌。

二、尚法明辨，做法治的坚定者

依法行政是行政执法部门的生命线。宝山局积极完善法制建设，编制执法办案通用文书 79 种，制定一般程序行政处罚案件相关制度 4 项，为监管执法提供基础和保障。2017 年，宝山区在全市率先建立兼职政府法律顾问库，严格落实行政机关负责人行政诉讼出庭应诉和旁听审理规定，聘请兼职法律顾问，不断提高工作的规范化、程序化、法治化、精细化水平。

两年来，宝山局紧紧围绕“抓质量、保安全、强质检”的工作方针，结合区域实际，积极开展“质检利剑”四季执法打假专项行动。建立商标数据库，积极收集权利人信息，为执法打假提供一手资料，截至目前，该数据库已收录相关权利人信息 213 条,利用数据库成功对接 10 余个商标权利人。只要有假冒伪劣产品和安全隐患存在，市场监管人就永远在奔波的路上。

“天下之事，不难于立法，而难于法之必行”，全局上下坚持做到尚法明辨，善思慎行，执法办案也向协作化、科学化准、精细化转变。宝山局成立至今共查办质监系统案件 460 余件，罚没款近 1500 万元。办理的两起罚没款 50 万元以上的许可证案件，保障了重要工业质量安全，促进了行业健康发展。办理的一起特种设备违法案件荣获 2016 年上海市质量技术监督行政处罚案件专家评审第一名，行政处罚十大优秀案卷。

市场监管人的内心都透着一股子倔强，不仅要把案件办下来，还要把案件办好、办铁、办精。正是这种不屈服的执着，使得宝山局案件质量一直保持较高水准。宝山局在上海市 2015 年及 2016 年行政处罚案件评查中分别获得 97.9 分及 94 分的较好成绩，位于全市前列。

三、使命在肩，做安全的守卫者

初夏的上海已是热浪滚滚，室外温度已逼近 40 摄氏度，身穿制服的年轻干部，忍受着锅炉房近50摄氏度的高温炙烤，用抹布擦拭着铭牌信息，逐一核对……

送走似火的烈日，迎来的是刺骨的寒冬，顺着令人胆战心惊的扶梯，几十米高的油罐，监管干部正在进行压力容器的现场检查……

宝山区目前共有特种设备使用单位4000余家，特种设备总数近4.5万套，压力管道1000余千米，特种设备数位于上海市前列。市场局成立后，宝山局将80%的人员下沉所队，特种设备安全监管职能也逐步下放市场所，扩大监管覆盖面。然而，特种设备监管所需要的专业技能、时间的紧迫、“8·31”液氨事故带来的畏难情绪，都是实实在在摆在面前需要解决的难题。

涓涓小溪汇成奔腾河流，势如破竹，终归会流入沧海，因为有志，自小溪汇成沧海；因为有志，以松柏聚成森林。宝山局下定决心，采取了一系列措施来改善现状。一是完善特种设备安全监管机制。全国首创特种设备主体责任清单，建立健全近20份设备台账，全面梳理区域设备现状，打牢监管工作基础。二是健全“四位一体监管体系”。大力优化机关科室－综合执法大队－基层市场所－专业检验所“四位一体”的特种设备安全监管网络。三是创新方式方法。实施“重点监管”“动态监管”“智慧监管”，破解监管瓶颈问题，提升监管实效。近年来，全国各地电梯安全事件层出不穷，正在舆论沸沸扬扬之时，辖区内某小区的电梯也被诉至电台，我们一度陷入了被动。为彻查该事件，宝山局理顺思路，科队检验机构联动，一方面对电梯进行再次检验，让业主们安心；另一方面主动与媒体沟通，消除误会；同时督促物业及维保单位做好电梯井的防潮工作，在短时间内平息事态，获得业主们的认可，维护了行政执法单位的良好形象。

2年多来，共检查特种设备使用单位6375家次，抽查设备17694台（套），发现隐患6000余处，查办281起特种设备违法案件，罚没款1000余万元，案件数和罚没款数均位全市首位。通过宝山局上下不懈努力，攻坚克难，2017年特种设备违法案件递减30%，企业逐步加强对特种设备的重视，“以罚促管，罚管结合”初见成效。这些数字，是市场监管人的成绩，也是我们辛勤付出的最好回报。

自开展国家卫生城市创建以来，宝山局全体干部发扬“5+2”“白+黑”精神，战斗在创卫最前沿。

零下20多摄氏度的冷库，食品监管人员穿着肥厚的棉衣对冻品进行一包一包检查。

建设食品安全“守信超市”和创建“放心肉菜示范超市”，整治小餐饮、小食品店，就是为了让市民吃得更放心；试点小餐饮备案，就是为了让更多小餐饮单位有“身份”，让企业更安心。在创卫复审的攻坚阶段，注册许可窗口的工作量井喷式上涨，最多的时候，半天就要接待三十几位前来办理业务的申请人，即时再累，市场监管人依然秉持信念，扫尽威胁食品安全的一切“黑暗”。

特种设备安全和食品安全是宝山局聚焦的重点工作，坚守安全底线是我们的使命担当，市场监管人始终保持不畏艰难、敢于担当、善作善为的工作状态，用责任和行动践行肩上担负的责任，守护一方平安。

四、重任在前，做时代的担当者

“五违四必”综合整治作为上海市一项重点工作，是宝山局成立后的重中之重。宝山区共涉及三个市级整治地块：南大（二期）地块，大场地块、庙行地块（大场机场周边）以及顾村地块，涉及整治面积 18.81 平方千米。

“五违”整治虽然看起来是个体力活，其实更是个技术活，整治过程中遇到的阻力和难度往往超出想象。存在整体管理混乱、无证无照经营、制假售假等违法行为。经营户不配合，阻挠执法，有些甚至暴力相向，给整治带来了困难。

大场机场地块是“五违”整治市级重点地块，地域面积大、经营户数多，治理难度较大。领导班子成员实行“包干制”，对方案逐个“过堂”，组建“党员先锋队”“青年突击队”“攻坚克难队”三支队伍，160 余名干部报名参加。同时主动对接大场镇共商整治对策开展整治行动，以“约谈机制”为抓手，对违法经营户约谈，劝退企业停止经营 40 户，做到“不战而屈人之兵”。华灯初上，执法人员依然坚守在一线，企业一家一家跑，道路一条一条清，逐个告知和宣贯，困了累了就盖件棉服伏在案头小憩一会。无数个熬夜攻关，殚精竭虑，又何妨？

不积跬步，无以致千里，不积小流，无以成江海。“五违”整治进入攻坚阶段，企业关停、设备层层转租现象频现，对特种设备安全造成隐患。宝山局依法采取立案，查封、扣押等行政措施对无证无照、制售假冒伪劣产品、特种设备等违法行为采取高压打击态势，圆满完成违法违规整治任务，得到市委市府、区委区府的肯定。宝山局“五违”整治行动青年突击队被市级机关团工委授予“上海市市级机关优秀青年突击队”称号，大场市场所胡清同志荣获区平安建设好人。

五、群众在心，做民生的奉献者

民生存在于每一件小事，亿万人的小事就是一件大事。市场监管人是消费维权的“老娘舅”，无论是几块钱的琐事还是几百万的纠纷，我们平等对待。每一件投诉如同苍松上的一叶针，但我们深切理解对于每一个消费者而言都是摆在面前的一桩棘手事。善治必达情，达情必近人。我们设身处地为消费者着想，不以事小而怠慢、不因急难而推诿，为维权的消费者点燃指路明灯。

在消费维权的路上，我们以“最短时间、最高效能、最佳效应”为原则，进一步整合“12345”“12315”“12331”“12365”“12358”五条热线。监测和实时发布特种设备和集体食物中毒等涉及人民群众生命财产安全等诉求件，在主要商业圈的户外大型电子显示屏发布消费警示，保障了消费者的知情权和监督权。

民生计量工作关系百姓切身利益。针对区域内江杨农产品、江杨水产品及江阳水产品批发市场在用电子秤总量巨大、种类复杂，且改装作弊现象较突出的问题，宝山局试点推出计量“四统一”模式（市场主办方统一购置电子计价秤、统一设立计量管理机构、统一申请强制检定、统一落实定期轮换），民生计量器具受检率及合格率持续上升，获得市场和百姓的欢迎。

2017 年共处理投（申）诉、举报 20462 件，为消费者挽回经济损失 381.51 万元，获锦旗 17 面、表扬信（感谢信）12 封。

我们夙夜不懈，不辞辛苦，风雨兼程，日复一日、年复一年，将自己的汗水和热血都洒在了脚下的这片土地上。因为我们深知这份坚守的意义，是“人民”，哪怕只是些许热量，也愿意添一分光明，增一分温暖。历史车轮滚滚向前，时代潮流浩浩荡荡，这个时代只会眷顾开拓者、坚定者、守卫者，而不会等待犹豫者、懈怠者、畏难者。宝山局将认真贯彻落实十九大精神，站在新的历史起点，牢记使命，砥砺奋进，强化担当，积极探索符合区域发展需求的市场监管体系，在推动创新驱动、转型发展中体现更大作为。

嘉定区市场监督管理局事中事后监管工作实践

>>>>>>

几年前的一个夏日，8 位满怀理想的年轻人汇聚到一起，成为了光荣的嘉定质监人。为了这一天，执法老科长刘光亮足足等了半年，他终于不再是“光杆司令”了。后来，科里的同志升的升，调的调，走的走，一转眼，只剩下了老科长一人，连最基本的执法办案都得借人帮忙。这下好了，人丁兴旺了，腰杆子总算能挺直了。

老刘神气了，但自从接到新组建执法大队的任务，这半年里，为了场地，为了经费，他可没少费口舌，没少“得罪”人；搞装修、买家具、添设备，每件事都得亲力亲为，整天忙里忙外，东奔西跑，也没少吃苦。总算功夫不负有心人，“光杆刘科长”顺理成章地变成了名副其实的“刘大队长”。可望着眼前这几个稚气未脱的“新兵蛋子”，老刘怎么也乐不起来，他心里清楚，这肩上的担子可是更重咯。

接下来的日子里，老刘一天也没闲着，办案、谈话、程序、法律，每个队员他都不厌其烦，手把手地教，恨不得叫队员们一口吃成大胖子，几十个案子谈下来、做下去，真是一刻也没省心呐。老刘不仅当“师傅”，还兼职做“导游”：汽配市场、菜市场、超市商城、五金城、建筑工地、庄稼地……；电线电缆、电动车、低压电器、空压机、制冷设备、阀门、泵、建筑材料、地条钢……他恨不得带着队员们一下子把自己熟知的各行各业都给跑个遍。

一、处罚不是目的

“刘队长，这么多年来，你一直躲着我，好不容易来我这一趟，今天一定要给个面子，吃了饭再走……”吴老板紧紧握住老刘的手，说什么也不放。这是 2014 年末一个风和日丽的上午，老刘跟往常一样，带着队员们在一家人造板生产企业里检查。

几年前，这家企业因为无证生产人造板被“铁面无情”的老刘抓着了，吴老板顿时傻了眼：前一年冬天大雪压塌了厂房，几乎损失了全部家当，客户也跑了大半；好不容易搬了地方，添置了设备，却也欠下了一屁股债；眼看着生意刚有起色，倒好，又被质量技术监督局给查了。百般求情都无功而返，面对十多万的罚款，万念俱灰的吴老板留下了他的“事业”，跑了。

老刘看着这堆荒废的产业，也忍不住为吴老板惋惜，他也不是不懂人情，只是身为执法者，自己不能破了法律的底线。好在，吴老板四处碰壁后，还是跑了回来。老刘找到他一顿痛骂：“我们罚你是在帮你，又不是在害你。要是没有生产许可，上哪你也做不成，就是投再多钱，也是打水漂。你要是想好好做，就得认错，接受处罚；要不然，你就跑了别回来！”在老刘晓之以理动之以情的劝说下，吴老板最终低下了头。后来，在老刘的指导和帮助下，吴老板很快拿到了生产许可，生意做得风生水起，赚了不少钱，可这位“恩人”也开始对他视而不见。

这个故事，队里的每个人都耳熟能详，也是老刘最津津乐道的一件事。他总跟队员们说：“我们虽是唱红脸的，但处罚不是目的。该教育的要教育，该帮忙的还是得帮忙，如果罚完了他不记恨你，而是反过来谢谢你，那才说明处罚的目的达到了。”

二、执法也得靠创新

2015 年春天，组建不到一年的大队迎来了机构改革，原来的大队变成了中队，吴克斌接过了中队长的职务，上面想把老刘调离执法岗位，可老刘思前想后，还是决定留下来，做了分管副大队长。大家都明白，他是真舍不得这帮“弟子”，不过只要有他在，不管变成什么队，这队伍的神就还在。

一次晨会上，吴队拿着新来的 5 份电商平台的举报材料犯了难，“前面几个刚查完，还没到一个礼拜，又来了一批……”老刘也是又气又急，“看来必须得给他们施加点压力了。”两人一合计，下午就把电商平台华东总部的负责人约了过来，准备和对方来个约法三章。

电商这几年的发展可谓是风风火火，但各种质量问题频发，投诉举报量与日俱增，监管压力越来越大。作为电商平台管理者，又何尝不想做好监管。可监管需要技术，需要人力，需要资本，虽然平台也在努力，但总也跟不上发展的势头。本想寄希望于电商平台，可没想到，对方也是一肚子苦水，这可怎么办。

老刘召集全队共商对策，最后大伙一商量，既然都有共同的需求，索性双方进行合作：队里有经费，有技术支持，负责产品抽查，不但可以完成上级交办的抽样任务，还能一定程度上弥补平台监管的空缺；而平台有大数据，有制约电商经营者的能力，在配合抽查的基础上，及时共享信息，督促违规企业整改，把好入门关，净化网络交易环境。这个创新之举不仅得到了上级的认可，也受到了电商平台的大加赞赏。就这样，双方一拍即合，开启了政企合作之旅。

经过两年多的合作，双方逐步建立了电商绿色协查机制。期间，中队在电商领域抽查各类产品近 200 批次，查处质量违法案件 10 余起，有效地震慑了不法分子。通过这种政企合作新模式，电商领域的产品质量监管加强了，消费者的权益更有保障了，电商平台的发展也逐步走上正轨了。

老刘经常感叹：“法是死的，人是活的，执法要是不创新，怎么跟得上时代的步伐！”

三、民生问题无小事

2017 新年伊始，几位市民给队里来了电话，说是新年里满心欢喜去市场里买了点海鲜，却不料碰到了“黑心秤”，坑了钱不说，还坏了他们过年的好心情。这事儿传到了老刘耳边，气得他拍案而起，“这些无良商贩，太不像话了。”

没过两天，一个风雨交加的早晨，冒着凛冽的寒风和雨雪，老刘带着全队，在属地所和计量所的同志配合下，一行20人浩浩荡荡地走进了农副产品交易市场，把整个水产市场围得水泄不通，依托缜密的部署，转眼间就查获了10多台作弊秤。商贩们一个个都慌了神，从来没见过这样的阵势，怕是犯了什么大事。穿行的市民也都驻足停留，当看明白眼前发生的事情后，一个个都拍手叫好，一个劲地为执法人员喝彩。这是新队员们进队以来第一次这么直接而真实地感受到自己工作的价值和意义。

无良商贩们都受到了严厉的处罚，但这故事还没有结束。市场负责人本以为事不关己，想着等风头过去，继续回去收他的租金，可没想罚完了商贩，队里又一次次地找他谈话，还要约法三章。最后，市场负责人算是服了，不但新配了公平秤，还给每一个摊位都统一配发了合格的电子称。这下，居民们可算是真放心了。这事很快就传开了，好几个市场都一一效仿。

“凡是涉及民生的事都不是小事，要做就要做好，做彻底。”队员们都把老刘的教诲牢记于心，这是一位老共产党员的觉悟，也是身为人民公仆的每个队员的觉悟。

转眼春暖花开，中队又在成品油专项中查获一家销售不符合标准柴油的物流车加油站。可是深入一查，加油站卖的是国Ⅳ普通柴油，虽禁止向道路机动车销售，但并未淘汰，而且对方也并没有以次充好的情节。望着窗外灰蒙蒙的天空，主办案件的小杜不禁想起了雾霾天里咳个不停的三岁小儿，他拿着《法律汇编》陷入了沉思，说什么也不能让这些钻空子的无良企业逍遥法外。

老刘也着急，带着全队一起研究法律、法规，还请来了上海市局领导、法律专家，一起出谋划策。终于，皇天不负有心人，给他们找到了2016年1月1日新出台的《中华人民共和国大气污染防治法》。就这么的，他们开创了上海市质监系统运用《中华人民共和国大气污染防治法》处罚的先例，还入围了当年上海质监系统的优秀案卷。

当然，涉及民生的问题不会就此作罢。吴队带着小杜追根溯源，找到了供应油品的中石化上海分公司，约谈了企业负责人。对方被执法人员的执着和敬业所感动，主动承诺要加强油品流向管理，严格限制普通柴油的超范围使用，并将该事件上报中石化总部，避免类似事件在全国其他地区发生。

8月的午后，上海的气温已经超过了40摄氏度，梧桐树上的知了也热得叫不出声。可为了完成电线电缆生产企业专项整治任务，一个月来，队员们天天顶着烈焰，奔波在30多家电线电缆生产企业之间。西安地铁事件爆发后，电线电缆的质量安全广受媒体和大众的关注，夏季又是用电高峰，决不能让一根不合格线缆走出厂门。高温融化了鞋底，汗水浸透了衣衫，但他们毫无怨言，他们心里清楚：民生问题无小事。

这两年，“办案能手”“优秀个人”“道德模范”“最佳团队”“先进集体”……一个个响亮的称号从这支队伍里冒了出来，这都是每个队员踏踏实实干出来的成绩。

“执法就是要深入一个领域，查处一类案件，规范一个行业。”这句老刘常挂在嘴边的话如今成了每个队员的座右铭。这些年，在老刘的谆谆教导下，队员们一个个成长起来，拥有了独当一面的能力，最重要的是，大家都知道了，处罚不是目的。这些年，除了日常的执法，他们去过市场给个体商户做普法宣传，去过社区给居民百姓做维权讲座，去过农村教老年人产品质量风险防范知识，去过企业给企业管理者做法律宣贯和警示教育，去过商场、街道给市民做消费指导……如今，他们要“躲着”的人越来越多了。

这一切老刘都看在眼里，他知道，不管他走到哪，这支队伍的神永远都在。

嘉定区市场监督管理局查处擅自销售未经强制性产品认证的音响案

>>>>>>

一、案例情况

2016年9月11日，嘉定区市场监督管理局（以下简称“嘉定区局”）收到北京市质量技术监督局案件线索移送函，称消费者举报注册在上海市嘉定区的A公司在某电商平台上销售未经强制性产品认证的音响，具体音响产品为“奥速（ASHU）AS102多媒体音响”。2016年9月13日，嘉定区局执法人员对A公司进行了现场检查，并调取了该音响产品的销售记录，现场A公司未能提供该音响产品的强制性产品认证证书。

经调查，A公司在某电商平台上主要从事数码产品、家用电器等商品的销售。A公司于2016年6月6日起在某电商平台上销售“奥速（ASHU）AS102多媒体音响”，该音响产品于2016年10月24日方取得了《中国国家强制性产品认证证书》（编号：2016010801912112）。在该音响产品未经强制性产品认证期间，A公司共销售了该音响产品106个，销售价格为49元/个（含税），进货价为36元/个（含税），销售利润为1177.8元。

A公司擅自销售未经强制性产品认证的音响的行为，违反《中华人民共和国认证认可条例》第二十八条的规定。鉴于A公司积极配合调查，违法行为持续时间较短，积极落实整改，依据《中华人民共和国认证认可条例》第六十七条及《中华人民共和国行政处罚法》第二十七条第一款第（一）项的规定，责令A公司改正其违法行为并予以从轻处罚，拟作出如下行政处罚：1. 罚款人民币8万元整；2. 没收违法所得人民币1177.8元。罚没款合计人民币81177.8元。

二、案情分析

本案在办理中，主要有以下三个特点：

（一）准备充分，检查细致

办案人员在收到线索移送函后，第一时间登录某电商平台，打开涉案物品的网页界面，主要目的有2个，一是了解产品的功能参数、执行标准，并与强制性产品目录进行比对，初步判定该产品是否纳入强制性产品认证管理；二是了解该产品的销售价格和销售数量等情况，并运用有电子证据司法鉴定资质的软件公司的软件对该产品的销售网页进行取证。

现场检查时，办案人员要求A公司管理人员打开后台管理系统，调取了该音响产品的所有销售记录，并由A公司负责人当场签字盖章予以确认。同时，办案人员查询A公司相关财务账册和进销记录，复印了该音响产品的销售发票和进货记录。

（二）想方设法，破解难点

本案在办理过程中，碰到了以下两个难点问题：

1. 如何判定该音响产品须经强制性产品认证

本案在办理伊始，仅凭该音响产品的网页界面的功能参数介绍，是很难判定该产品是否须经强制性产品认证的。办案人员经过讨论，决定双管齐下，第一要求A公司提供产品实物，由CQC上海分中心专家进行鉴别，专家判定该产品需办理强制性产品认证证书；第二要求A公司向该音响产品的生产商进行索证，得到生产商的答复是其已申请该产品的强制性产品认证证书。办案人员收集了生产商申请该产品强制性产品认证证书的相关材料及受理材料，从而确定了该音响产品需要办理强制性产品认证证书。在案件调查过程中，该产品于2016年10月24日取得了《中国国家强制性产品认证证书》（编号：2016010801912112）。当然没有充分证据证明时，只有向上级部门请示，待由权威部门的答复再行处理。

2. 如何合法、准确地固定证据

网络证据取证难一直是查处电商领域违法行为的难点问题。因为当事人极易对网络数据进行了篡改、伪造或破坏，办案人员第一时间如果没有固定证据的话，证据将无法寻回，当事人完全可以矢口否认其违法事实。

本案中，首先，办案人员运用有电子证据司法鉴定资质的软件公司的软件对该产品的销售网页进行了取证，确认其销售价格；其次，办案人员寻求电商平台配合，将A公司提供的销售记录与电商平台提供的销售数据进行对比，经三方确认来固定该音响产品的销售数量。

（三）追根溯源，形成闭环

本案在办结后，第一时间将案件线索移送给该音响产品生产商所在地的市场监督管理部门。虽然，该生产商已取得了该音响产品的强制性产品认证证书，但通过当地市场监督管理部门的检查能够更加规范其经营行为，从源头上避免类似违法行为的发生。

三、疑难问题

通过对电商领域案件的办理，办案人员对查处电商领域产品质量违法行为有了一定的思考，发现疑难问题主要集中在违法事实认定难和调查取证难两个方面。

1. 违法事实认定难。电商领域产品质量的违法行为主要有销售假冒伪劣产品、销售“无证产品”、销售伪造或冒用质量标志的产品等。（1）对于网络假冒产品的认定较难。一方面在网上出售的假冒产品，在无法查看实物或实地检查的情况下，辨识产品的真假非常困难，只有通过权利人的举报及对产品的真伪进行认定；另一方面，即使经抽检确认产品质量不合格，但因假冒产品一般标注的都是被仿冒的或虚假的厂名厂址，真实的生产者很难查找。(2)“无证产品”认定难。“无证产品”主要指未获得工业产品生产许可证和未获得强制性产品认证证书两大类。对于产品标识齐全的产品，可以通过产品标注的执行标准及一些产品功能参数描述来初步判定；但对于在产品上没有标注产品标准和功能信息，甚至是“三无”产品来说，是否需要获得生产许可或强制性产品认证就很难判定，需要逐级上报请示才能最终定性，整个流程比较费时费力。

2. 调查取证难。一是当事人不配合调查，以各种理由阻挠检查，拖延时间，不提供任何证据材料或者不提供关键性证据材料，拒绝在执法文书上签字，甚至避而不见，使得执法人员无法获取证据，从而阻碍了执法人员对当事人调查进度；二是固定网络电子数据，缺乏专业的取证人员和取证工具，如果第一时间没有固定证据，可能关键证据就会与我们擦肩而过。另有网络电子数据庞大，从中查找有效证据也是非常耗时耗力。

四、前沿探讨

1. 搭建电商领域产品质量监管信息平台。平台可以包括案源库、专家库、企业库。案源库主要用于汇总全国各地发现的案源信息，比如本地执法人员在网络上发现了外地商家的违法行为，可以直接按地域录入案源库，提供给有管辖权的行政执法部门去处置；专家库主要由产品取证的评审专家、相关检测机构专家以及部分行政执法人员组成，用于对产品是否需要取证来提供咨询，执法人员在发现无证产品时可以在平台里录入该产品相关信息，由专家根据相关信息提出是否还需补充其他信息，或者直接得出该产品是否取证的判定，提高执法效率；企业库由名优企业组成，主要对执法人员在网络上发现的涉嫌假冒的产品进行厂方鉴定，一旦确定是假冒产品，执法人员可以和厂方取得联系要求其出具相关鉴定报告，凭借厂方的鉴定报告可以对当事人在网络上销售的假冒产品采取相应措施。

2. 建立专门的电商领域产品质量执法队伍。建议挑选既熟悉产品质量监管业务，又对互联网有一定了解和基础的中青年干部为主，组建专门的电商产品质量监管队伍，形成电商产品质量监管执法队伍，具备队伍稳定、业务娴熟、思想开放的特点。**一是**保障电商领域产品质量的监管与执法力度。执法人员可以根据专项整治的要求或者针对社会热点集中的产品，在电商平台上查找本辖区内的产品质量违法行为，也可以通过对12345、12365热线平台中产品质量投诉举报数据的统计与分析，发现重点商家、重点产品，从而对其重点检查，发现产品质量相关违法行为。**二是**通过对电商专业执法队伍的培训，保障网络取证快速、准确、合法，专业的执法人员可以利用他们专业的技术手段发现违法事实第一时间固定关键违法证据，进一步强化对网络违法行为的监控与查处，并不断提高网络发展趋势的预见性，及时更新升级执法监管技术，充分发挥“互联网＋智慧监管”的作用。

松江区市场监督管理局打造质量标准新高地

>>>>>>

2016 年 5 月 24 日，松江区积极响应“上海建设具有全球影响力的科创中心”的国家战略，出台《G60 上海松江科创走廊建设总体方案》，制造业强区和质量强区并重，着力构筑以“质量标准新高地”为首的六大新高地。

2017 年 3 月 29 日，松江区市场监督管理局全力促成松江区政府和上海市质量技术监督局（以下简称“市质监局”）签署《共同推进松江区“质量标准新高地”工作的合作协议》，市质监局特批建立“G60 科创走廊质量标准创新基地”，松江区质量标准新高地建设驶入快车道。

2017 年 3 月 31 日，以松江区政府和市质监局签署《共同推进松江区“质量标准新高地”工作的合作协议》，市质监局特批建立“G60 科创走廊质量标准创新基地”为契机，松江区市场监督管理局科学制定《质量标准新高地工作实施方案（2017—2020 年）》，以“标准领跑、质量领先、品牌领军”为目标，推动松江区质量标准新高地建设。

一、主要做法

1. 加强组织保障，完善工作机制。松江区市场监督管理局成立由分管领导任组长，相关科室负责人任组员的质量标准新高地工作领导小组，具体负责工作的推进和落实。领导小组形成每月工作例会制度，对前期工作开展总结，制定下一阶段工作计划。

2. 明确工作规划，建立评价体系。一是制定工作实施方案。科学制定《松江区全面建设全国质量强市示范城市，打造质量标准新高地工作实施方案（2017—2020 年）》。**二是构建科学指标体系。**形成 G60 质量标准指标体系，包括 4 个一级指标、15 个二级指标和 50 个三级指标。

3. 广泛开展宣传，注重人才培养。一是成功举办质量标准新高地论坛。邀请 7 位质量标准专家和企业家，分享和推广先进质量管理方法，大力弘扬企业家精神和工匠精神。**二是广泛开展质量标准宣传活动。**首次采用主会场、分会场的形式举办“质量月”主题宣传活动；围绕“世界标准日”，举办专题讲座、开展现场观摩。**三是注重质量人才培养。**35 位企业管理人员通过培训考试获得首席质量官任职资格证书，百余家企业负责人参与 GB/T 19580《卓越绩效评价准则》培训。**四是加大对外宣传报道。**在松江区市场监督管理局门户网站、“松江市场监管”微信公众号等开辟“质量标准新高地”专栏；《中国质量报》《中国质量技术监督》《松江报》等报刊杂志多次刊登松江

区质量标准新高地建设专题信息。

二、主要成效

1. **深入实施品牌战略，打造松江质量标杆。一是推动政府质量奖励升级。**“松江区区长质量奖”升级为“松江区政府质量奖”，分级设立松江区区长质量奖、松江区质量金奖和松江区质量创新奖，并在全市首家开展质量创新奖评选。**二是全力打造市级知名品牌。**推荐58家企业的60项产品或服务申报上海名牌，47件商标参与第22批上海市著名商标的认定。**三是鼓励企业追求卓越绩效。**上海保隆汽车科技股份有限公司和上海扬盛印务有限公司参与本年度上海市质量金奖的评选；上海保隆汽车科技股份有限公司汽车轮胎气门嘴获评2016年度苏浙皖赣沪名牌产品50佳。

2. **充分发挥标准引领，提升行业“话语权”。一是积极促成标准化工作组落户。**筹备全国海洋船标准化技术委员会大型游艇分技术委员会/艇体设计工作组落户松江，筹建申请表已被批准。**二是鼓励企业积极参与标准制修订。**2017年，企业申报参与制修订国家标准、行业标准专项资金26项。**三是加强标准化试点项目培育。**获批12个市级标准化试点项目，数量为历年之最，仅次于浦东新区位列第二。**四是积极推动企业参与标准化活动。**安士能公司与全国机械安全标准化技术委员会签订战略合作协议；佳鹭新型建材承办“生态环境建材国家级质量认证体系发布会暨硅藻泥行业质量认证启动仪式”；第十九届工博会科技论坛——“智能制造与标准化”国际研讨会于2017年11月16日落户临港松江科技城。

3. **推动检验检测发展，夯实质量技术基础。一是做好检验检测产业发展规划。**与区发改委、经委等部门共同做好对松江区检验检测产业发展规划的意见征询，进一步推动检验检测机构产业发展规划。**二是开展检测检测机构专题培训和服务。**组织开展《上海市检验检测条例》专题宣贯培训松江专场；服务和指导“中国（上海）检验检测认证公共服务平台”建设。**三是加强检验检测机构日常监管。**对15家新增、扩项的检验检测机构资质认定做好现场评审观察，扶持企业规范经营。

松江区市场监督管理局事中事后监管工作实践

>>>>>>

松江府地，传承千载。享有“上海之根、沪上之巅、浦江之首”的美誉，是一颗闪耀在上海西南部的明珠。古老的土地用底蕴承载着现代的文明，年轻的文化为深沉的历史注入新的活力。守卫在松江府地上的市场监管人，把对事业的爱与奉献深深地融进了这片古老的土地，用新思维新精神诠释着新时代市场监管人的内涵。

一、兢兢业业忙监管，牢记使命为民生

“西安地铁你们还敢坐吗”“国办通报西安电缆事件”“西安问题电缆责任人下跪道歉!”“以次充好，供应不合格电缆”“低压电缆5个抽检样品不合格”“不符合国家标准”……仿佛是一夜之间，这些字眼就占据了各大主流媒体的头条。一时间，舆情聚焦，沸沸扬扬，人心惶惶……

“所长，关于西安地铁问题电缆的事件进展又有更新了。”早晨一上班，车墩市场监管所的话题就离不开这些天得热点头条。“昨天家人还问呢，我们松江的电线电缆是不是安全合格的啊”“是啊，我们不仅是一名消费者，更是一名监管者、执法者”“生产单位以次充好偷工减料，事中事后监管不到位，这些教训真的是沉痛啊”……大家你一言我一语交谈着，说出了许多作为一名基层执法人员对这一事件的真实感受。

“同志们，区局对这一事件高度关注，根据质检总局办公厅上海市质量技术监督局的相关文件要求，要求各所队在辖区内立即开展电线电缆专项监督检查工作，由于时间较紧，我所辖区内电线电缆销售单位众多，可能要辛苦大家加班完成此次专项任务。作为所长，我先表态，全程参加。”

“我没问题”“我可以加班，孩子让婆婆帮忙带”“我参加”……或许越是深处基层，越能感受到老百姓对我们的温情与依赖，愈发能体会到执法监管责任对于执法人员的意义。车墩市场监督管理所的干部们纷纷自觉放弃休息时间，克服自己小家的困难，投入到专项监督检查工作中去。

三月的松江依然吹着寒冬的冷风，执法干部们从早到晚不停的穿梭在建材市场、五金店，一个批次一个批次地检查，一份材料一份材料地核对。有的店主打趣地说到：“我吃早饭的时候你们就来啦，我吃晚饭的时候你们还在啊，从市场里的这头到那头，从白天到黑夜，你们真的算是对我们进行360°全程监管喽。”

在一家五金店里，一卷电缆的产品合格证上和电缆线身上都标注有上海起帆电缆

股份有限公司的名称，而老板娘提供的《公司注册证明书》和《中国国家强制性产品认证证书》显示这批电缆的生产单位为苏州的一家企业。执法人员立刻对该店所有电缆进行清点，共发现上述电缆901卷。

执法人员仔细核对，认真清查，决定将上述电缆的不同规格全部进行抽样送上海市质量监督检验技术研究院进行检测，并立即联系到上海起帆电缆股份有限公司让其派人帮忙协助调查。经检测，送检电缆中的三种规格产品为不合格。经标称生产企业确认，上述电缆假冒起帆商标电线技术鉴定报告。

火线执法，终让案情水落石出。生产企业顶风作案生产冒用他人厂名的不合格产品，销售商为牟暴利无视法律。所有触碰红线的企业和个人，都受到了法律的严惩。

古人云：贤士无名。也许百姓记不住我们的名字，但是我们依然自豪，因为我们是许许多多基层执法人员中的一份子，因为我们有一个共同的名字——松江市场监管人。我们，时刻准备着。我们，永远在路上。

二、百折不挠查实证，拨云见日强质量

“两个多月了，这案子历尽曲折，今天总算让我们调查清楚了！”一阵欢呼在区局质量科的办公室响起，之前因案件进展不顺而笼罩在大家身上的阴霾瞬间一扫而空了。

事情要从两个多月前说起，当时质量科的执法人员正在浏览上海市质量技术监督局网站，查询上海市局最新的相关通知要求，一条关于《上海市食品相关产品生产许可证注销名单》的公示信息倏地映入了执法人员的眼帘。细细查看之下，发现辖区内一家塑胶企业赫然在列。凭着职业的敏感性，执法人员当即决定去现场进行情况核实。

顺着蜿蜒的小路，执法人员到达了公司所在厂房，厂区内杂乱无序、满目苍夷。三幢小厂房便是公司的全部，该公司厂房大门上着锁，锁上泛着斑驳的锈迹，厂房的部分窗户因年久失修而开启着且随风吱呀作响。闻讯的公司负责人匆匆而来，在执法人员亮明身份后，其表示该公司生产设备已搬离该片厂房，正处停产出租状态。由于负责人未携带厂房门锁钥匙，执法人员只能透过窗户进行巡查确认厂房空置情况。正当执法人员准备鸣鼓收兵之际，眼尖的一名队员透过窗户突然发现在厂房过道的深处似乎堆着一些东西。“快看！好像有产品在那里！”队员惊呼。说时迟那时快，执法人员通过临近堆放地开启的窗户，翻身跃入了厂房内。经现场勘查，在其厂房过道的隐蔽处堆放着一堆一次性杯子和一次性竹筷子。经仔细现场查验，因其杯子涉嫌未标注生产日期，筷子涉嫌冒用质量标志，执法人员当即对上述产品进行了拍照录像取证，对相关情况进行了现场询问，后续着手开展立案调查。

原以为就着产品信息顺藤摸瓜，便能查实违法事实，然而由于该企业的消极不配合调查、拒绝提供相应材料且生产场地搬离上海市等因素导致案件调查陷入了僵局。执法队员们锲而不舍、迎难而上，一方面积极发函联系该企业现实际生产地监管部门进行协查，一方面积极探查该企业销售渠道信息。果然皇天不负有心人，终于被执法队员们获悉该企业产品销往某知名电商企业的线索。通过与该知名电商企业的沟通联

系，明确了该企业产品的存放仓库所在地，队员们随即驱车近五十多千米前往仓库所在地进行核查。通过对仓库的核查以及对相关人员的询问调查，除查获该企业生产的一次性杯子及筷子的情况外，还获取到了该企业生产的系列垃圾袋涉嫌冒用他人厂名及冒用质量标志的线索情况。面对种种的证据指向，高压的联动跨省市协查，该企业负责人终于意识到避无可避，在执法队员们执法打假百折不挠的精神信念下败下阵来，坦陈违法事实，上交相关材料，接受行政处罚。

这是区局办理的无数执法打假案中的小小缩影，时间紧、任务重、千头万绪、错综复杂是案件办理过程中的家常便饭。执法队员们心中明白，执法亮剑是每个人脚踏实地、唯实唯干、克难奋进的力量源泉。

三、火眼金睛识漏洞，抽丝剥茧创新型

一个寻常的工作日，区局执法大队三中队的干部们正像往常一样对某汽车检测有限公司进行现场检查。一个不起眼的现象引起了执法人员的注意，部分检测人员检测完一辆车后离岗进入接待大厅，部分检测人员则不间断地在检测线上忙碌。“大家看看他们的工作模式，好像有点不对劲啊！”队员们见状，互相使了个眼色，轻声说道。凭借高度的敏锐性，执法人员判断该公司在人员管理方面可能存在问题。大家不动声色，带着疑问继续检查。

为了深入查明问题，执法人员要求该公司提供了本年度的检测报告、原始记录、检测人员档案、检测人员考勤表，上千份的材料在桌上堆积成山，队员们开始认真翻查、逐一检查。运筹帷幄，方能大浪淘沙，执法人员在其出具的《上海市在用车机动车排放污染物检测报告》中发现了违法行为的蛛丝马迹。“查到了！”执法人员手指着桌上摊放着的一堆报告喊道。队员们闻讯马上围拢过来，只见这堆报告中，同一个“检测人员”签名的不同报告，签名字迹时而当轴处中，时而偏隅一角，字迹时而春蚓秋蛇，时而工整端正。“果然有问题！”执法人员运用逻辑学的矛盾律，同一思维过程中，两个互相否定的思想不能同真，必有一假，进而推断同一签名，不同字迹，必有一假。面对查到的签名字迹问题，执法人员当即对负责人展开现场询问，面对询问，负责人闪烁其词，心存侥幸，或许认为行政机关的执法手段有限，只要不承认，事实无法查清，执法人员便会知难而退。

如何在上千份材料中去伪存真，找出三人签名的报告，如何在该公司二十多位检测人员及其他员工中找出伪造签名的人员，成为突破负责人心理防线的关键。执法人员迎难而上，多方出击，多管齐下，对比三位检测人员的笔记本，观察三人的书写习惯，初步排除由检测人员本人签字的报告；再从当事人的前台登记人员、报告打印人员、管理人员等逐一入手，要求每个人在执法记录仪的拍摄下，连续不断签署三位检测人员的姓名十次以上；取得五花八门的签名笔迹后，执法人员联系到上海市公安局物证鉴定中心的文检专家，对笔迹进行鉴定，将目标锁定在该公司前台工作人员唐某身上，为案件找到了突破口。在权威机构出具的权威鉴定结论面前，该公司负责人最

终不得不如实供述了违法事实。

此案的查办在全区乃至全市的检验检测行业都属首例，开辟了新的监管方向、创新了办案方式，引起民众较大反响，有效净化了检验检测行业环境，规范了检验检测行为，进一步促进检验机构形成企业自律、社会监督、政府监管的社会共治格局。执法队员们击掌相庆，这一仗打的漂亮！

“我宣誓：忠于中华人民共和国宪法，维护宪法权威，履行法定职责，忠于祖国，忠于人民，恪尽职守，廉洁奉公，接受人民监督，为建设富强、民主、文明、和谐的社会主义国家努力奋斗！”当初的誓言犹然回荡在耳畔。不忘初心，方得始终，不忘初心，继续前行，这是时代的号召，这是时代的最强音，是时代赋予我们市场监管人的政治责任和历史使命。为实现中华民族伟大复兴的中国梦敬业奉献、顽强奋斗的实干精神。我们用智慧贯通市场经济的脉络，用无私维系公平交易的纽带，用虔诚镌刻属于市场监管人的荣光。

执法道路或修远多艰，然你我初心不悔。

打假征途或困苦多舛，唯我们齐心携手。

青浦区市场监督管理局构建市场监管业务数据融合平台

>>>>>>

青浦区市场监督管理局以注册登记数据为基础库，融合归集原食药监、质监等市场监管业务数据，构建了业务数据融合平台，通过数据分析匹配，将碎片化的各类信息归集整合，监管主体数据信息的完整性大大增强。此举打破了原工商、质监、食药监监管业务系统壁垒，在全市率先实现市场监管领域重点业务数据的整合融合与有效运用。

一、平台简介

市场监管体制改革后，市场主体各条线监管数据依然分散在工商、质监、食药监的不同业务系统和不同数据库，造成同一市场主体的不同监管事项查询需要切换多个业务监管系统，降低了市场监管效率。青浦区市场监督管理局以注册登记数据为基础数据库，融合归集原食药监、质监等市场监管领域业务数据，构建了市场监管业务数据融合平台，通过数据分析匹配，将碎片化的各类信息归集整合，监管主体数据信息的完整性大大增强。

二、平台功能

从2016年下半年起，针对“四合一”后监管职责多的现实情况，青浦区市场监督管理局积极向科技要效能，借助“互联网+”，开发设计了覆盖工商、质监、食药监全领域的全市首家业务数据融合平台。平台以注册登记数据为基础数据库，归集四品一械、特种设备等市场监管业务数据，通过数据分析匹配，实现了资源整合和数据共享。目前平台已向全局推广，主要具有以下四种主要功能：

1. **综合查询功能，实现全链监管。**青浦区市场监督管理局以注册登记数据库为基础全面整合了工商、质检、食药监等市场监管业务数据，将市场主体登记信息与“四品一械”的许可监管信息与特种设备经营的监管信息进行有效匹配和归集，实现数据统一管理。平台为基层执法人员设置综合查询功能，可以通过检索企业名称查询与企业有关的四品一械、特种设备等许可和监管信息，而不必往返工商、食药监、质监等多个系统，实现一体化查询，全方位监管，提升监管执法的针对性和实效性。

2. **时效预警功能，强化主体责任。**在市场监管数据融合平台建设中，青浦区市场监督管理局充分挖掘平台功能，在平台首页设计了食品经营、食品生产和特种设备三类预警功能，即将企业各类许可监管时效信息与企业注册登记信息进行有效衔接，当企业存在许可即将失效或使用的特种设备超期未检等情况时，平台会自动启动预警功能，向监管人员发送提示信息。同时，平台还会利用其短信提示功能，向企业发送预警信息，督促企业及时办理延期或复检，极大地降低了监管的风险。

3. **全业务统计功能，助推分类管理**。市场监管数据融合平台具有全业务统计功能，可以根据业务的不同类别来开展数据统计，方便监管人员在开展专项整治活动时做到底数清、情况明，使基层所能有效开展专业监管活动。

4. **信息共享功能，实施联合惩戒**。市场监管数据融合平台还设置了内部联合惩戒模块，与事中事后综合监管平台实现有效衔接，将各部门推送预警信息等内容及时归集到内部联合惩戒模块，为实现区局内部的“一处失信、处处受限”的工作机制提供信息互联互通平台。

三、平台成果

青浦区市场监督管理局充分发挥市场监管数据融合平台提示预警功能对食品经营许可证逾期情况实行有效管理。通过设置三种预警级别（分为到期前六个月、前三个月、已过期），为基层市场监管所开展精准监管指明方向，同时也为注册许可科冗余数据清理提供数据支持。

青浦区市场监督管理局通过融合平台积极推进了食品经营许可证清理工作。截至2017年9月，青浦区公告注销过期未申请延续的食品经营许可证6027张，大大减轻了基层监管压力；青浦区食品许可证过期户数从数据融合平台建立之初的10066户减少至669户，减少了93%，许可证过期数量为上海市最少；企业营业执照信息与许可证信息不一致的市场主体数量从年初4568户减少至876户，减少了81%。

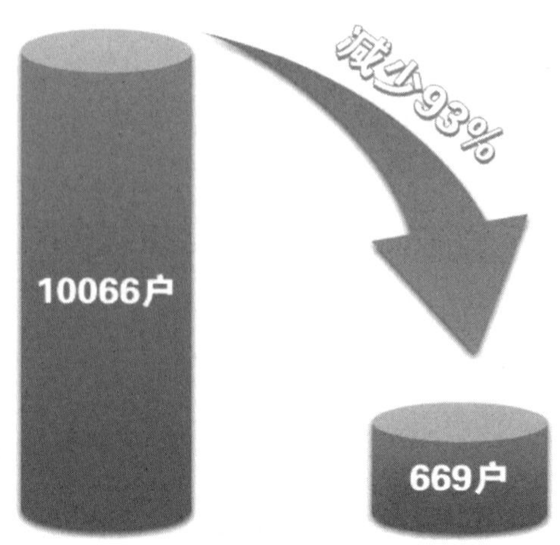

青浦区食品许可证过期户数

在开展食品经营许可证清理工作的同时，青浦区市场监督管理局也同步推进食品生产许可证、药品零售许可证等证照的数据清理工作，确保平台中存在的数据即为有效的数据，有效提升了事中事后监管效能。目前区局利用该平台开展特种设备专项整治，推动了全区特种设备超期率始终处于1.5%左右，远远低于上海市5.5%的平均水平，上海市排名也长期稳居郊区第一。区局还利用平台的数据整合分析功能为企业年报工作顺利开展提供有力支撑，推动青浦区企业年报率连续多个年度位列上海市各区第一。

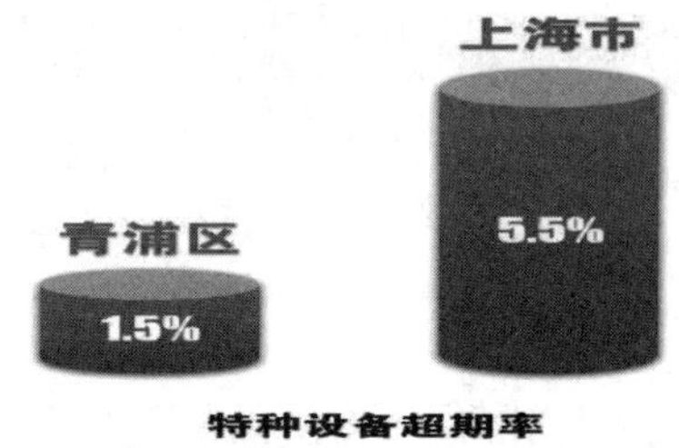

四、图片资料

1. 综合查询页面

青浦区市场监督管理局业务融合综合查询平台

您现在所在的位置是：分类信息查询　【单个企业业务融合查询】

选择监管所：全局

选择市场主体【确立状态】类型（可多选）：

食品类：

☑食品生产市场主体　☐食品经营市场主体　☐食品相关许可证

特种设备类：

☑压力容器　☐电梯　☐场内机动车辆　☐起重机械　☐锅炉

药品、化妆品类：

☐药品经营企业　☐化妆品生产企业　☐药品生产企业

医疗器械类：

☐医疗器械经营许可　☐医疗器械备案　☐医疗器械生产许可证　☐一类医疗器械生产备案　☐一类医疗器械产品备案

工业产品生产许可证及相关类：

☐工业产品生产许可证　☐3C备案企业　☐有机产品认证企业　☐企业标准自我申明

行政处罚类：

☐案件

企业荣誉类：

☐上海市著名商标企业　☐驰名商标企业　☐上海名牌企业

查　询

2. 过期预警页面

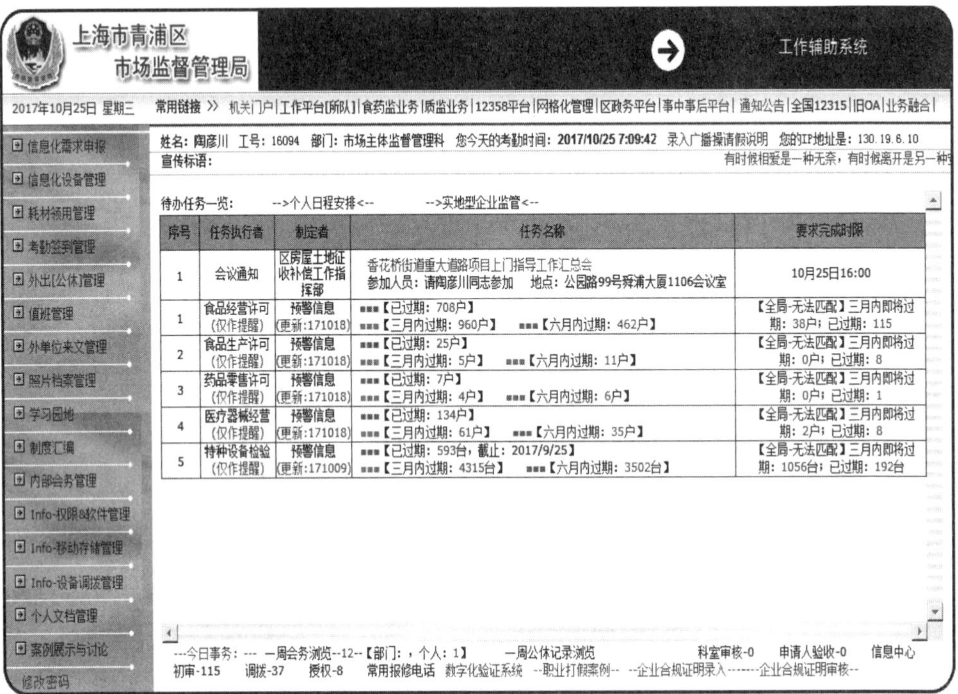

序号	任务执行者	制定者	任务名称	要求完成时限
1	会议通知	区房屋土地征收补偿工作指挥部	香花桥街道重大道路项目上门指导工作汇总会 参加人员：请陶彦川同志参加 地点：公园路99号舜浦大厦1106会议室	10月25日16:00
1	食品经营许可（仅作提醒）	预警信息（更新:171018）	■■■【已过期：708户】 ■■■【三月内过期：960户】 ■■■【六月内过期：462户】	【全局-无法匹配】三月内即将过期：38户；已过期：115
2	食品生产许可（仅作提醒）	预警信息（更新:171018）	■■■【已过期：25户】 ■■■【三月内过期：5户】 ■■■【六月内过期：11户】	【全局-无法匹配】三月内即将过期：0户；已过期：8
3	药品零售许可（仅作提醒）	预警信息（更新:171018）	■■■【已过期：7户】 ■■■【三月内过期：4户】 ■■■【六月内过期：6户】	【全局-无法匹配】三月内即将过期：0户；已过期：1
4	医疗器械经营（仅作提醒）	预警信息（更新:171018）	■■■【已过期：134户】 ■■■【三月内过期：61户】 ■■■【六月内过期：35户】	【全局-无法匹配】三月内即将过期：2户；已过期：8
5	特种设备检验（仅作提醒）	预警信息（更新:171009）	■■■【已过期：593台，截止：2017/9/25】 ■■■【三月内过期：4315台】 ■■■【六月内过期：3502台】	【全局-无法匹配】三月内即将过期：1056台；已过期：192台

3. 综合统计页面

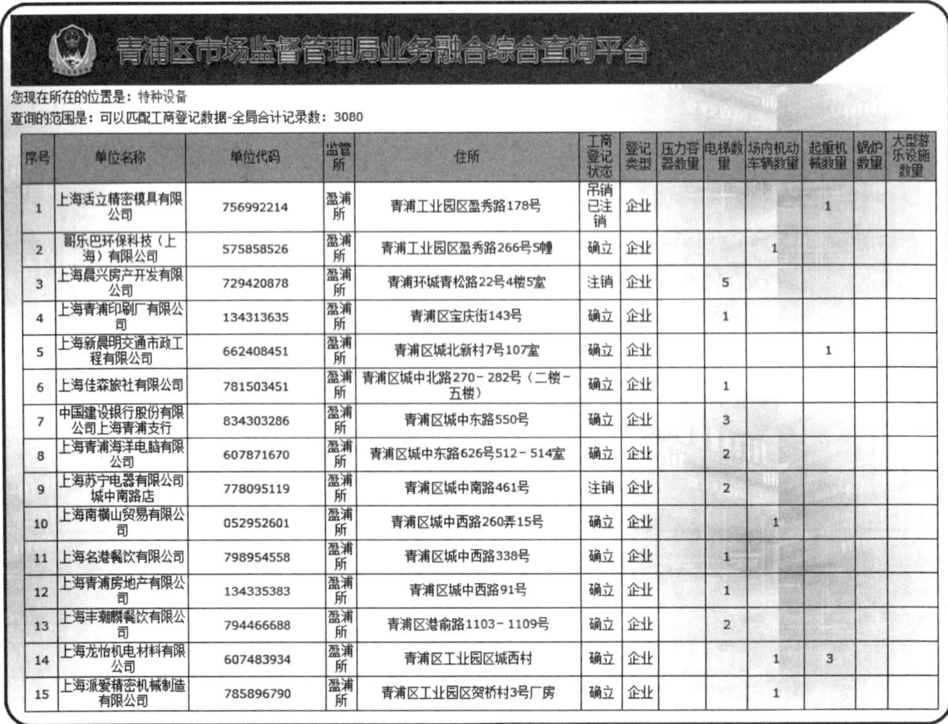

您现在所在的位置是：特种设备

查询的范围是：可以匹配工商登记数据-全局合计记录数：3080

序号	单位名称	单位代码	监管所	住所	工商登记状态	登记类型	压力容器数量	电梯数量	场内机动车辆数量	起重机械数量	锅炉数量	大型游乐设施数量
1	上海活立精密模具有限公司	756992214	盈浦所	青浦工业园区盈秀路178号	吊销已注销	企业				1		
2	哥乐巴环保科技（上海）有限公司	575858526	盈浦所	青浦工业园区盈秀路266号5幢	确立	企业			1			
3	上海晨兴房产开发有限公司	729420878	盈浦所	青浦环城青松路22号4楼5室	注销	企业		5				
4	上海青浦印刷厂有限公司	134313635	盈浦所	青浦区宝庆街143号	确立	企业		1				
5	上海新晨明交通市政工程有限公司	662408451	盈浦所	青浦区城北新村7号107室	确立	企业				1		
6	上海佳森旅社有限公司	781503451	盈浦所	青浦区城中北路270－282号（二楼－五楼）	确立	企业		1				
7	中国建设银行股份有限公司上海青浦支行	834303286	盈浦所	青浦区城中东路550号	确立	企业		3				
8	上海青浦海洋电脑有限公司	607871670	盈浦所	青浦区城中东路626号512－514室	确立	企业		2				
9	上海苏宁电器有限公司城中南路店	778095119	盈浦所	青浦区城中南路461号	注销	企业		2				
10	上海南横山贸易有限公司	052952601	盈浦所	青浦区城中西路260弄15号	确立	企业			1			
11	上海名港餐饮有限公司	798954558	盈浦所	青浦区城中西路338号	确立	企业		1				
12	上海青浦房地产有限公司	134335383	盈浦所	青浦区城中西路91号	确立	企业		1				
13	上海丰潮麟餐饮有限公司	794466688	盈浦所	青浦区港俞路1103－1109号	确立	企业		2				
14	上海龙怡机电材料有限公司	607483934	盈浦所	青浦区工业园区城西村	确立	企业			1	3		
15	上海派爱精密机械制造有限公司	785896790	盈浦所	青浦区工业园区贺桥村3号厂房	确立	企业			1			

奉贤区市场监督管理局保障电梯安全运行

\>>>>>>

奉贤区市场监督管理局创新监管思路，紧紧抓住电梯维保质量这一保障电梯使用安全的关键要素，在对全区电梯维保领域进行全面调查摸底的基础上，通过政府购买服务引入第三方评价机制，以对全区在用电梯突发事件的应急响应为切入点和突破口，每月对全区所有电梯维保单位进行随机突击调查，通过实地调查、专业评价、严格执法和公示曝光等举措，实现“整顿一次，退出一批，规范一行”，极大地规范了奉贤区的电梯维保市场。

一、背景情况

电梯安全是城市安全的重要组成部分。近年来，全国因电梯故障导致的伤人困人事件屡有发生，社会高度关注。近几年，奉贤区新装电梯一直保持15%以上的增幅，全区电梯保有量已达8900多台。经调查，2017年初奉贤区活跃的电梯维保单位达150多家，电梯维保数量和质量参差不齐，有的维保单位甚至只维保5、6台电梯，普遍存在维保工作流于形式、管理制度缺失、维保人员无资质上岗、应急救援不及时等问题，甚至还出现非法分包或转包业务等违法行为，给居民乘用电梯带来一定的安全风险。

二、具体做法

奉贤区市场监督管理局积极创新工作思路，以政府招标形式引入第三方专业调查机构，对全区电梯维保单位进行了全面调查摸底、循环突击调查、专业评价分级、严厉跟踪执法、公开公示曝光，具体措施如下：

1. 出台方案，创新思路引入专业调查机构。由于电梯维保单位数量多、分布散，而电梯安全监管的专业人员人手少、任务重，很难保证进行全覆盖、高频次的监督检查。为此，奉贤区市场监督管理局出台专项方案并采用政府购买服务形式，通过公开招标引入专业调查机构开展调查工作。

2. 摸清底数，建立电梯维保单位动态数据库。根据全区电梯数据清单，全面调查每台电梯相对应的电梯维保单位，建立健全了全区电梯维保单位档案，并实现动态维护管理，此举为调查评价工作奠定了良好的基础。

3. 突击调查，全面核查电梯维保质量。由电梯专业人员分组开展调查，每组两人，以电梯使用单位为切入点，采用“不打招呼、直奔轿厢”的突击检查方式，每月对全区所有维保单位开展至少一次的突击调查，对发现问题的，则增加调查频次和力度，力求调查工作准确、全面。

4. 及时约谈，严厉执法将维保问题跟踪到底。我们要求调查机构一旦发现问题马上反馈，奉贤区市场监督管理局执法人员及时跟进，一一进行约谈，要求维保单位立即整改并跟踪落实，对不按要求整改的维保单位实施行政处罚，对根本达不到整改条件和要求的，迫使其退出本区电梯维保市场。

5. 科学评价，建立电梯维保质量信用评价机制。每月根据调查情况进行科学评价，将维保单位按照维保质量高低分成 ABCD 四类实施分类管理。对列入 C 类和 D 类的，增加检查的频次与力度，发现违法行为的，一律进行立案查处，并与区房管局实行信息共享，与物业公司管理实现联动，更高效地对维保单位实施监管。同时，将维保质量信用等级评价最终结果通过官方网站、微博、报纸等媒介向社会公示，提高全社会选择电梯维保单位的透明度。

三、取得成效

通过对电梯维保单位进行分类评价，与行政执法监管手段有机结合，评价结果定期对社会进行公示，多管齐下整治顽疾，为我区电梯维保市场注入了“净化剂”和“强心剂”。该项目实施以来，我区电梯维保市场呈现整体向好的良性趋势，取得了显著成效：

1. 为市场注入“净化剂”，不规范维保单位难以生存。通过每月循环调查、约谈及相应行政手段这些“高压政策”的实施，那些应急响应不及时、未设立维保服务点、分包转包、维保质量差的维保单位因难以生存，自觉纷纷退出了奉贤维保市场。截至 2017 年 10 月 20 日，有 47 家维保单位因无法达到规定要求而自动退出了奉贤维保市场，加上部分单位的业务调整，维保单位由原来的 150 多家减少到目前的 94 家，长期以来困扰监管部门的维保市场准入门槛低、退出难的局面开始扭转，维保市场环境逐渐得以规范。

2. 为市场注入“强心剂”，维保单位责任心大大提高。在循环调查的“高压政策”下，电梯维保违规行为很难逃过调查机构的视线。截至 2017 年 10 月 20 日共调查维保单位 672 家次，奉贤区市场监督管理局根据调查机构提供的线索共立案查处了 8 家电梯维保违规单位。随着部分“小乱差”维保单位的退出，维保单位纷纷意识到只有严格按规范要求进行维保才能有更大的发展空间，促使维保行为更加规范。最近两轮的调查显示，本区电梯维保违法违规行为减少了约 63%，整治效果十分明显。

3. 为公众亮出“红黑榜”，选择维保单位有了好参谋。根据维保质量信用等级评价得出阶段性评价结果，评出电梯维保“红黑榜”，通过官方网站、微博、报纸等媒介向社会公示，发挥群众监督作用，提高公众的参与度，引导物业公司和市民选择维保质量好、诚信度高的企业进行维保。

下一步，奉贤区市场监督管理局将继续完善和深化电梯维保单位第三方评价机制，继续压缩维保质量低劣企业的生存空间，扩大优质企业的生存空间，让维保单位以更加优质的电梯维保服务进一步提升电梯安全运行水平，为保障百姓乘梯安全作出不懈努力。

崇明区市场监督管理局“放管服”助力大型海洋装备企业特种设备安全

崇明区是上海可持续发展的重要战略空间，崇明、长兴、横沙三岛将分别建设成综合生态岛、海洋装备岛、生态休闲岛。其中江南船厂、振华港机、沪东船厂等大型海洋装备企业已相继落户长兴岛，特种设备作为基础设备，大量为各大型企业使用，目前崇明区60%的特种设备分布在10家大型海洋装备企业中。为此崇明区市场监督管理局（以下简称“崇明局”）紧密结合工作实际，积极探索和延伸针对大型海洋装备企业特种设备的“放管服”工作，效果显著。

一、“放”的彻底

一是通过文件形式对特种设备领域的行政许可、日常监管等事权进行了划分，明确科、所、队的工作职责，构建了上下协调、职责明晰、权责一致的监管体系，实现了特种设备工作无缝隙、全覆盖。其中10家大型企业（包括大型企业内部外包单位）的日常监管统一由崇明区市场监督管理局执法大队专职执法人员负责，做到监管更专业、精力更集中、响应更及时。二是向10家大型海洋装备企业开放“特种设备动态管理系统”。从2013年开始崇明局就为10家单位开设了账户，各单位能同步查看本单位相关特种设备的信息、业务情况，通过这几年各单位的比对、核实，都建立起非常完善的特种设备台账，各单位特种设备定检率基本达到100%。

二、“管”的严实

一是创新监管模式，由管特种设备向管企业转变。对于大型企业崇明局通过抓住单位设备部这个“牛鼻子”，通过培训教育等方式将单位设备部人员成为企业内的“特种设备监察员”，提高了监管工作的综合力量。二是实施“规模化”特种设备监察。每年崇明局分两次对10家大型海洋装备企业集中开展日常监督检查。每次检查局特种科专门制定工作方案，由局领导带队，同时抽调基层所监察人员并邀请市特检院专家参加，对每家大型企业的检查人员不少于15人，并分三个小组同时开展检查。这一方面能够提高检查效率、另一方面也能够震慑企业。三是推行“管理+信息化”。崇明局一方面专门为10家大型企业设备部长和安保部长建立了微信平台，对于事故、上级文件、专项检查等及时予以发布。通过微信群很多重点工作也都得到了有效推进，就拿大型起重机械加装监控系统来说，涉及各企业共计86台，崇明局定期在微信群内公布各企业完成情况，通过这种形式有效推进该项工作，目前，80%的大型起重机械已完成加装任务。另一方面崇明局选取一家大型企业正共同开发“特种设备隐患排查系统”，通过数据交换能及时了解各企业日常检查，隐患处理等情况，并逐步向各企业进行推广引用。

三、“服”的贴心

一是开展晚间免费上门宣传培训。各大型企业特种设备操作人员众多，白天工作时间忙于生产，为此崇明局专门组织专家和监察人员在晚间对各大型企业主动上门进行宣传培训，培训内容主要是通过血淋淋的事故案例，让特种设备作业人员有触动，这项工作崇明局已经坚持多年，累计免费培训人员达5000多人次，得到了各大型企业的欢迎。二是搭建大型企业交流平台。每年崇明局都会组织各大型企业设备部长和安保部长参加研讨会，会上主要是让各大型企业对于特种设备安全工作提要求、提想法，解决了很多实际问题，如企业能否非工作日开展特种设备的定期检验，崇明局也积极回应“能”。三是行政许可开辟“邮寄申报”。各大型企业都有大量特种设备需办理登记、停用、移装等业务，为此崇明局专门为各大型企业开通“邮寄申报”，解决了企业舟车劳顿之苦，不仅为企业节约了时间，还节约了人力、物力和财力。

通过对大型海洋装备企业特种设备“放管服”，真正提升了特种设备本质安全，近几年10家大型企业特种设备事故发生率明显降低，保持了平稳可控。当然，新形势下的特种设备安全工作有很大的潜力和空间来提升和完善，只要我们积极、主动探索和创新工作方法，结合自身的实际开展工作，就能推动特种设备工作向着更好的方向发展。